普通高等教育信息技术类系列教材

信息技术与人工智能

主编　刘志国　王海龙　王　莉

参编　李　滨　苟　燕　吕生荣　阿日木扎

科学出版社

北　京

内 容 简 介

本书主要面向高校计算机基础与人工智能通识教育，从计算机基础知识、系统架构、智能技术及实践应用三大维度展开论述。全书内容丰富多元，既包括计算机基础知识、计算机系统、计算机网络与信息安全、数字媒体技术基础等基础性知识体系，也包括文字处理、演示文稿设计、数据分析等具有高度实用价值的场景化应用，同时涵盖了程序设计基础、人工智能前沿技术及实践应用。本书突出“理论实践一体化”特色，使学生不仅能掌握人工智能技术原理，更能在文档处理、数据处理等真实场景中培养其智能工具应用能力、问题解决能力和人机协作思维，为适应智能化办公环境奠定坚实基础。

本书既可作为师范院校公共计算机基础课程教材，也可作为广大计算机爱好者的自学参考用书。

图书在版编目（CIP）数据

信息技术与人工智能 / 刘志国，王海龙，王莉主编. -- 北京 : 科学出版社，2025. 8. --(普通高等教育信息技术类系列教材).

ISBN 978-7-03-082876-7

Ⅰ. TP3；TP18

中国国家版本馆 CIP 数据核字第 2025LE6598 号

责任编辑：李　莎　宋　丽 / 责任校对：马英菊

责任印制：吕春珉 / 封面设计：东方人华平面设计部

科 学 出 版 社 出版

北京东黄城根北街 16 号

邮政编码：100717

http://www.sciencep.com

天津市新科印刷有限公司印刷

科学出版社发行　各地新华书店经销

*

2025 年 8 月第　一　版　开本：787×1092　1/16

2025 年 9 月第二次印刷　印张：16 3/4

字数：392 000

定价：66.00 元

（如有印装质量问题，我社负责调换）

销售部电话 010-62136230　编辑部电话 010-62138978-2046

前　　言

本书以教育部高等学校大学计算机课程教学指导委员会《大学计算机基础课程教学基本要求》（2016 年）为编写依据，遵循《教育部关于深化本科教育教学改革全面提高人才培养质量的意见》（教高〔2019〕6 号）、《教育部关于一流本科课程建设的实施意见》（教高〔2019〕8 号）、《教育部办公厅关于加强中小学人工智能教育的通知》（教基厅函〔2024〕32 号）、《关于加快推进教育数字化的意见》（教办〔2025〕3 号）等文件精神，以“学生中心、产出导向、持续改进”为核心理念，由在计算机基础教育领域深耕多年的一线教师团队精心编纂，实现了智能时代技术发展与教学实践需求的深度融合。

全书共分 9 章，构建“基础理论—系统实践—智能技术与实践应用”三维知识体系：第 1 章系统介绍计算机发展、数制编码、计算思维及智能时代新技术[大数据、人工智能、物联网等]；第 2 章剖析计算机系统组成与 Windows 11 操作系统实战；第 3 章聚焦网络信息安全与智能信息检索技术；第 4～7 章以 WPS 为工具，结合 AIGC 技术，详解数字媒体处理、文档创作、课件设计及数据分析等场景化应用，突出智能办公新范式；第 8 章以 Python 为载体，通过游戏开发案例培养学生算法思维与 AI 辅助编程能力；第 9 章深入解析人工智能技术原理，结合 DeepSeek、豆包等平台强化智能工具应用。

本书以实用性、科学性和易学性为原则，采用“理论—案例—实验”一体化设计，结合编者多年教学经验与智能时代教育需求，构建“问题驱动—项目实践—能力内化”教学模式。以真实问题与情景导入学习目标，实操章节通过任务式项目（如教案设计、课件制作、成绩统计分析）串联知识体系，激励学生以探究式学习和协作式合作的方式，共同完成项目作品，实现知识向能力的转化；同时融入 Windows 11、WPS AI 等工具，设置 AIGC 技术应用、短视频创作等实践模块，在强化数字化素养与创新能力的过程中，自然达成“问题分析—工具应用—成果输出”的闭环学习。

本书由刘志国、王海龙、王莉担任主编并统稿。具体编写分工如下：第 1 章和第 3 章由刘志国编写，第 2 章由阿日木扎编写，第 4 章和第 6 章由李滨编写，第 5 章由苟燕编写，第 7 章由王莉编写，第 8 章由吕生荣编写，第 9 章由王海龙编写。在此对关心和支持本书编写的同仁表示衷心的感谢。

由于编者水平有限，书中不妥之处在所难免，敬请广大读者批评指正，不吝赐教。

编　者

2025 年 5 月

目　录

第 1 章　计算机基础知识……1
1.1　计算机概述……1
1.1.1　计算机的概念……1
1.1.2　计算机的发展历程……1
1.1.3　计算机的主要特点……4
1.1.4　计算机的发展趋势……5
1.1.5　计算机的应用领域……6
1.2　计算机中常用的数制……8
1.2.1　数制的相关概念……8
1.2.2　常用的进位计数制……8
1.2.3　不同进位计数制之间的转换……10
1.2.4　二进制与计算机……12
1.3　计算机中的数据与编码……13
1.3.1　数据的概念……13
1.3.2　数据的单位……13
1.3.3　字符编码……14
1.4　计算思维……15
1.4.1　计算思维概述……15
1.4.2　计算思维的典型方法……16
1.4.3　计算机问题求解过程……17
1.4.4　算法与程序的概念……18
1.5　智能时代新技术……19
1.5.1　大数据概述……20
1.5.2　云计算及其应用……21
1.5.3　物联网……23
1.5.4　大数据时代对计算机教育的影响……25
第 2 章　计算机系统……28
2.1　计算机系统基础……28
2.1.1　自动计算理论……28
2.1.2　计算机系统组成……29
2.1.3　计算机硬件系统……30
2.1.4　计算机软件系统……34
2.2　操作系统概述……37

2.2.1 操作系统的概念 …… 37
2.2.2 操作系统的功能 …… 37
2.2.3 桌面操作系统 …… 39
2.2.4 移动操作系统 …… 41
2.2.5 国产操作系统 …… 42
2.3 Windows 11 操作系统 …… 43
2.3.1 Windows 11 系统设置 …… 43
2.3.2 文件资源管理器 …… 46
2.3.3 Windows 11 的常用工具软件 …… 48
2.3.4 Windows 11 快捷键 …… 49
第 3 章 计算机网络与信息安全 …… 52
3.1 计算机网络概述 …… 52
3.1.1 计算机网络的定义 …… 52
3.1.2 计算机网络的功能 …… 52
3.1.3 计算机网络的组成 …… 54
3.1.4 计算机网络的分类 …… 56
3.2 Internet 基础 …… 58
3.2.1 Internet 的概念与功能 …… 58
3.2.2 Internet 的接入方式 …… 61
3.2.3 IP 地址的设置和查看 …… 62
3.2.4 Internet 常用服务 …… 65
3.3 信息检索 …… 69
3.3.1 常规信息检索 …… 69
3.3.2 信息检索的方法 …… 72
3.3.3 信息分类存储 …… 74
3.4 信息安全与网络空间防护 …… 77
3.4.1 信息安全基础 …… 77
3.4.2 网络空间防护体系 …… 80
3.4.3 个人信息安全防范 …… 83
第 4 章 数字媒体技术基础 …… 85
4.1 数字媒体概述 …… 85
4.1.1 数字媒体技术的概念与分类 …… 85
4.1.2 数字媒体硬件与软件基础 …… 86
4.1.3 AIGC 技术介绍 …… 90
4.2 图像处理技术基础 …… 91
4.2.1 图像的概念与格式 …… 91
4.2.2 WPS 图像处理技术实战 …… 93
4.2.3 AIGC 在图像领域的应用 …… 98

4.3 音视频处理技术基础 …… 101
4.3.1 音频的概念与格式 …… 101
4.3.2 视频的概念与格式 …… 101
4.3.3 音视频处理技术 …… 102
4.3.4 AIGC 在音频领域的应用 …… 105
4.3.5 AIGC 在视频领域的应用 …… 106
第 5 章 文字处理软件——教案设计 …… 108
5.1 创建教案文档 …… 109
5.1.1 任务要求 …… 109
5.1.2 知识准备 …… 109
5.1.3 实施步骤 …… 115
5.2 设置教案格式 …… 115
5.2.1 任务要求 …… 115
5.2.2 知识准备 …… 116
5.2.3 实施步骤 …… 120
5.3 美化教案版面 …… 122
5.3.1 任务要求 …… 122
5.3.2 知识准备 …… 124
5.3.3 实施步骤 …… 127
5.4 WPS AI 在文档创作中的应用 …… 129
5.4.1 WPS AI 帮我写 …… 129
5.4.2 WPS AI 帮我改 …… 131
5.4.3 WPS AI 伴写 …… 133
5.4.4 WPS AI 排版 …… 134
5.4.5 WPS AI 全文总结 …… 136
5.4.6 WPS AI 文档问答 …… 137
第 6 章 演示文稿软件——课件制作 …… 140
6.1 创建演示文稿 …… 140
6.1.1 任务要求 …… 140
6.1.2 知识准备 …… 141
6.1.3 实施步骤 …… 142
6.2 丰富演示文稿内容 …… 142
6.2.1 任务要求 …… 142
6.2.2 知识准备 …… 143
6.2.3 实施步骤 …… 148
6.3 设计演示文稿外观 …… 151
6.3.1 任务要求 …… 151
6.3.2 知识准备 …… 151

6.3.3 实施步骤……153

6.4 演示文稿动态效果……155

6.4.1 任务要求……155

6.4.2 知识准备……156

6.4.3 实施步骤……158

6.5 演示文稿放映……159

6.5.1 任务要求……159

6.5.2 知识准备……159

6.5.3 实施步骤……162

6.6 WPS AI 在课件中的应用……163

6.6.1 任务要求……163

6.6.2 知识准备……164

6.6.3 实施步骤……165

第 7 章 电子表格软件——成绩统计分析……169

7.1 录入基础数据……169

7.1.1 任务要求……169

7.1.2 知识准备……170

7.1.3 实施步骤……174

7.2 格式化数据……174

7.2.1 任务要求……174

7.2.2 知识准备……175

7.2.3 实施步骤……179

7.3 数据计算……180

7.3.1 任务要求……180

7.3.2 知识准备……180

7.3.3 实施步骤……183

7.4 数据可视化……186

7.4.1 任务要求……186

7.4.2 知识准备……186

7.4.3 实施步骤……188

7.5 数据处理……189

7.5.1 任务要求……189

7.5.2 知识准备……189

7.5.3 实施步骤……193

7.6 打印输出……194

7.6.1 任务要求……194

7.6.2 知识准备……194

7.6.3 实施步骤……195

7.7 WPS AI 在表格中的应用……196

7.7.1 任务要求 196
7.7.2 知识准备 196
7.7.3 实施步骤 200
第 8 章 程序设计基础 202
8.1 程序设计语言概述 202
8.1.1 基本概念 202
8.1.2 Python 简介 204
8.1.3 Python 脚本的运行方式 205
8.2 猜数字游戏 207
8.2.1 任务要求 207
8.2.2 知识准备 207
8.2.3 代码实现 211
8.3 优化猜数字游戏 212
8.3.1 任务要求 212
8.3.2 知识准备 213
8.3.3 代码实现 214
8.4 石头、剪刀、布游戏 216
8.4.1 任务要求 216
8.4.2 知识准备 216
8.4.3 代码实现 217
8.5 AI 辅助编程 219
8.5.1 AI 代码生成 219
8.5.2 案例演示 223
8.5.3 人机协同 223
第 9 章 人工智能技术及其应用 229
9.1 人工智能概述 229
9.1.1 人工智能的定义 229
9.1.2 人工智能的发展历程 230
9.1.3 人工智能的主要应用场景 234
9.2 人工智能基本技术 237
9.2.1 主要研究领域 237
9.2.2 群智能算法 239
9.2.3 机器学习 243
9.2.4 人工神经网络与深度学习 245
9.3 人工智能实践应用 247
9.3.1 DeepSeek 247
9.3.2 豆包 251
9.3.3 提示词的高效正确使用 253
参考文献 255

第 1 章　计算机基础知识

问题与情景

在 21 世纪，学生不仅要学会利用各种工具获取信息、加工信息、展示信息和评价信息，还要具备信息意识，知道何时、何地、从何处高效率地获取自己想要的信息。

学习目标

计算机是一个非常有用的工具，因此我们要掌握计算机基础知识，了解智能时代新技术，学会使用计算机搭建自己的学习与生活空间。

1.1　计算机概述

1.1.1　计算机的概念

现代计算机是一种能够存储数据和程序，并能自动执行程序，从而快速、高效地自动完成各种数字化信息处理的电子设备。数据和程序存放在计算机的存储器中，通过执行程序，计算机对输入的各种数据进行处理、存储或传送，并输出处理结果。程序是计算机解决问题的有限指令序列，不同的问题只需执行相应的程序即可，因此计算机具有较好的通用性。计算机所处理的对象和结果都是信息，从这一点来看，计算机与人类大脑有某些相似之处。因为人的大脑和五官也是信息采集、识别、转换、存储、处理的器官，所以人们常把计算机称为电脑。

随着智能时代的到来和信息高速公路的兴起，全球信息化进入了一个全新的发展时期。人们越来越深刻地认识到计算机强大的信息处理功能，使之成为信息产业的基础和支柱。人们在物质需求不断得到满足的同时，对各种信息的需求也在日益增长，计算机已成为人们生活中不可或缺的工具之一。

1.1.2　计算机的发展历程

1. 计算机的诞生与发展

20 世纪 40 年代中期，正值第二次世界大战进入激烈的决战时期，各国对新式武器的研发需求迫切，而复杂的数字运算问题成为制约武器研发速度的关键因素。于是 1946 年年初，在美国宾夕法尼亚大学，由物理学家莫克利（Mauchly）等研制的电子数字积分计算机（electronic numerical integrator and calculator，ENIAC）正式投入使用。ENIAC是一台公认的“大型”计算机，它体积达 $90m^3$，重 30t，占地约 $120m^2$，耗电约 150kW・h，使用了 18 800 只电子管、70 000 多个电阻器、10 000 多个电容器、6000 多个开关。它每秒可计算 5000 次加法或 400 次乘法，原来需要 20 多分钟才能计算出来的一条弹道，现在只要短短的 30s，计算速度比人工计算提高了 8400 多倍，是当时速度最快的机电式计算机的 1000 倍。虽然 ENIAC 完全为了军事用途而研制，但是这台计算机的问世，在人类科学史上具有划时代的意义，它奠定了计算机发展的基础，开辟了电子计算机科学的新纪元。

尽管 ENIAC 显著提升了计算速度，但其操作过程要求在解决问题之前，必须手动连接外部线路。这项工作在当时仅限于少数计算机专家能够完成，且每当需要解决新的问题时，必须重新进行线路连接，导致使用起来极为不便。与此同时，对计算机科学做出卓越贡献的数学家约翰・冯・诺依曼（John von Neumann）发表了一篇名为《电子计算机装置逻辑结构初探》的论文，首次提出了存储程序的概念。该理论主张将程序和数据预先存储于计算机内部，运行时自动调取指令并执行，从而实现了计算过程的完全自动化。根据这一理论，他设计了世界上首台“存储程序式”计算机——电子离散变量自动计算机（the electronic discrete variable automatic computer，EDVAC）。EDVAC 于 1952 年正式启用。实际上，首个实现存储程序设计概念的电子计算机是由英国剑桥大学的 M. V. 威尔克斯（M. V. Wilkes）领导设计的电子延迟存储自动计算器（electronic delay storage automatic calculator，EDSAC），其于 1949 年 5 月研制成功并开始运行。尽管现代计算机在许多方面与早期计算机相比已发生巨大变革，但其核心结构和工作原理仍然基于冯・诺依曼的理论体系。

自第一台计算机问世以来，按计算机所采用的逻辑元器件，计算机的发展分为 4 个阶段。

第一代计算机（1946～1957 年）：采用电子管作为逻辑元器件，其主存储器采用磁鼓、磁芯，外部存储器采用磁带、纸带、卡片等；存储容量只有几千字节，运算速度为每秒几千次；主要使用机器语言编程，用于数值计算。这一代计算机的体积大、价格高、可靠性差、维修困难。

第二代计算机（1958～1964 年）：采用晶体管作为逻辑元器件，其主存储器使用磁芯，外存储器使用磁带和磁盘；开始使用高级程序设计语言；应用领域也由数值计算扩展到数据处理、事务处理和过程控制等方面。相比第一代计算机，这一代计算机的运算速度更快，体积变小，功能更强。

第三代计算机（1965～1970 年）：逻辑元器件采用中小规模集成电路，其主存储器开始逐渐采用半导体元器件，存储容量可达几兆字节，运算速度可达每秒几十万至几百万次。这一代计算机体积更小，成本更低，性能进一步提高；在软件方面，开始使用操作系统，计算机的应用领域逐步扩大。

第四代计算机（1971 年至今）：逻辑元器件采用大规模和超大规模集成电路，集成度大幅提高，运算速度可达每秒几百万次至每秒几百万亿次，具有高集成、高速、高性能、大容量和低成本等优点；在软件方面，系统软件功能完善，应用软件十分丰富，软件业已成为重要的产业之一；同时，计算机网络、分布式处理和数据库管理技术等都得到了进一步的发展和应用。

计算机根据用途、规模和处理能力可分为以下几类。

1）超级计算机：专用于高速科学计算与复杂模拟，如神威·太湖之光。

2）大型计算机：服务于金融、政府等领域的高并发数据处理，如 IBM Z 系列。

3）小型计算机：支持企业级多用户应用，中型服务器集群。

4）工作站：面向工程设计、影视渲染等专业场景，如图形工作站。

5）微型计算机：满足日常办公与娱乐需求，一般是指个人计算机、笔记本计算机、平板计算机。

6）嵌入式计算机：集成于设备中实现自动化控制，如智能家电芯片。

此外，云计算平台和分布式系统等新型架构正推动分类边界不断演进。

2. 微型计算机的发展阶段

下面从微处理器的发展来了解微型计算机的发展。

（1）4 位与 8 位低档微处理器（1971～1973 年）

1971 年 1 月，英特尔（Intel）公司的工程师霍夫（Hoff）研制成功世界上第一个字长为 4 位的微处理器 Intel 4004，标志着第一代微处理器问世。这一时期的代表产品包括 Intel 4004 和 Intel 8008 微处理器，以及由它们分别组建的 MCS-4 和 MCS-8 微机系统。

Intel 4004 能执行 4 位二进制并行运算，虽功能有限，却广泛应用于家用电器，如计算器、电动打字机等，赋予了这些设备智能化特性。Intel 8008，作为世界上首款 8 位微处理器，其存储器采用 PMOS 工艺，虽然集成度较低，指令系统也相对简单，但它为简单的控制场合提供了解决方案。

（2）8 位中高档微处理器（1974～1977 年）

8 位中高档微处理器涌现，如英特尔的 Intel 8080/8085、摩托罗拉（Motorola）公司的 M6800 等经典产品。这些微处理器采用了先进的 NMOS 工艺，使集成度大幅提升，运算速度也相应提高了 10～15 倍。它们不仅拥有更为完善的指令系统，还具备了典型的计算机体系结构，如中断处理和直接存储器访问（direct memory access，DMA）控制功能。这些微处理器均拥有约 9000 只晶体管，平均指令执行时间为 1～2μs。在编程方面，它们支持汇编语言、BASIC 和 Fortran 等语言，并配备单用户操作系统。

（3）16 位微处理器（1978～1984 年）

英特尔公司的 8086/8088、摩托罗拉公司的 MC68000 等 16 位微处理器脱颖而出。它们采用了更先进的 HMOS 工艺，使集成度（高达 20000～70000 晶体管/片）和运算速度（基本指令执行时间仅为 0.5μs）都达到了前所未有的水平。此外，这些微处理器的指令系统也更为丰富、完善，支持多级中断、多种寻址方式及段式存储结构等高级功能。

1981 年，IBM 公司推出的 IBM-PC 机采用 8088 CPU。1982 年，IBM 又推出了扩展型的个人计算机 IBM-PC/XT，它对内存进行了扩充，并增加了一个硬盘驱动器。1984 年，IBM 推出了以 80286 处理器为核心组成的 16 位增强型个人计算机 IBM-PC/AT。由于 IBM 公司在发展个人计算机时采用了技术开放的策略，促进了个人计算机的普及与发展。

（4）32 位微处理器（1985～1993 年）

微型计算机迎来了 32 位微处理器时代，这一阶段的典型代表产品包括英特尔公司的 80386/80486 和摩托罗拉公司的 M69030/M68040 等。这些微处理器采用了先进的 HMOS 或 CMOS 工艺，单片集成度高达 100 万个晶体管，并配备了 32 位地址线和 32 位数据总线。它们每秒能处理高达 600 万条指令，使微型计算机的功能甚至超越了超级小型计算机的水平，同时还能轻松应对多任务、多用户的复杂作业需求。

（5）奔腾系列与多媒体（1993 年至今）

1993 年，英特尔公司推出了 Pentium 处理器，即人们常说的 80586 芯片，出于专利保护的原因，将其命名为 Pentium，中文名称为“奔腾”。典型产品是英特尔公司的奔腾系列处理器及与之兼容的 AMD K6 系列微处理器。该阶段产品内部采用了超标量指令流水线结构，并具有相互独立的指令和数据高速缓存。随着 MMX（multi media extended，多媒体扩展指令集）微处理器的出现，微型计算机在网络化、多媒体化和智能化等方面取得了显著进展。

2001 年，英特尔公司推出了首款 64 位产品——Itanium（安腾）微处理器。随后，在 2003 年 4 月，AMD 公司紧随其后，发布了基于 64 位计算技术的 Opteron（皓龙）微处理器。同年 9 月，AMD 公司再次发力，推出了 Athlon（速龙）微处理器，这标志着 64 位计算时代的正式到来。2005 年英特尔公司推出首款双核处理器 Pentium D，AMD 公司同步推出 Athlon 64 X2，标志着微型计算机进入多核并行计算时代。此后，多核数量持续扩展：2008 年 Intel 酷睿 i7 实现 4 核 8 线程（超线程技术），2020 年 AMD 锐龙 9 5950X 已达到 16 核 32 线程，多核协同计算能力较单核提升数倍，显著优化了视频渲染、3D 建模等多任务处理效率。

移动互联网的快速发展推动微处理器向低功耗、高集成方向演进。ARM 架构凭借能效比优势，在智能手机（如 Apple A 系列、高通骁龙）、平板计算机（如华为麒麟）等终端中占据主导地位。2014 年，苹果公司推出自研的 A7 芯片（首款 64 位 ARM 架构移动处理器），2020 年 M1 芯片集中央处理器、图形处理器、神经网络处理器（neural network processing unit，NPU）于一体，将 Mac 系列的图形处理能力提升至桌面级水准，标志着微型计算机从“通用计算”向“场景化智能计算”转型。与此同时，AI 算力需求催生异构计算架构——Intel 酷睿 i9 集成超高清（ultra high definition，UHD）核心显卡，AMD 锐龙 7000 系列搭载 RDNA3 显卡，NVIDIA Jetson 系列更将中央处理器与图形处理器深度融合，使微型计算机具备实时图像识别、自然语言处理等 AI 功能，进一步拓展了智能家居、自动驾驶等新兴应用场景。

1.1.3 计算机的主要特点

计算机的发明和发展是 20 世纪伟大的科学技术成就之一。作为一种通用的智能工具，它具有以下几个特点。

（1）运算速度快

现代巨型计算机系统的运算速度惊人，每秒可达万亿次乃至亿亿次。

(2) 运算精度高

计算机内采用二进制数制进行运算，因此可以用增加表示数字的设备和运用计算技术使数值计算的精度越来越高。

(3) 通用性强

计算机能够灵活应对各种复杂信息处理任务，将任务拆解为基本算术和逻辑操作，并通过指令操作，按照既定规律有序组织成程序，存储于存储器中。

(4) 具有记忆和逻辑判断功能

计算机拥有内部存储器和外部存储器，能够存储海量数据，且随着存储容量持续提升，其信息存储能力日益增强。

(5) 具有自动控制能力

计算机内部的操作、控制是由事先编制好的程序自动控制的，无须人工干预。

1.1.4 计算机的发展趋势

计算机为人类做出了巨大的贡献。随着计算机在社会各领域的普及和应用，人们对计算机的依赖程度越来越高，对计算机的功能要求也越来越高，因此，有必要研制功能更强大的新型计算机。计算机的发展趋势可以从传统演进和新兴技术两个维度概括。

1. 传统方向持续演进

(1) 巨型化

巨型化是指发展高速运算、大存储容量和功能更强大的巨型计算机，以满足尖端科学的应用需求。更高性能的巨型计算机（如超级计算机），用于复杂科学计算、气象预测等领域。例如，天河一号就是中国自主研发的千万亿次超级计算机。巨型计算机能够体现一个国家计算机科学水平的高低，也能反映一个国家的经济和科学技术实力。

(2) 微型化

发展外形小巧、质量轻、价格低、功能强的微型计算机，以满足广泛应用领域的需求。近年来，微型计算机技术发展迅速，新产品不断问世，典型代表包括移动设备、嵌入式系统（如智能手表、物联网终端）。这类设备的芯片集成度持续提升，推动可穿戴技术的发展。

(3) 网络化

计算机网络是计算机技术和通信技术结合的产物，是计算机技术中重要的一个分支，是信息系统的基础设施。目前，世界各国都在规划和实施自己的国家信息基础设施（national information infrastructure，NII），即一个国家的网络信息系统。NII 将学校、科研机构、企业、图书馆、实验室等部门的各种资源连接在一起，供全体公民共享，使任何人在任何时间、任何地点都能够将声音、文字、图像、视频等信息传递给在任何地点的任何人。

互联网与物联网技术的深度融合，强调设备间的互联互通和数据共享。例如，5G 网络和边缘计算的普及加速了这一趋势。

（4）智能化

智能化是指用计算机模拟人的感觉和思维过程，使计算机具备人的某些智能，能够进行一定的学习和推理（如听、说，识别文字、图形和物体等）。智能化技术包括模式识别、图像识别、自然语言的生成和理解、博弈、定理自动证明、自动程序设计、专家系统、学习系统和智能机器人等。人工智能、机器学习等技术的广泛应用，使计算机具备自主学习和决策能力。例如，自动驾驶和生成式人工智能均依赖智能化技术的进步。

（5）多媒体化

多媒体化是指计算机能够更有效地处理文字、图形、动画、音频、视频等形式的信息，从而使人们可以更自然、更有效地使用这些信息。多媒体技术的发展使计算机具备了综合处理文字、声音、图形和图像的能力，增强了对声音、图像、视频等多模态数据的处理与应用能力，实现了更自然的交互方式[如虚拟现实（virtual reality，VR）、增强现实（augmented reality，AR）]。例如，元宇宙概念便建立在多媒体化技术基础之上。

2. 新兴领域技术突破

（1）空间计算的演进

空间计算技术通过精确地利用地理位置信息和空间关系来优化数据处理流程，从而显著提升用户交互的自然性和直观性。这种技术在三维建模、增强现实和虚拟现实应用中表现尤为突出，为用户带来沉浸式的体验。

（2）量子计算的探索

量子计算基于量子力学的独特原理，有望突破传统计算机在处理速度和能力上的限制。这种前沿技术在解决诸如密码学难题、加速药物研发等复杂问题方面展现出巨大潜力。然而，目前量子计算仍面临量子比特稳定性差等技术挑战，需要进一步的研究和创新。

（3）生物计算的未来

生物计算领域正在尝试使用DNA、蛋白质等生物分子作为数据存储和处理的介质。这种计算方式具有极低的能耗和极高的数据密度存储优势，预示着未来计算技术的一个新方向。尽管目前这一领域仍处于实验阶段，但其潜力不容小觑。

（4）人工智能驱动的硬件革新

人工智能技术正在推动硬件领域的重大变革。定制化的AI芯片用来提升计算效率，使智能设备更加普及。例如，集成神经网络处理单元的设备能够进行更高效的本地AI运算，减少对云端的依赖，从而提高响应速度和数据安全性。

计算机发展趋势的核心是智能化与多技术融合。无论是传统方向还是新兴领域，人工智能都成为关键驱动因素，通过与量子计算、空间计算等结合，实现更高效的人机协作和场景应用。

1.1.5 计算机的应用领域

计算机以其高速度运算、逻辑判断、大容量存储和快速存取等特性，已成为现代社会各个领域越来越重要的工具。人类的社会实践活动总体上可分为认识世界和改造世界两大范畴。对自然界和人类社会各种现象和事实进行探索，并发现其中的规律，是科学研究的任务，属于认识世界的范畴；利用科学研究的成果进行生产和管理，属于改造世界的范畴。在这两大范畴中，计算机都是极有力的一个工具。

计算机的应用范围相当广泛，涉及科学研究、军事技术、信息管理、工农业生产、文化教育等各个领域。

1. 科学计算（数值计算）

科学计算是计算机重要的应用领域之一。工程设计、地震预测、气象预报、火箭和卫星发射等都需要由计算机承担庞大复杂的计算任务。

2. 数据处理（信息管理）

当前计算机应用较广泛的领域之一就是数据处理。人们利用计算机收集、记录数据，经过加工产生新的信息形式。

3. 过程控制（实时控制）

计算机是生产自动化的基本技术工具之一，主要从两个方面影响生产自动化：一是在自动控制理论上，现代控制理论通过矩阵方程和向量空间解决复杂多变量控制问题，其高维计算需求必须依赖计算机完成；二是在自动控制系统的组织上，由数字计算机和模拟计算机组成的控制器是自动控制系统的大脑，它按照设计者预先规定的目标和计算程序，以及反馈装置提供的信息指挥执行机构动作。生产自动化程度越高，对信息传递的速度和准确度的要求也越高，这一任务靠人工操作已无法完成，只有计算机才能胜任。在综合自动化系统中，计算机赋予自动控制系统越来越强的智能性。

4. 计算机网络

现代通信技术与计算机技术相结合，构成计算机网络，这是微型计算机具有广阔前景的一个应用领域。计算机网络的建立，不仅实现了一个地区、一个国家中计算机之间的通信和网络内各种资源的共享，而且推动了全球通信的革新及跨国数据的高效传输与协同处理。

5. 计算机辅助工程

（1）计算机辅助设计

利用计算机高速处理、大容量存储和图形处理功能辅助设计人员进行产品设计的技术称为计算机辅助设计（computer aided design，CAD）。计算机辅助设计技术已广泛应用于电路设计、机械设计、土木建筑设计和服装设计等各个领域。

（2）计算机辅助制造

在机器制造业中，利用计算机通过各种数控机床和设备，自动完成离散产品的加工、装配、检测和包装等制造过程的技术称为计算机辅助制造（computer aided manufacturing，CAM）。

（3）计算机辅助教学

学生通过与计算机系统之间的对话实现教学的技术称为计算机辅助教学（computer aided instruction，CAI）。

（4）其他计算机辅助系统

利用计算机作为工具辅助产品测试的计算机辅助测试（computer aided testing，CAT），利用计算机对学生教学、训练和对教学事务进行管理的计算机辅助教育（computer aided education，CAE），利用计算机对文字、图像等信息进行处理、编辑、排版的计算机辅助出版（computer aided publishing，CAP）等都是计算机辅助系统。

6. 人工智能

人工智能是利用计算机模拟人类某些智能行为（如感知、思维、推理、学习等）的理论和技术。它是在计算机科学、控制论等基础上发展起来的一门边缘学科，包括专家系统、机器翻译、自然语言理解等。

1.2 计算机中常用的数制

1.2.1 数制的相关概念

1. 数制

数制又称为计数制，是指用一组固定的符号和统一的规则来表示数值的方法。

2. 进位计数制

按进位的方法进行计数称为进位计数制。在日常生活和计算机中采用的都是进位计数制。

3. 数位、基数和位权

在进位计数制中有 3 个基本要素：数位、基数和位权。

1）数位：数码在一个数中所处的位置。数码所处的位置不同，代表数值的大小也不同。

2）基数：在某种进位计数制中，每个数位上所能使用的数码的个数。例如，在十进位计数制中，每个数位上可以使用的数码为 0～9，共 10 个数码，即其基数为 10。

3）位权：在某种进位计数制中，每个数位上的数码所代表的数值大小，等于在这个数位上的数码乘以一个固定的数值，这个固定的数值就是此种进位计数制中该数位上的位权。

1.2.2 常用的进位计数制

进位计数制有很多，这里主要介绍与计算机技术有关的几种常用进位计数制。

1. 十进制

十进位计数制简称十进制。十进制数具有以下特点。

1）有 10 个不同的数码符号：0、1、2、3、4、5、6、7、8、9。

2）每个数码符号根据它在这个数中所处的位置（数位），按“逢十进一”来决定其实际数值，即各数位的位权是以 10 为底的幂次方。

例如，$(123.456)_{10}$，以小数点为界，从小数点往左依次为个位、十位、百位，从小数点往右依次为十分位、百分位、千分位。因此，小数点左边第一位的 3 代表数值 3，即 3×10^0；第二位的 2 代表数值 20，即 2×10^1；第三位的 1 代表数值 100，即 1×10^2；小数点右边第一位的 4 代表数值 0.4，即 4×10^{-1}；第二位的 5 代表数值 0.05，即 5×10^{-2}；第三位的 6 代表数值 0.006，即 6×10^{-3}。因而该数可表示为

$$(123.456)_{10}=1\times10^2+2\times10^1+3\times10^0+4\times10^{-1}+5\times10^{-2}+6\times10^{-3}$$

由上述分析可归纳出，任意一个十进制数 S，可表示成以下形式：

$$(S)_{10}=S_{n-1}\times10^{n-1}+S_{n-2}\times10^{n-2}+\cdots+S_1\times10^1+S_0\times10^0+S_{-1}\times10^{-1}$$
$$+S_{-2}\times10^{-2}+\cdots+S_{-m+1}\times10^{-m+1}+S_{-m}\times10^{-m}$$

式中，S_i 为数位上的数码，取值范围为 0～9；n 为整数位个数；m 为小数位个数；10 为基数；10^{n-1}、10^{n-2}、…、10^1、10^0、10^{-1}、10^{-2}、…、10^{-m+1}、10^{-m} 是十进制数的位权。在计算机中，一般用十进制数作为数据的输入和输出。

2. 二进制

二进位计数制简称二进制。二进制数具有以下特点。

1）有两个不同的数码符号：0、1。

2）每个数码符号根据它在这个数中的数位，按“逢二进一”来决定其实际数值。

例如：

$$(1011.101)_2=1\times2^3+0\times2^2+1\times2^1+1\times2^0+1\times2^{-1}+0\times2^{-2}+1\times2^{-3}=(11.625)_{10}$$

任意一个二进制数 S，可以表示为

$$(S)_2=S_{n-1}\times2^{n-1}+S_{n-2}\times2^{n-2}+\cdots+S_1\times2^1+S_0\times2^0+S_{-1}\times2^{-1}+S_{-2}\times2^{-2}+\cdots+S_{-m}\times2^{-m}$$

式中，S_i 为数位上的数码，取值范围为 0 或 1；n 为整数位个数；m 为小数位个数；2 为基数；2^{n-1}、2^{n-2}、…、2^1、2^0、2^{-1}、2^{-2}、…、2^{-m} 是二进制数的位权。

3. 八进制

八进位计数制简称八进制。八进制数具有以下特点。

1）有 8 个不同的数码符号：0、1、2、3、4、5、6、7。

2）每个数码符号根据它在这个数中的数位，按“逢八进一”来决定其实际的数值。

例如：

$$(123.24)_8=1\times8^2+2\times8^1+3\times8^0+2\times8^{-1}+4\times8^{-2}=(83.3125)_{10}$$

任意一个八进制数 S，可以表示为

$$(S)_8=S_{n-1}\times8^{n-1}+S_{n-2}\times8^{n-2}+\cdots+S_1\times8^1+S_0\times8^0+S_{-1}\times8^{-1}+S_{-2}\times8^{-2}+\cdots+S_{-m}\times8^{-m}$$

式中，S_i为数位上的数码，其取值范围为 0～7；n 为整数位个数；m 为小数位个数；8 为基数；8^{n-1}、8^{n-2}、…、8^1、8^0、8^{-1}、8^{-2}、…、8^{-m} 是八进制数的位权。

八进制数是计算机中常用的一种计数方法，可以弥补二进制数书写位数过长的不足。

4. 十六进制

十六进位计数制简称十六进制。十六进制数具有以下特点。

1）它有 16 个不同的数码符号：0、1、2、3、4、5、6、7、8、9、A、B、C、D、E、F。因为数字只有 0～9 共 10 个，而十六进制要使用 16 个数字，所以用 A～F 6 个英文字母分别表示数字 10～15。

2）每个数码符号根据它在这个数中的数位，按“逢十六进一”来决定其实际的数值。例如：

$$(3AB.48)_{16}=3\times16^2+A\times16^1+B\times16^0+4\times16^{-1}+8\times16^{-2}=(939.28125)_{10}$$

任意一个十六进制数 S，可表示为

$$(S)_{16}=S_{n-1}\times16^{n-1}+S_{n-2}\times16^{n-2}+\cdots+S_1\times16^1+S_0\times16^0+S_{-1}\times16^{-1}+S_{-2}\times16^{-2}+\cdots+S_{-m}\times16^{-m}$$

式中，S_i为数位上的数码，其取值范围为 0～F；n 为整数位个数；m 为小数位个数；16 为基数；16^{n-1}、16^{n-2}、…、16^1、16^0、16^{-1}、16^{-2}、…、16^{-m}为十六进制数的位权。

十六进制数是计算机常用的一种计数方法，可以弥补二进制数书写位数过长的不足。

以上 4 种计数制的特点可概括如下。

1）每种计数制都有一个固定的基数 R（R 为大于 1 的整数），它的每一数位可取 0～R 个不同的数值。

2）每种计数制都有自己的位权，并且遵循“逢 R 进一”的原则。

对于任一种 R 进位计数制数 S，可表示为

$$(S)_R=S_{n-1}R_{n-1}+S_{n-2}R_{n-2}+\cdots+S_1R_1+S_0R_0+S_{-1}R_{-1}+\cdots+S_{-m}R_{-m}$$

式中，S_i表示数位上的数码，其取值范围为 0～$R-1$，R 为计数制的基数，m 和 n 为数位的编号（整数位取 $n-1$～0，小数位取 -1～$-m$）。

1.2.3 不同进位计数制之间的转换

不同进位计数制之间的转换，实质上是基数间的转换。转换的一般原则如下：如果两个有理数相等，则两数的整数部分和小数部分一定分别相等。因此，各数制之间进行转换时，通常对整数部分和小数部分分别进行转换，然后将其转换结果合并即可。

1. 非十进制数转换成十进制数

非十进制数转换成十进制数的方法是把各个非十进制数按公式

$$(S)_p=\pm\sum_{i=n-1}^{-m}S_iR^i$$

展开求和即可。也就是说，把二进制数（或八进制数、十六进制数）写成 2（或 8、16）的各次幂之和的形式，然后计算其结果。

例如，把二进制数$(10101)_2$和$(101.01)_2$转换成十进制数的过程分别为

$$(10101)_2=1\times 2^4+0\times 2^3+1\times 2^2+0\times 2^1+1\times 2^0=16+0+4+0+1=(21)_{10}$$

$$(101.01)_2=1\times 2^2+0\times 2^1+1\times 2^0+0\times 2^{-1}+1\times 2^{-2}=4+0+1+0+0.25=(5.25)_{10}$$

把八进制数$(305)_8$和$(456.124)_8$转换成十进制数的过程分别为

$$(305)_8=3\times 8^2+0\times 8^1+5\times 8^0=192+5=(197)_{10}$$

$$\begin{aligned}(456.124)_8&=4\times 8^2+5\times 8^1+6\times 8^0+1\times 8^{-1}+2\times 8^{-2}+4\times 8^{-3}\\&=256+40+6+0.125+0.03125+0.0078125\\&=(302.1640625)_{10}\end{aligned}$$

把十六进制数$(2A4E)_{16}$和$(32CF.48)_{16}$转换成十进制数的过程分别为

$$\begin{aligned}(2A4E)_{16}&=2\times 16^3+A\times 16^2+4\times 16^1+E\times 16^0\\&=8192+2560+64+14=(10830)_{10}\end{aligned}$$

$$\begin{aligned}(32CF.48)_{16}&=3\times 16^3+2\times 16^2+C\times 16^1+F\times 16^0+4\times 16^{-1}+8\times 16^{-2}\\&=12288+512+192+15+0.25+0.03125\\&=(13007.28125)_{10}\end{aligned}$$

2. 十进制数转换成非十进制数

把十进制数转换为二进制数、八进制数、十六进制数的方法如下：整数部分转换采用“除 *R* 取余法”，小数部分转换采用“乘 *R* 取整法”。

例如，将十进制数$(59.25)_{10}$转换为二进制数的过程为

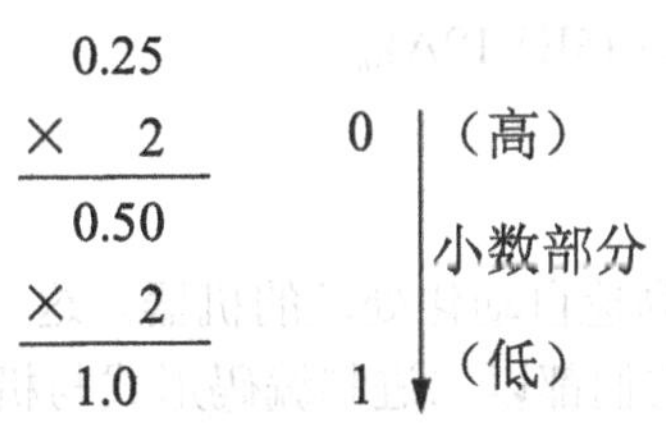

$$(0.25)_{10}=(0.01)_2$$

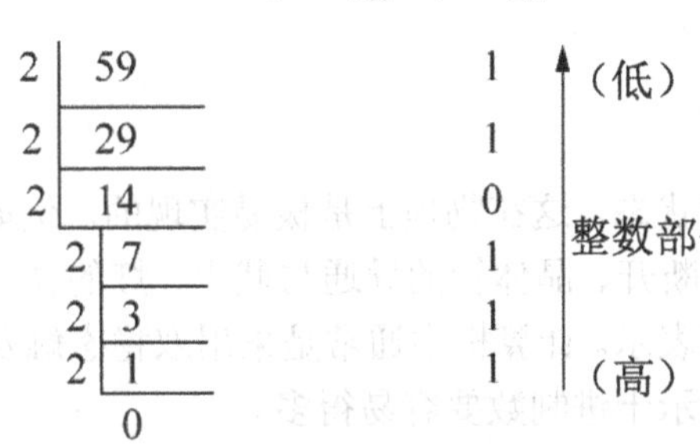

$$(59)_{10}=(111011)_2$$

因此$(59.25)_{10}=(111011.01)_2$。

3. 二进制数、八进制数、十六进制数之间的相互转换

由于1位八（十六）进制数相当于3（4）位二进制数，因此，要将八（十六）进制数转换成二进制数时，只需以小数点为界，向左或向右将每位八（十六）进制数用相应的3（4）位二进制数取代即可。如果不足3（4）位，可用零补足。反之，二进制数转换成相应的八（十六）进制数，只是上述过程的逆过程，即以小数点为界，向左或向右将每3（4）位二进制数用相应的1位八（十六）进制数取代即可。

例如，将八进制数$(714.431)_8$转换成二进制数的过程为

$$\begin{array}{cccccc}7 & 1 & 4\ . & 4 & 3 & 1\\ 111 & 001 & 100\ . & 100 & 011 & 001\end{array}$$

即$(714.431)_8=(111001100.100011001)_2$。

将二进制数$(11101110.00101011)_2$转换成八进制数的过程为

$$\begin{array}{cccccc}011 & 101 & 110\ . & 001 & 010 & 110\\ 3 & 5 & 6\ . & 1 & 2 & 6\end{array}$$

即$(11101110.00101011)_2=(356.126)_8$。

将十六进制数$(1AC0.6D)_{16}$转换成二进制数的过程为

$$\begin{array}{cccccc}1 & A & C & 0\ . & 6 & D\\ 0001 & 1010 & 1100 & 0000\ . & 0110 & 1101\end{array}$$

即$(1AC0.6D)_{16}=(1101011000000.01101101)_2$。

将二进制数$(10111100101.00011001101)_2$转换成相应的十六进制数的过程为

$$\begin{array}{cccccc}0101 & 1110 & 0101\ . & 0001 & 1001 & 1010\\ 5 & E & 5\ . & 1 & 9 & A\end{array}$$

即$(10111100101.00011001101)_2=(5E5.19A)_{16}$。

1.2.4 二进制与计算机

计算机是对数据信息进行高速自动化处理的机器。这些数据信息是以数字、字符、符号及表达式等形式呈现的，它们都以二进制编码形式与机器中的电子元器件状态相对应。二进制与计算机之间的密切关系，是与二进制本身所具有的特点分不开的。概括起来，二进制有以下4个特点。

1. 可行性

二进制只有0和1两种状态，这在物理上是极易实现的。例如，电平的高与低、电流的有与无、开关的接通与断开、晶体管的导通与截止、灯的亮与灭等两个截然不同的对立状态都可用二进制数来表示。计算机中通常是采用双稳态触发电路来表示二进制数的，这比用十稳态电路来表示十进制数要容易得多。

2. 简易性

二进制数的运算法则简单。例如，二进制数的求和法则只有以下3种：

$$0+0=0$$
$$0+1=1+0=1$$
$$1+1=10（逢二进一）$$

而十进制数的求和法则有 100 种之多。因此，采用二进制可以使计算机运算器的结构大为简化。

3. 逻辑性

由于二进制数符号 1 和 0 正好与逻辑代数中的真（true）和假（false）相对应，用二进制数来表示二值逻辑进行逻辑运算十分方便。

4. 可靠性

由于二进制只有 0 和 1 两个符号，在存储、传输和处理时不容易出错，这使计算机具有的高可靠性得到了保障。

1.3　计算机中的数据与编码

1.3.1　数据的概念

数据是可由人工或自动化手段加以处理的那些事实、概念、场景和指示的表示形式，包括字符、符号、表格、声音、图形和图像等。数据可在物理介质上记录或传输，并通过外围设备被计算机接收，经过处理而得到结果。

数据能被送入计算机加以处理，包括存储、传送、排序、归并、计算、转换、检索、制表和模拟等操作，以得到人们需要的结果。数据经过加工并赋予一定的意义后，便成为信息。

计算机系统中的每个操作都是对数据的某种处理，所以数据和程序一样，是软件工作的基本对象。

1.3.2　数据的单位

计算机中数据的常用单位有位、字节和字 3 种。

1. 位

计算机采用二进制。运算器运算的是二进制数，控制器发出的各种指令也表示成二进制数，存储器中存放的数据和程序也是二进制数，在网络上进行数据通信时发送和接收的还是二进制数。显然，在计算机内部到处都是由 0 和 1 组成的数据流。

计算机中最小的数据单位是二进制的一个数位，简称为位（bit，也称比特）。计算机中最直接、最基本的操作是对二进制位的操作。一个二进制位可表示两种状态（0 或 1）。两个二进制位可表示 4 种状态（00、01、10、11）。位数越多，所表示的状态也就越多。

2. 字节

为了表示数据中的所有字符（字母、数字及各种专用符号，大约有 256 个），需要用到 7 位或 8 位二进制数。因此，人们选定 8 位为 1 字节（byte，通常用 B 表示）。

字节是计算机中用来表示存储空间大小的基本的容量单位。例如，计算机内存的存储容量、磁盘的存储容量等都是以字节为单位表示的。

3. 字

字（word）由若干字节组成（通常取字节的整数倍），是计算机进行数据存储和数据处理的基本运算单位。

字长是计算机性能的重要标志，它是一个计算机字所包含的二进制位的个数。不同档次的计算机有不同的字长。按字长可以将计算机划分为 8 位机（如 Apple Ⅱ、中华学习机）、16 位机（如 286 机）、32 位机（如 386 机、486 机、586 机）、64 位机（目前主流的各类微型计算机）。

1.3.3 字符编码

在计算机中，对非数值的文字和其他符号，要进行数字化处理，即用二进制编码来表示文字和符号。字符编码就是规定用二进制编码表示文字和符号的方法。

1. ASCII

最常见的符号信息是文字符号，所以字母、数字和各种符号都必须按约定的规则才能在机器中用二进制编码表示。

ASCII（American standard code for information interchange），即美国信息交换标准码，有 7 位版本和 8 位版本两种。国际上通用的是 7 位版本。7 位版本的 ASCII 有 128 个元素，其中包括通用控制字符 34 个，阿拉伯数字 10 个，大、小写英文字母 52 个，各种标点符号和运算符号 32 个。7 位版本 ASCII 只用到 7 个二进制位（$2^7=128$）。

当微型计算机上采用 7 位 ASCII 作为机内码时，每字节只占用后 7 位，最高位恒为 0。

8 位 ASCII 需用 8 位二进制数进行编码。当最高位为 0 时，称为基本 ASCII（编码与 7 位 ASCII 相同）。当最高位为 1 时，形成扩充的 ASCII，它所表示的数为 128～255，可表示 128 种字符。通常各个国家都把扩充的 ASCII 作为自己国家语言文字的代码。

2. 汉字编码

我国用户在使用计算机进行信息处理时要用到汉字，因此，必须解决汉字的输入、输出及处理等一系列问题。当然，关键问题是要解决汉字编码问题。

由于汉字是象形文字，数目很多，常用汉字有 3000～5000 个，加上汉字的形状和笔画差异极大，因此，不可能用少数几个确定的符号将汉字完全表示出来，或像英文那样将汉字拼写出来。每个汉字必须有其自己独特的编码。

1）《信息交换用汉字编码字符集 基本集》：我国制定的国家标准 GB/T 2312—1980，

又称为国标码，是国家规定的用于汉字信息交换使用的代码的依据。2022 年 7 月 28 日，《信息技术 中文编码字符集》（GB 18030—2022）强制性国家标准发布，于 2023 年 8 月 1 日正式实施。新国标共收录汉字 87887 个，比上一版增加录入了 1.7 万余个生僻汉字，覆盖中国绝大部分人名、地名用生僻字以及文献、科技等专业领域的用字，能够满足各类使用需求。

2）汉字的机内码：供计算机系统内部进行存储、加工处理、传输统一使用的代码，又称为汉字内部码或汉字内码。

3）汉字的输入码：为了将汉字通过键盘输入计算机而设计的代码，又称为汉字外码。汉字输入编码方案很多，其表示形式大多为字母、数字或符号。

4）汉字的字形码：汉字字库中存储的汉字字形的数字化信息，用于汉字的显示和打印。

1.4 计算思维

1.4.1 计算思维概述

2006 年，美国卡内基·梅隆大学的周以真（Jeannette M. Wing）教授首次提出了计算思维（computational thinking）的概念。她认为，计算思维是运用计算机科学的思想与方法进行问题求解、系统设计、人类行为理解等涵盖计算机科学之广度的一系列思维活动。

计算思维具有以下特征。

1）计算思维是概念化的抽象思维，而不是程序思维。

2）计算思维是一项基本技能。

3）计算思维是人的思维，而不是计算机的思维。

4）计算思维是数学和工程思维的互补与融合。

5）计算思维是思想，而不是人造品。

6）计算思维面向所有的人和所有领域。

7）计算思维针对依旧亟待理解和解决的智力上极具挑战性的科学问题。

通常，科学界专家认为，人类认识世界和改造世界包括 3 种思维：以数学学科为基础的理论思维、以物理学科为基础的实验思维和以计算机学科为基础的计算思维。计算思维汲取了解决问题所采用的一般数学思维方法，现实世界复杂系统设计与评估的一般工程思维方法，以及复杂性、智能、心理、人类行为理解等的一般科学思维方法。

计算思维是计算机专业工作者必须具备的技能之一，这就如同人们应具备基本的读、写和计算技能一样。计算思维最根本的内容是抽象（abstraction）和自动化（automation）。与数学和物理相比，计算思维中的抽象显得更丰富，也更复杂。计算思维中的抽象超越物理的时空观，并完全用符号来表示。

虽然计算思维是近些年提出的理念，但计算思维其实很早就在各学科领域甚至各行各业中发挥着重要的作用，而且随着计算机科学的发展，这种作用将不断增强。探讨计算思维的目的是使人们在学习和应用计算机的过程中有意识地培养计算思维，从而更有效地利用计算机分析和解决现实问题。

1.4.2 计算思维的典型方法

随着计算技术的不断发展，计算思维在其他学科中的影响也在不断深化。在计算机科学与技术的发展过程中，已形成了许多使用计算思维解决问题的方法，较典型的有抽象、分解、并行、缓存、排序、索引、递归、容错、冗余、调度学习等方法。这些方法在计算机科学与技术研究、工程实践中发挥了重要的作用，在其他领域甚至日常生活实践中也得到了广泛运用。

1. 抽象

抽象是指抽取事物的共同的本质性特征，即忽略一个主题中与当前问题无关的因素，以便更充分地考虑与当前问题相关的因素。抽象是简化复杂问题的有效途径，如网络协议就是运用抽象思维解决复杂问题的典型代表。

2. 分解

在计算机科学中，将大规模的复杂问题分解成若干个规模较小的、简单并容易解决的问题加以解决，是一种常用的思维方式。问题分解（decomposition）首先需要明确描述问题，并对问题的解决方法做出决策，把问题分解成若干个相对独立的子问题，再以相同的方式处理每个子问题，并得到每个子问题的解，直到最终获得整个问题的解。

日常工作中的层次化管理就是对分解思维方法的具体运用。以公司运行为例，一个大型公司就是一个复杂系统，采取层次化管理是一种常用的方法。将公司逐层分解，越上层的机构越少，越往下机构数目越多。各级机构各自管理自己的下属机构，完成上级机构制定的目标，最终实现公司的整体目标。

计算思维采用抽象和分解处理复杂的任务或者设计庞大的系统。这样通过选择合适的方式陈述问题，或者对一个问题的相关方面进行建模，从而简明扼要地刻画复杂系统，能够在不必理会每个细节的情况下安全地使用、调整和影响一个大型复杂系统的信息。

3. 并行

并行（parallel）是指无论从微观还是宏观，事件在系统中同时发生，是一种重要的计算思维方法。并行计算（parallel computing）一般指多条指令得以同时执行的模式。在计算机系统设计中，应用并行技术可提高系统的效率。例如，指令流水线技术和多核处理器技术，前者属于时间并行，后者属于空间并行。这两种技术体现了运用并行方法解决问题的不同思路。如果各并行活动独立进行（即以完全平行的方式进行），问题就相对简单，只需要建立单独的程序来处理每项活动即可；如果并行活动之间有交互影响，就需要加以协调，因此设计并行系统较困难。

4. 缓存

在计算机系统中，缓存（cache）是指将未来可能用到的数据存放在高速存储器中，以便能够快速得到这些数据，从而提高系统的效率。在计算机的硬件结构设计和操作系统等软件的设计中，预取（prefetching）和缓存技术都被用来提高系统的效率。

预取和缓存技术基于程序的局部性原理，即程序总是趋向于使用最近使用过的数据和指令，其访问行为不是随机的，而是相对集中的。例如，CPU 访问存储器，无论存取指令还是数据，所访问的存储单元多聚集在一个较小的连续区域中。根据这一原理，计算机系统中采取了层次化的存储体系结构设计，包括高速缓存、内部存储器、外部存储器等。高速缓存的访问速度最快、成本高、容量最小，外部存储器的访问速度最慢、成本低、容量大。计算机系统充分利用局部性原理，通过预存数据和动态调整策略，提高系统在缓存中命中数据的概率，从而以较多的低速大容量存储器并配合较少的高速缓存，以得到与高速存储器差别不大的存取效率，并在存储容量、速度和成本上获得较好的平衡。

5. 排序与索引

排序（sort）是信息处理中经常进行的一种操作，将一组元素从“无序”序列调整为“有序”序列。高效的排序算法是提高信息处理效率的基本保障。

索引（index）是指对具有共性的一组对象进行编目，从而根据数据的某一属性能够快速访问数据。在数据库中，使用索引可以快速访问数据库表中的特定信息。

排序和索引技术并非计算机科学独有，在图书和出版行业早就利用排序和索引进行文献的管理。例如，每本图书的目录就是该书的一个索引。索引也是 Web 搜索引擎的核心技术之一。

1.4.3 计算机问题求解过程

使用计算机进行问题求解一般需要经过问题分析、算法设计、程序编码和测试 4 个阶段，把应用需求转变成可以在计算机上运行的程序。

1. 问题分析

问题分析是运用计算机进行问题求解的初始步骤，其目的在于明确待解决的问题，并制定出问题求解的详细规格说明。因此，准确和全面地理解并描述问题是解决问题的核心所在。一个问题通常包含需求、对象和操作三个方面的信息，因此问题的规格说明通常会涵盖用户所需输入和输出的数据及其形式、问题求解的数字模型或数据处理的需求及程序的运行环境等要素。数学模型是通过数字语言（包括符号、表达式和图像）来描述现实问题的，它是现实问题的公式化表达。要想利用计算机解决实际问题，必须构建适当的数学模型。对实际问题进行提炼和抽象，并据此建立数学模型的过程，称为数学建模。

在软件开发流程中，需求分析一旦完成，就会形成软件需求规格说明书。随后，程序员将依据需求规格说明书来开展软件开发工作。

2. 算法设计

算法设计是把问题的数学模型或处理过程转化为计算机的解题步骤。算法设计的好坏直接影响程序的质量。对于大型软件的开发，算法设计是一个非常复杂又重要的阶段，通常分为概要设计和详细设计两个子阶段。概要设计子阶段主要是根据需求规格说明书建立软件系统的总体结构，设计全局数据结构，规定设计约束，制订组装测试计划等。详细设计子阶段主要是逐步细化概要设计所生成的各模块，并详细描述程序模块内部的细节，如工作流程、数据结构、算法等，详细设计的结果应能方便地转换成程序。

3. 程序编码

程序编码的主要任务是用某种程序设计语言，将前一步设计的算法转换为可以在计算机上运行的程序。在软件开发过程中，程序编码需要按照需求规格说明书进行。程序编码涉及以下一系列的工作：准备输入数据，制作算法流程图，测试、调试及验证程序等；检查每个执行步骤；保存工作的准确记录。程序设计者要养成保存历史文档的习惯，如应保存问题的描述与分析文档、原始图、数据描述与数据结构、算法源程序和调试运行的过程记录等。

4. 测试

一般来说，编写程序很难做到一次成功，还需要通过测试和调试等步骤获得可正确运行的程序。测试和调试的主要目的在于发现（通过测试）和纠正（通过调试）程序中的错误。调试可分为程序调试和系统调试两个阶段。在程序编码阶段对程序调试完毕后，要进行系统的整体测试，以便检测所有的功能是否都正确实现，以及程序是否可靠。

软件测试分为两种：黑盒测试和白盒测试。黑盒测试是对功能的测试，只关心输入和输出的正确，而不关注内部的实现。白盒测试又称结构测试，是对程序的内部逻辑结构的测试。

1.4.4 算法与程序的概念

1. 算法

算法是对特定问题求解步骤的一种描述，是指令的有限序列，其中每一条指令分别表示一个或多个操作。

（1）算法的特征

算法应当满足以下特征。

1）输入：零个或多个由外界提供的输入量。

2）输出：至少产生一个输出量。

3）确定性：每个指令都有确切的语义，无歧义。

4）有限性：在执行有限步骤后结束，且每一步都可在有穷时间内完成。

5）可行性：通过执行有限次运算可以实现算法中描述的操作。

（2）算法的描述

算法的描述有多种方法，一般用自然语言、流程图和伪代码进行描述。

1）自然语言描述是指用人们日常生活中使用的语言描述算法，优点是容易理解。

2）流程图描述又称程序框图，是算法的一种图形化表达方法。它描述的算法形象、简洁、直观。

3）伪代码描述是介于自然语言和计算机程序语言之间的一种算法描述方法，是专业软件开发人员常用的方法之一。

（3）优秀算法的特征

一个“好”的算法应具有以下特征。

1）正确性：算法应当满足具体问题的需求。

2）可读性：算法便于阅读、理解和交流。

3）健壮性：当输入数据非法时，算法应当能适当地做出反应或进行处理，而不会产生莫名其妙的输出结果。

4）执行效率高与存储需求少：效率是指算法的执行时间。对于同一个问题，如果有多个算法可以解决，执行时间短的算法效率高；存储需求是指算法执行过程中所需的存储空间。

2. 程序

程序是为实现特定目标或解决特定问题，用计算机程序设计语言编写的指令序列集合。人们通过运行相应问题算法的程序实现问题的解决。一个程序应包括对数据的描述和对运算的操作两方面的内容。著名的计算机科学家尼克劳斯·沃斯（Niklaus Wirth）就此提出一个公式：数据结构＋算法＝程序。

算法是程序的逻辑基础与设计核心，程序是算法的具体实现形式。算法决定程序的逻辑结构和执行效率，而程序通过编程语言将算法转化为可执行的代码。例如，不同排序算法的选择直接影响程序处理数据的性能。

1.5　智能时代新技术

智能时代的新技术以大数据为基石，通过云计算提供弹性算力支撑，以人工智能为核心驱动实现数据智能分析与决策，并借助物联网实现物理世界与数字空间的深度互联，形成“云-边-端”协同的智能生态系统（如智慧城市、自动驾驶、工业互联网4.0）。例如，在智能制造中，传感器实时采集生产线数据，经边缘计算节点预处理后上传至云端数字孪生平台，优化生产流程，提升生产效率；智慧医疗中的 AI 辅助诊断系统依托海量医疗数据训练，通过云端部署实时处理 CT 影像，结合 5G 物联网设备实现远程手术指导。

1.5.1 大数据概述

人类是数据的创造者和使用者，自结绳计数起，它就已慢慢产生。随着互联网、传感器，以及各种数字化终端设备的普及，一个万物互联的世界正在成型，人类产生、创造的数据量呈爆炸式增长，数字化已经成为构建现代社会的基础力量，并推动着人们走向一个深度变革的时代。据国际数据公司（International Data Corporation，IDC）预计，2025 年全球将产生 213.56ZB 数据，到 2029 年将增长 1 倍以上，达到 527.47ZB。中国大力发展新技术、新应用，5G、物联网、人工智能等领域发展迅速，已成为全球数据总量最大、数据类型最丰富的国家之一。

1. 大数据单位

527.47ZB 的数据到底有多大呢？为了对这个数据单位有一个大体的概念，下面先介绍一下各数据单位。

1）1B（byte，字节）＝8b（bit，位）。

2）1KB（kilobyte，千字节）＝1024B。

3）1MB（megabyte，兆字节，简称兆）＝1024KB。

4）1GB（gigabyte，吉字节，又称千兆）＝1024MB。

5）1TB（terabyte，万亿字节，又称太字节）＝1024GB。

6）1PB（petabyte，千万亿字节，又称拍字节）＝1024TB。

7）1EB（exabyte，百亿亿字节，又称艾字节）＝1024PB。

8）1ZB（zettabyte，十万亿亿字节，又称泽字节）＝1024EB。

9）1YB（yottabyte，一亿亿亿字节，又称尧字节）＝1024ZB。

1ZB 相当于 11 亿 TB，527.47ZB 相当于全球每人每年产生 71.26TB 的数据。

2. 大数据的特征

（1）规模性（volume）

大数据的第一个特征是数据规模大。大数据的起始计量单位是 PB、EB 或 ZB。

（2）多样性（variety）

大数据的第二个特征是数据类型繁多。包括网络日志、音频、视频、图片、地理位置信息等多类型的数据对数据的处理能力提出了更高的要求。

（3）价值性（value）

大数据的第三个特征是数据价值密度相对较低。例如，随着物联网的广泛应用，信息感知无处不在，信息海量，但价值密度较低，如何通过强大的机器算法更迅速地完成数据的价值“提纯”，是大数据时代亟待解决的难题之一。

（4）高速性（velocity）

大数据的第四个特征是处理速度快，时效性要求高。这是大数据区分于传统数据挖掘最显著的特征。

以上是大数据的 4 个特征，也称为 4V 特征。现在有些机构提出 5V 特征，比 4V 多了真实性（veracity）。真实性是指数据的准确性和可信赖性，即数据可信性。

3. 大数据的应用

大数据广泛应用于各个行业，下面仅从电商行业、金融行业、传统工业、政府决策等方面做简单介绍。

（1）电商行业

电商行业是最早利用大数据进行精准营销的行业，初期使用商品推荐系统，根据用户的访问记录等信息为用户推荐商品。目前大数据已可帮助电商根据客户的消费习惯提前购买生产资料，进行物流管理等，有利于社会大生产的精细化。

（2）金融行业

大数据在金融行业的应用比较深入。例如，现在很多股权交易、期货交易利用大数据算法进行，这些算法对社交媒体和网站新闻等大量数据进行自动分析，决定在未来几秒内是买入还是卖出。

（3）传统工业

大数据驱动传统工业向前发展，助力工业提质增效，实现转型升级，从设计到生产，从运维到管理，大数据正在重新定义工业的未来。

（4）政府决策

大数据时代的大门已经开启，数据智慧已成为政府决策的科学依据之一。

1.5.2 云计算及其应用

1. 云计算概述

云计算（cloud computing）是分布式计算的一种，是指通过网络“云”将巨大的数据计算处理程序分解成无数个小程序，然后通过多个服务器组成的系统处理和分析这些小程序，得到结果并返回给用户。云计算早期也称为网格计算，主要是通过网络进行分布式计算，可以在很短的时间（几秒）内完成对数以万计数据的处理。

目前所说的云计算已经不单是分布式计算，而是与信息技术、软件、互联网相关的一种服务，这种计算资源共享池称为“云”，云计算把许多计算资源集合起来，通过软件实现自动化管理，只需少量人员参与，即可实现资源的快速调配和高效利用。

用户只需向“云”提出要求来获取服务，而无须了解云内部的细节。这里的“云”实际上是一个大量硬件资源和软件资源的集合体。这些软硬件资源集合通过网络与“云”软件连接和组织在一起，向用户提供各种服务。

云计算主要有两个发展方向：一是构建与应用程序紧密结合的大规模底层基础设施，使应用能够扩展到更大的规模；二是通过构建新型的云计算应用程序，在网络上提供更好的用户体验。虽然现在的云计算并不能完美地解决所有问题，但是相信在不久的将来，一定会有更多的云计算应用投入使用，云计算系统也将不断完善，并推动其他科学技术的发展。

2. 云计算服务类型

云计算通过互联网向用户提供服务，主要有基础设施即服务、平台即服务和软件即服务3种服务类型。

（1）基础设施即服务

基础设施即服务（infrastructure as a service，IaaS）是云计算主要的服务类别之一，向云计算提供商的个人或组织提供虚拟化计算资源，如虚拟机、存储、网络和操作系统。

（2）平台即服务

平台即服务（platform as a service，PaaS）为开发人员提供通过全球互联网构建应用程序和服务的平台。PaaS为开发、测试和管理软件应用程序提供按需开发环境。

（3）软件即服务

软件即服务（software as a service，SaaS）通过互联网提供按需软件付费应用程序，云计算提供商托管和管理软件应用程序，并允许其用户连接到应用程序并通过全球互联网访问应用程序。

3. 云计算应用场景

较为简单的云计算技术已经普遍应用于当今的互联网服务中，常见的就是网络搜索引擎和电子邮箱。搜索引擎如百度，在任何时刻，只要使用移动终端就可以在搜索引擎上搜索任何自己想要的资源，在云端共享自己的数据资源。电子邮箱也是如此，在云计算技术和网络技术的推动下，电子邮箱成为人们社会生活中的一部分，只要在网络环境下，就可以实现实时的邮件的收发。其实，云计算技术已经融入当今社会的各个领域。

（1）存储云

存储云，又称云存储，是在云计算技术基础上发展起来的一种新兴存储技术。云存储以数据存储和管理为核心，构成了一个云计算系统。用户能够将本地资源上传至云端，实现随时随地通过互联网访问这些资源。例如，亚马逊、微软等大型网络公司均提供云存储服务。在国内市场，百度网盘占据了存储云服务的最大份额。同时，各大手机制造商也提供各自的云存储服务，旨在为用户提供手机数据备份等功能。

（2）医疗云

医疗云是在云计算、移动技术、多媒体、5G、大数据，以及物联网等新技术的基础上，结合医疗技术，使用云计算创建的医疗健康服务云平台，可以实现医疗资源的共享和医疗范围的扩大。因为云计算技术的运用与结合，医疗云提高了医疗机构的效率，方便了居民就医，如医院的预约挂号、电子病历、医保系统等都是云计算与医疗领域相结合的产物。此外，医疗云还具有数据安全、信息共享、动态扩展、布局全国的优势。

（3）金融云

金融云是指利用云计算模型，将信息、金融和服务等功能分散到由庞大分支机构构成的互联网“云”中，旨在为银行、保险和基金等金融机构提供互联网处理和运行服务，同时共享互联网资源，从而解决现有问题并且达成高效、低成本的目标。2013年11月

27 日，阿里云整合阿里巴巴旗下资源推出了阿里金融云服务，即目前已基本普及的快捷支付服务，金融与云计算的结合，使用户只需在手机上简单操作，就可以完成银行存取款、购买保险和买卖基金等操作。现在，不仅阿里巴巴推出了金融云服务，京东、腾讯等企业也相继推出了自己的金融云服务。

（4）教育云

教育云，实质上是教育信息化的一种发展。具体而言，教育云可以将所需要的任何教育硬件资源虚拟化，然后将其传入互联网，以向教育机构和学生、教师提供一个方便快捷的平台。慕课（massive open online course，MOOC）即大规模开放在线课程，就是教育云的一种应用。2012 年，美国各知名顶尖大学陆续设立网络学习平台，用以在网上提供免费课程，Coursera、Udacity、edX 三大课程提供商的兴起，给更多学生提供了系统学习的可能。2013 年，MOOC 大规模进入中国，香港科技大学、北京大学、清华大学、香港中文大学等相继提供网络课程。2013 年 10 月 10 日，清华大学推出了 MOOC 平台——学堂在线。2014 年 5 月，由网易云课堂承接教育部国家精品开放课程任务，与爱课程网合作推出的“中国大学 MOOC”项目正式上线。“中国大学 MOOC”和“学堂在线”平台为学习者提供了大量高质量的网络课程，学习者可以免费学习，完成课程考核后可获得相应证书。目前，国内除了这两大平台外，还有很多其他网络教学平台，如华文慕课、好大学在线、学习通等。

1.5.3 物联网

1. 物联网的概念

物联网（internet of things，IoT），即“万物相连的互联网”，是在互联网基础上延伸和扩展的网络，将各种信息传感设备与网络结合起来而形成的一个巨大网络，实现任何时间、任何地点，人、机、物的互联互通。物联网的内涵包含两个方面：一是物联网的核心和基础仍是互联网，是在互联网基础上延伸和扩展的一种网络；二是其用户端延伸和扩展到了物品与物品之间，能使物品与物品之间进行信息交换和通信，即物联网时代的每一件物品均可寻址、通信、控制。物联网的核心技术是通过射频识别（radio frequency identification，RFID）装置、传感器、红外感应器、全球定位系统和激光扫描器等信息传感设备，按约定的协议，把相应的物品与互联网相联，进行信息交换和通信，以实现智慧化识别、定位、跟踪、监控和管理。

物联网是新一代互联网技术的充分运用。具体地说，就是把感应器嵌入电网、铁路、桥梁、隧道、公路、建筑、油气管道等各种物体中，然后将物联网与现有的互联网整合起来，实现人类社会与物理系统的整合。在这个整合的网络中，需要功能超级强大的中心计算机群，能够对整合网络内的人员、机器、设备和基础设施实施实时的管理和控制，以更加精细和动态的方式管理生产和生活，以期达到“智慧”状态，最终提高资源利用率和生产力水平，改善人与物之间的关系。

2. 物联网的产生与发展

物联网概念最早可追溯到 1995 年，比尔·盖茨在《未来之路》一书中首次提出了物联网概念，但受限于无线网络、硬件及传感器的发展，当时并未引起太多关注。

1999 年，美国自动识别（Auto-ID）中心首先提出“物联网”的概念，主要建立在物品编码、射频识别技术和互联网的基础之上。以前国内物联网被称为传感网，中国科学院早在 1999 年就启动了传感网的研究。同年，在美国召开的移动计算和网络国际会议提出了“传感网是下一个世纪人类面临的又一个发展机遇”。

2003 年，美国《技术评论》杂志提出：传感网技术将是未来改变人们生活的十大技术中重要的技术。

2005 年，国际电信联盟（International Telecommunications Union，ITU）在信息社会世界峰会上发布了《ITU 互联网报告 2005：物联网》，正式提出了物联网概念。报告指出，无所不在的物联网通信时代即将来临，世界上所有的物体从轮胎到牙刷、从房屋到纸巾都可以通过互联网主动进行交换。射频识别技术、传感器技术、纳米技术、智能嵌入技术将得到更加广泛的应用和关注。

2021 年 9 月，工业和信息化部、中央网络安全和信息化委员会办公室等八部门联合印发了《物联网新型基础设施建设三年行动计划（2021—2023 年）》，明确到 2023 年底，在国内主要城市初步建成物联网新型基础设施，社会现代化治理、产业数字化转型和民生消费升级的基础更加稳固。在政策指导和行业积极推进下，以上目标已基本达成。

2024 年中国物联网产业规模达 3.2 万亿元，人工智能行业市场规模达 6964 亿元。

3. 典型的物联网应用

物联网技术已经比较成熟，在很多领域已得到广泛应用。下面介绍几个典型的物联网应用。

（1）智能交通

随着物联网技术的日益发展和完善，其在智能交通中的应用越来越广泛、深入，在世界各地出现了很多成功应用物联网技术提高交通系统性能的实例，如电子收费（electronic toll collection，ETC）系统就是物联网在智能交通方面的一个典型应用。

电子收费系统通过安装在车辆风窗玻璃上的车载电子标签与在收费站 ETC 车道上的微波天线进行专用短程通信，利用计算机联网技术与银行进行后台结算处理，从而达到车辆通过高速公路或桥梁收费站无须停车就能缴纳高速公路或桥梁费用的目的。在车辆驶过收费站时自动收取相关费用，不停车缴费降低了收费站附近产生交通拥堵的概率。截至 2021 年 9 月底，我国全网 ETC 平均使用率已超过 66%，高速公路网通行效率大幅提升，物流降本增效成效明显。

辅助驾驶和自动驾驶也是未来的发展方向之一。车辆上的车载设备可以通过无线通信技术，对信息网络平台中的所有车辆动态信息进行有效利用，提升车辆整体的智能驾驶水平，为用户提供安全、舒适、智能、高效的驾驶感受与交通服务，同时提高交通运行效率，提升社会交通服务的智能化水平。

（2）智能家居

智能家居通过物联网技术将家中的音视频设备、照明系统、窗帘、空调、网络家电等设备连接到一起，提供家电控制、照明控制、电话远程控制、室内外遥控、防盗报警、环境监测、暖通控制、红外转发及可编程定时控制等多种功能。例如，小米智能家居围绕小米手机、小米电视、小米路由器三大核心产品，由小米生态链企业的智能硬件产品组成一套完整的闭环体验，已构成智能家居网络中心小米路由器、家庭安防中心智能摄像机、影视娱乐中心小米盒子等产品矩阵，轻松实现智能设备互连，提供智能家居真实落地、简单操作、无限互连的应用体验。

（3）智慧农业

农业与物联网的融合，表现在农业种植、畜牧养殖方面。智慧农业种植利用传感器、摄像头、卫星来促进农作物和机械装备的数字化发展。畜牧养殖通过耳标、可穿戴设备、摄像头收集数据，然后分析并使用算法判断畜禽的状况，精准管理畜禽的健康、喂养、位置等。其典型应用有自动喷灌系统、无人机放牧等。

（4）智能零售

智能零售通过运用互联网、物联网技术，感知消费者的消费习惯，预测消费趋势，引导生产制造，为消费者提供多样化、个性化的产品和服务。例如，无人超市利用人脸识别、货物识别、轨迹识别等物联网技术，实现无感支付与智能货架管理。在某些零售店内，智能零售系统还能通过人脸识别自动分析会员信息，并推荐相关产品。

（5）智能安防

智能安防可以利用设备，减少对人员的依赖。智能安防的核心是智能安防系统，主要包括门禁、报警器、视频监控等，其中视频监控用得比较多，同时该系统可以传输存储图像，也可以进行分析处理。智能安防设备包括智慧门禁、智能门锁、智慧猫眼、智能门铃等。智能安防通过硬件设备联网，智能分析访客，保护家庭和社区安全。

（6）智慧物流

智慧物流是指通过智能硬件、物联网、大数据等智慧化技术与手段，提高物流系统分析决策和智能执行的能力，提升整个物流系统的智能化、自动化水平。目前，智慧物流已经应用在智能分拣设备、智能快递柜、无人配送车、运输监测等领域。结合物联网技术，智慧物流可以监测货物的温湿度和运输车辆的位置、状态、油耗、速度等。从运输效率来看，智慧物流提高了物流行业的智能化水平。

（7）智能制造

制造领域涉及行业范围较广。制造与物联网的结合，主要是数字化、智能化工厂，如机械设备监控和环境监控。设备厂商们能够远程升级维护设备，了解产品使用状况，收集其他关于产品的信息，利于以后的产品设计和售后。

1.5.4 大数据时代对计算机教育的影响

大数据时代的来临，是对人类社会生活的一个新冲击，其影响无处不在，大到国家层面的国防安全、公共安全、经济决策，小到个人生活的方方面面。其中，与计算机科学和信息技术息息相关的计算机教育更是如此。

大数据时代对计算机教育的影响主要体现在以下 5 个方面。

1. 计算思维与认知模式的改变

随着大数据时代的来临，计算思维更加被重视，将如同数学、物理思维一样，成为人类的基本思维方式之一。因此，对计算思维能力的培养成为计算机教学（特别是基础教学）不可或缺的组成部分。

随着大数据时代的来临，认知过程也将从基于猜测假定的设计转变为基于事实与经验的归纳总结。与此同时，科学发展的范式也将从过去几十年间的计算模拟型转变成数据探索型。各种理论、实验、模拟都将统一在信息处理这种数据探索框架之下。

2. 大数据时代为计算机教学提供了海量的学习资源与辅助教学工具

在大数据时代，互联网上汇聚了海量的教学资源，除了政策引导下的各类精品课程外，还有广播电视大学、各类网络学院等远程教育提供的教学视频，以及个人自由上传的 PPT 课件等学习资料，让人应接不暇。此外，不少学校还建立了规模各异的教学资源库，进一步丰富了教学资源。教育部在 2012 年年初，也倡导高水平完成各类精品课程的“共享资源”建设。这既为学生提供了丰富的学习资源，拓宽了学生获取知识的渠道，也为教师的教学带来了挑战。

3. 开放课程等新型教育方式对传统的教学模式产生了极大冲击

开放课程（Open Course）不以获得学历为目标，充分利用在线视频进行远程教学，为任何有意者提供学习的平台。根据市场调研报告，2023 年中国大规模在线公开课程市场规模达到 198.01 亿元，全球市场规模更是高达 983.19 亿元。这些数据表明，开放课程已经突破了学习的限制，回归学习本质，并且配合社会化网络，实现了随时随地学习和讨论。

目前，开放课程已经成为教育界的“Linux”，对传统教育造成冲击并形成有益补充。受开放课程的影响，网络公开课已经成为很多大学提高教学水平和学校声誉的一种活动。

4. 基于新媒体模式的社会化互助学习，打破了教学的界限，将课堂讨论延伸到网络

比较和交流是促进学习进步的重要手段。互助学习能够激发学习者内部的自我互动。社交网络与移动互联网相结合，催生了社会化学习社区，打破了教学的界限，将课堂讨论延伸到网络。时间不限、空间不限的开放式主动学习或许将成为未来教学环境的主流形态，改变了传统课堂教学常见的被动学习状态的局面。

5. 对计算机专业毕业生人才的基本要求发生变化

随着大数据技术的落地应用和工业互联网的迅猛发展，计算机专业毕业生的能力要求正在发生转变，向着高端应用型人才、新技术领域人才及全栈型人才转型。计算机专业毕业生将面临数据到知识的挑战和跨越。美国计算机科学家赫伯特·西蒙（Herbert

Simon）曾说："信息并不匮乏，匮乏的是我们处理信息的能力。"在大数据时代背景下，计算机专业人才不能仅仅局限于编程技能，而应具备大数据计算思维、认知模式能力，熟练掌握大数据分析方法、数据挖掘工具及开发环境，同时拥有跨学科的基础知识、学习能力，并能与不同领域的专家学者开展紧密合作。

第2章 计算机系统

问题与情景

计算机系统作为精妙集成的复杂体系，其架构与运行机理凝聚着卓越的设计智慧。对于求知者而言，深度剖析计算机系统的底层架构与核心运行原理，不仅是掌握数字时代技术根基的必经之路，更是一场极具思维张力的探索征程。那么，究竟该如何运用系统性思维，抽丝剥茧般地揭开计算机架构全貌？又怎样借助跨学科视野锻造技术应用的全域整合力？

学习目标

踏入计算机知识的浩瀚天地，深度探寻计算机的内在奥秘，精准把握其工作原理，明晰硬件体系结构的精妙逻辑；熟悉多样软件平台的架构设计与运行机制；熟练驾驭 Windows 操作系统，精通常用设置技巧，为未来学习与实践筑牢坚实根基。

2.1 计算机系统基础

2.1.1 自动计算理论

自动计算的理论探索是一部充满智慧与创新的史诗。从早期的算具到现代的量子计算，每一次理论突破都凝聚着无数科学家的心血和智慧。

1. 算具与简单计算理论

远古时期，人类便开启计算探索。结绳记事以打结记录信息，虽非严格自动计算，却蕴含信息记录与简单计算的原始思维。随着文明的发展，算筹应运而生。算筹是中国古代的计算工具，用竹、木、骨等制成小棍，以不同排列组合表示数字进行运算，体现了对计算规则的总结运用，是自动计算理论在工具层面的早期实践，使计算更加系统、规范。

2. 计算器的诞生与理论突破

17 世纪，科学革命的浪潮推动了计算工具的重大变革。莱布尼茨（Leibniz）发明了二进制，这一简洁而强大的数制系统为计算机内部的数据处理奠定了基础。同期，他设计了世界上第一台能进行四则运算的机械式计算器，尽管这台计算器结构复杂、操作不便，但它证实了通过机械装置实现自动运算的可能性。这一时期的计算器虽然功能有限，但它们基于机械原理的设计理念，即通过物理装置的规律运动来实现计算过程，为后续自动计算理论的发展提供了重要启示。

3. 图灵机

20 世纪中叶，自动计算理论取得了重大突破。英国数学家艾伦•图灵（Alan Turing）提出了图灵机模型。这是一个抽象的数学模型，由一条无限长的纸带、一个读写头和一个控制器组成。图灵机通过读写头在纸带上读取和写入符号，并根据控制器中的规则进行状态转换，从而实现对各种可计算问题的求解。图灵机模型从理论上证明了通用计算的可行性，为现代计算机的设计提供了坚实的理论基础。它表明，只要问题可以通过算法描述，就可以用图灵机来计算，这一理论为自动计算的发展开辟了广阔的前景。

4. 冯 · 诺依曼架构

1945 年，在图灵机理论的基础上，冯•诺依曼与计算机科学家们共同撰写了计算机系统架构的具体设计报告，明确了以二进制进行计算和存储的约定，并定义了计算机系统的 5 个核心部分：运算器、控制器、存储器、输入设备和输出设备。这一理论为现代计算机的发展奠定了基础，冯•诺依曼也因此被誉为“计算机之父”。

5. 人工智能与量子计算的新征程

进入 20 世纪后期，随着信息技术的飞速发展，自动计算理论不断拓展新的领域。人工智能的兴起为自动计算带来了新的机遇和挑战。人工智能算法，如机器学习、深度学习等，让计算机能够从大量数据中学习模式和规律，实现图像识别、语音识别、自然语言处理等复杂任务。这些算法不仅依赖于传统的计算理论，还融合了统计学、概率论等多学科知识，推动了自动计算理论向智能化方向发展。

与此同时，量子计算作为未来计算技术的重要发展方向，正引领着自动计算理论的又一次革新。量子计算基于量子力学原理，利用量子比特的叠加态和纠缠态进行计算，具有并行计算能力强、计算速度快等优势。虽然量子计算目前仍处于研究和实验阶段，但它的出现为解决一些传统计算机难以处理的复杂问题提供了新的思路，有望推动自动计算理论进入一个全新的时代。

未来，随着科技的不断进步，自动计算理论将继续发展，为人类社会的发展带来更多的惊喜和变革。

2.1.2　计算机系统组成

计算机系统简称为计算机，一个完整的计算机系统是由硬件系统和软件系统两大部分组成的，如图 2-1 所示。硬件系统是组成计算机的各种物理设备；软件系统是运行、管理和维护计算机的各类程序和文档的总称。硬件系统与软件系统相辅相成、缺一不可。

现代计算机是一种能够存储数据和程序，并能自动执行程序，从而快速、高效地自动完成各种数字化信息处理的电子设备。

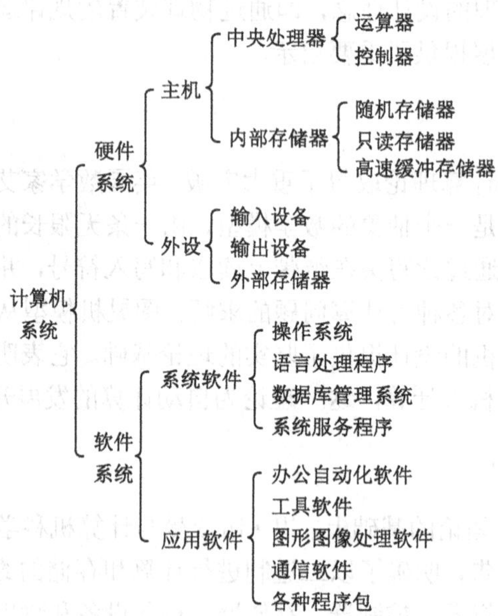

图 2-1 计算机系统

2.1.3 计算机硬件系统

计算机的硬件组成遵循冯·诺依曼体系结构，由运算器、控制器、存储器、输入设备和输出设备 5 个基本部分组成。计算机各个部件的联系通过信息流动来实现，如图 2-2 所示。有两种信息流，即数据流和控制流。数据流是指计算机各部件间传输的原始数据、源程序和各种结果，控制流是指各部件向控制器发出的请求信号及控制器向各部件发出的控制信号与命令。

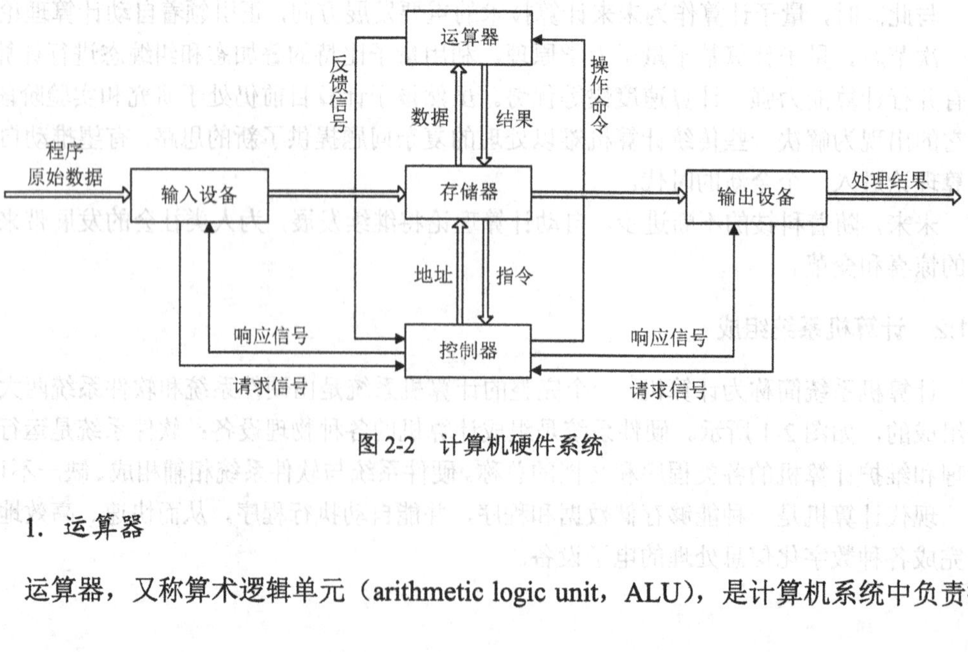

图 2-2 计算机硬件系统

1. 运算器

运算器，又称算术逻辑单元（arithmetic logic unit，ALU），是计算机系统中负责执行各类运算操作的核心部件。它承担着对从存储器中获取的二进制数据进行算术运算与逻辑运算的重任。

在算术运算领域，加法与移位堪称两大基石。减法运算可巧妙地转化为加负数来实现，而乘法和除法则可通过一系列精心设计的加法和移位操作组合实现。鉴于此，加法器与移位器在运算器中占据着举足轻重的地位。加法器能够精准地实现两个数的相加操作，移位器则可高效地完成数据的左移、右移等操作。

为了降低运算器对存储器的频繁依赖程度与减少访问次数，进而提升运算速度，运算器内部还配备了一定数量的寄存器。这些寄存器功能强大，既可作为临时存储操作数的"中转站"，又能妥善保存运算的中间结果或最终结果。

逻辑运算由逻辑门这一基础元件实现。由于两个数的逻辑运算遵循一位对一位独立进行的规则，每一位都能独立得出运算结果，且不会对其他位产生影响，因此逻辑运算相较于算术运算更为简洁高效。

运算器的功能发挥离不开控制器的协同作用。在控制器的精准调控下，运算器不仅能够顺利完成算术运算和逻辑运算任务，还能高效地实现数据的传送。被加工的数据大多预先存储在寄存器或存储器中，在控制信号的有序引导下，数据被准确无误地送往加法器进行运算，运算完成后，再根据控制信号的指示，将结果传送至寄存器或存储单元中进行妥善保存。

2. 控制器

控制器（control unit，CU）是整个计算机的控制中心，由指令寄存器（instruction register，IR）、程序计数器（program counter，PC）、地址寄存器（address register，AR）、指令译码器（instruction decoder，ID）、时序信号发生器、微操作控制部件和中断处理部件组成。指令寄存器用于暂存当前正在执行的指令。程序计数器又称指令计数器，用于存放当前要执行的指令的地址。地址寄存器用于存放指令或操作数的地址。指令译码器将指令寄存器中的指令进行译码，翻译成相应的控制信号。时序信号发生器产生一定的时序脉冲和节拍电位，使计算机有节奏、有次序地工作。微操作控制部件将脉冲、电位和指令译码器送来的信号组合起来，有序地控制各个部件完成相应的操作。中断处理部件处理计算机工作过程中遇到的各种随机或异常事件，它使计算机功能大大加强。

程序运行时，控制器根据指令计数器的值（地址），从内存中取出将要执行的指令，送到指令寄存器中，经指令译码器译码，再由操作控制部件发出一系列控制信号，使计算机各部件协调一致地工作，完成指令所规定的操作。同时，指令计数器加 1（PC+1），指向下一条指令，又重复上述过程。如果要中断程序的正常执行顺序而转移到别处去执行，只需把要转移的目的地址送到指令计数器即可。任何程序开始执行时，都必须把程序的入口地址先送到指令计数器中。

可见，运算器和控制器在结构关系上非常密切，它们之间有大量信息频繁地进行交换，共用一些寄存器单元，因此将运算器和控制器合称为中央处理器（central processing unit，CPU）。

中央处理器作为计算机系统的核心，包括运算器和控制器两个部件。承担着信息处理与程序执行的终极使命。自问世以来，CPU在逻辑架构设计、运算效能优化及功能边界拓展等方面均实现了跨越式发展，持续推动着计算技术的革新与进步。

CPU的演进历程紧密伴随着大规模集成电路时代的蓬勃发展，其处理器架构设计的持续革新与集成电路制造工艺的精进，共同驱动了CPU性能的飞跃与功能的日益完善。从最初专注于数学运算的专用芯片，到如今广泛应用于各类通用计算场景；从早期的4位、8位处理器，逐步进化至16位、32位，乃至现今的64位处理器；从各厂商间指令集互不兼容的混乱局面，到统一指令集架构标准的建立，CPU自诞生以来，始终保持着迅猛的发展态势。

3. 存储器

存储器（memory）是计算机系统中用于存储数据和程序的硬件设备，是计算机的记忆部件，使计算机具备存储和自动执行程序的能力。冯·诺依曼计算机体系结构在实际计算机系统中一般由内部存储器和外部存储器两个部分组成。

（1）内部存储器

内部存储器，也称为主存储器，简称内存，是计算机系统中用于暂存原始数据、程序代码及运算结果的组件。它由众多基本存储单元构成，每个单元能够存储一个二进制位，即0或1。这些基本单元的集合构成了内存的基础。比特（bit）是数据存储的最小单位，任何具有两个稳定状态的元件均可以作为存储单元使用。目前，内存主要由半导体材料构成。

内存被划分为多个存储单元，每个单元能够存储相同数量的二进制位。为了实现数据的精确存取，每个存储单元都分配了一个唯一的地址标识。计算机内存的组织结构如表2-1所示，其中包含了每个存储单元对应的二进制地址，实际上是一系列二进制编码。若地址的二进制位数为n，则内存地址的最大编码范围为0至2^{n-1}，从而决定了内存的最大存储容量。表中左侧列出了以十六进制表示的地址，便于阅读；右侧列则展示了存储单元中所包含的数据或程序内容。通常情况下，每个存储单元的长度被标准化为8位二进制，即1字节（byte），作为数据存储的基本单位；而字（word）则是CPU进行信息处理的基本单位。

表2-1 计算机内存的组织结构

十六进制内存地址	二进制内存地址	内存单元的内容
F000H	1111000000000000	01010000
F001H	1111000000000001	01010001
F002H	1111000000000010	01010010
F003H	1111000000000011	01010011
F004H	1111000000000100	01000001
F005H	1111000000000101	01010001
F006H	1111000000000110	01100001
F007H	1111000000000111	01110001

续表

十六进制内存地址	二进制内存地址	内存单元的内容
F008H	1111000000001000	00010011
F009H	1111000000001001	01010011
F00AH	1111000000001010	10010011
F00BH	1111000000001011	11010011
F00CH	1111000000001100	01000111
F00DH	1111000000001101	01010111
F00EH	1111000000001110	01100111
F00FH	1111000000001111	01110111

每个存储单元都拥有一个独立的地址标识，CPU在访问特定存储单元时，需要提供该单元的地址以实现数据的写入或读取。例如，存储单元F00AH中存储的数据为10010011。

根据存储器与电源的关系，内部存储器可以分为易失性存储器和非易失性存储器两大类。易失性存储器断电后数据丢失，如随机存取存储器（random access memory，RAM），内存主要由RAM构成，用户可从RAM中读取数据和向RAM中写入数据。非易失性存储器断电后数据不丢失，如只读存储器（read-only memory，ROM），用户一般从ROM中读取系统初始化、自检、引导程序等信息。

内部存储器与CPU直接进行信息交换，其特点是运行速度快，但存储容量相对较小。通常，CPU和主存储器合称为计算机的主机部分。

（2）外部存储器

外部存储器又称为辅助存储器，简称外存。外部存储器是指计算机存储系统中不直接向CPU提供程序和数据的存储设备。外存的数据不能被CPU直接访问，只有先调入内存才能被CPU访问。这种存储器追求的目标是永久性存储与大容量存储，采用非易失性存储材料制成，如硬盘、光盘、U盘等，它们都必须通过各自的驱动器才能进行读写操作。外部存储器的特点是存储容量大，存取速度比内存慢，系统断电后其保存的信息不会丢失，不与计算机的其他部件直接进行数据交流，只与内存单独交换数据。特别说明，主机箱中的机械硬盘、固态盘属于外部存储器。

（3）存储容量

计算机存储容量是指存储系统所能容纳的二进制数据的总和，通常用字节（B）来计算。字节这个单位非常小，为便于描述大量数据或大容量存储设备的能力，一般用千字节（KB）、兆字节（MB）、吉字节（GB）、太字节（TB）、拍字节（PB）、艾字节（EB）、泽字节（ZB）、尧字节（YB）等。

随着信息技术的日益普及，信息的数字化存储已经成为一种基本形式，以上单位不仅是衡量存储设备性能的单位，也是表示信息量的单位。

4. 输入/输出设备

计算机系统的输入/输出（input/output，I/O）是针对计算机主机而言的，输入设备接收用户提交给计算机的程序、数据及其他信息，并把它们转换成计算机能够识别的二进制代码，送给内部存储器。输出设备是把计算机的处理结果用人类能识别的数字、字符、图形、表格或音视频等形式输出。常见的输入设备包括键盘、鼠标、扫描仪、麦克风等。常见的输出设备包括显示器、打印机、扬声器等。

2.1.4 计算机软件系统

计算机硬件不具备自动计算的功能，它只是一个电子设备，要实现计算和信息处理的“自动化”，离不开计算机软件。软件作为计算机系统的关键组成部分，不仅包含可完成特定任务、能执行的二进制代码程序，还涵盖与程序相关的文档资料。计算机软件系统是计算机程序及与之相关的各类文档的统称。计算机程序是一组预先设定、具有特定功能的指令集合，它们会依照既定流程有序执行。文档是为了便于了解程序所需的阐明性资料。程序必须放入计算机内部才能工作，文档一般是给用户参考的，不一定放入计算机。

软件有两种属性：一是静态属性，软件是由程序、数据及相关文档组成的，既可以存储，也可以供人们阅读和交流；二是动态属性，软件是可运行的，蕴含着一定的操作内容和步骤，由计算机执行而产生特定的结果或动态效应。

软件是用户与硬件之间的接口界面。用户主要通过软件与计算机进行交流。为了方便用户，并使计算机系统具有较高的总体效用，在设计计算机系统时必须考虑软件与硬件的结合，以及用户的要求和软件的使用要求。

软件内容丰富、种类繁多，根据软件的用途又可分为系统软件和应用软件两种。

软件虽无形，却是功能完备的程序系统，其价值不仅体现在程序本身，还包括使用说明等辅助信息。作为一种特殊商品，软件虽无实物形态，却与其他商品一样，历经设计、生产、销售及售后服务等环节。同时，软件易于复制的特性，常让人忽视其背后凝聚的人类智慧。因此，我们在使用软件时，必须强化软件著作权保护意识，尊重软件创作者的劳动成果，共同营造健康的软件生态环境。

1. 指令、程序

计算机的自动处理过程就是执行预先编制好的计算程序的过程，而执行计算程序的过程实际上就是逐条执行指令的过程。

1）指令和指令系统。指令是能够被计算机识别并执行的二进制代码，规定了计算机能够完成的某种操作。例如，加、减、乘、除、存数、取数等是一个基本操作，都可以用一条指令来实现。一台计算机所能执行的所有指令的集合称为该计算机的指令系统，不同类型计算机的指令系统不同。

某种类型计算机的指令系统中的指令具有规定的编码格式。通常，一条指令由操作码和操作数两部分组成。操作码规定了该指令进行的操作种类，如加、减、存数和取数等；操作数指明参加运算的数据及其所在的单元地址。指令格式如图 2-3 所示。

操作码	操作数

图 2-3 指令格式

2）指令周期。每个指令周期所包含的 CPU 周期不尽相同，如图 2-4 所示，一条普通的指令包含 3 个 CPU 周期，但其他指令不一定如此。

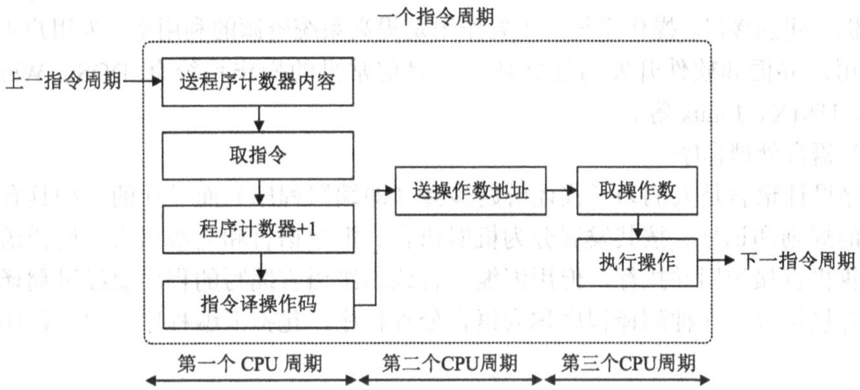

图 2-4 一条指令的 CPU 周期

3）程序。程序就是为完成一个处理任务而设计的一系列指令的有序集合。

为了把一个处理任务提交给计算机自动运算或处理，首先要根据计算机的程序要求将任务分解为一系列简单有序的操作步骤。其中，每一个操作步骤都能用一条计算机指令表示，从而形成一个有序的操作步骤序列。

2. 系统软件

系统软件犹如计算机硬件的“智慧中枢”，牢固地建立在硬件基础架构之上，为硬件赋予了逻辑思考与协同工作的强大能力，对硬件原本单一的功能进行深度拓展与优化升级。系统软件的核心价值在于担任计算机资源的“首席调度官”，通过精密算法对硬件资源进行高效管理，包括操作系统级别的处理器调度（CPU 算力分配、内存动态调度、存储设备读写优化），软件资源的全生命周期管理，以及数据资源的结构化存储、智能检索和安全防护。这种全链路协同机制突破了硬件的物理限制，以智能任务分配与动态负载均衡技术持续提升性能，使计算机从被动响应指令的“工具”进化为主动感知需求、提供流畅交互体验的智能伙伴，真正实现人机协同的零门槛交互。

系统软件具有两大不可替代特性——广泛的适用性和基础性支撑。例如，数据统计分析工具（如 SAS 和 SPSS）被广泛应用于科研、教育、金融等不同领域，体现了系统软件的通用性，类似于数字世界的“氧气”，为各个领域提供必需的底层运行框架。同时，系统软件的基础性支撑，如 CRM 系统在电商、金融、酒店等行业的应用，确保了从代码编译到程序部署，再到运行时内存管理和故障排查的标准化接口与底层支撑，这相当于应用生态中的“数字基岩”，保证了应用软件在稳定环境中释放全部效能。

（1）操作系统

操作系统（operating system，OS）是为了控制和管理计算机的各种资源，以充分发挥计算机系统的工作效率和方便用户使用计算机而配置的一种系统软件。操作系统是直接运行在计算机上的基本系统软件，是系统软件的核心，任何计算机都必须配置操作系统。

操作系统是管理和控制计算机系统硬件、软件和一切系统资源的大型程序，是用户和计算机之间的接口。操作系统的主要作用是提高系统资源的利用率，为用户提供方便友好的用户界面和软件开发与运行环境。目前常见的操作系统有 DOS、Windows、macOS、UNIX、Linux 等。

（2）语言处理程序

程序设计语言是人们为了描述解题步骤（即编写程序）而设计的一种具有语法语义描述的规则和记号。按其发展分为机器语言、汇编语言和高级语言。机器语言程序能被计算机直接识别并执行，但用汇编语言或高级语言编写的程序要经过翻译以后才能被计算机执行，这种翻译程序称为语言处理程序，包括汇编程序、解释程序和编译程序。

（3）数据库管理系统

数据库（database，DB）是指长期保存在计算机的存储设备上并按照某种数据模型组织起来的、可以被各种用户或应用共享的数据的集合。数据库管理系统（database management system，DBMS）是指提供各种数据管理服务的计算机软件系统，这种服务包括数据对象定义、数据存储与备份、数据访问与更新、数据统计与分析、数据安全保护、数据库运行管理及数据库建立和维护等。企业信息化的目的就是要以现代信息技术为手段，对企业生产和经营过程中产生的数据进行收集、加工、管理和利用，以提高企业生产经营的整体效率，增强企业的竞争力。因此，数据库是企业信息化不可缺少的工具，是企业信息系统的核心。目前常见的数据库管理系统有 Oracle、SQL Server、MySQL、IBM DB2 等。

（4）系统服务软件

系统服务软件作为操作系统底层的核心组件，肩负着管理硬件资源和服务调度的重任。进程调度服务通过优先级队列和时间片轮转算法分配 CPU 资源，确保了多任务的高效并行执行。设备驱动模块构建了硬件抽象层，统一了外设通信协议，实现了即插即用和固件热更新功能。安全防护体系集成了身份认证、访问控制和实时病毒扫描引擎，构建了坚固的多层防御机制。网络协议栈解析 TCP/IP 模型，优化了数据包的路由和服务质量（quality of service，QoS）流量分配，同时兼容 IPv6 和多协议标记交换（multi-protocol label switching，MPLS）。存储管理服务实现了虚拟内存分页、固态盘优化及独立磁盘冗余阵列（redundant arrays of independent，RAID）配置，确保了数据读写的稳定性。电源管理单元通过调节 CPU 频率和设备休眠策略，提升了续航能力。系统日志服务记录了内核事件和异常信息，并支持日志的压缩存储。这些服务以守护进程的形式常驻内存，通过系统调用接口为应用程序提供标准化的资源访问，确保了硬件效能和系统的高可用性。

3. 应用软件

应用软件是为契合用户在不同领域、应对各类实际问题而量身打造的软件。它宛如一把把“万能钥匙”，精准开启计算机系统在不同场景下的应用之门，有力拓宽了计算机系统的应用版图，深度挖掘并扩大了硬件的潜在功能。

依据应用领域与功能的差异，应用软件可细致划分为多个子类。例如，办公自动化软件（WPS Office、Microsoft Office），是职场与学习中的得力助手，助力高效处理文档、表格与演示文稿；工具软件（WinRAR、迅雷、杀毒软件）各司其职，满足文件解压、快速下载与安全防护需求；图形图像处理软件（CAD、Photoshop、Luminar AI）赋予用户创作与编辑图像的强大能力；通信软件（微信、QQ、钉钉、腾讯会议）打破了时空限制，让沟通无界。此外，还有各种功能丰富的程序包。

如今，计算机软件发展日新月异，新软件如雨后春笋般涌现，系统软件与应用软件的界限逐渐模糊。部分具备广泛通用价值的应用软件，正逐步融入系统软件范畴，以资源形式为用户提供更全面的服务。

2.2 操作系统概述

2.2.1 操作系统的概念

操作系统（operating system，OS）是控制与管理计算机硬件资源与软件资源的一整套程序集合。作为计算机系统中最基础、最底层的系统软件，操作系统承担着统一管控计算机各类资源的重任，它能够高效合理地组织计算机工作流程，确保计算机系统各组成部分之间、系统与用户之间，乃至不同用户之间顺畅的协作与交互。同时，它还为用户搭建起与系统沟通的桥梁，提供直观且友好的交互界面，让用户能够便捷地操作计算机，充分发挥计算机的性能，满足多样化的使用需求。

2.2.2 操作系统的功能

计算机操作系统通常具备处理器管理、存储管理、设备管理、文件管理和作业管理5个功能模块。

1. 处理器管理

处理器管理是操作系统的核心功能之一，主要负责对CPU资源的分配、调度与回收。它的核心任务包括制定多任务环境下的调度策略（如时间片轮转、优先级调度、多级反馈队列等），动态分配处理器资源给进程或线程，并确保资源回收后重新进入可用状态。现代操作系统通过中断机制、进程状态转换（就绪、运行、阻塞）及上下文切换技术实现高效调度。在多核处理器架构中，还需要解决负载均衡与核间通信问题，同时提供超线程支持以优化计算密集型任务的并行处理能力。

2. 存储管理

存储管理专注于内存资源的动态分配与优化，涵盖物理内存分配、虚拟内存扩展及数据保护机制。系统通过分段、分页技术实现程序逻辑地址到物理地址的映射，利用页面置换算法[如最近最少使用（least recently used，LRU）、先进先出（first in first out，FIFO）]解决内存不足问题，并通过内存保护机制（如基址寄存器、界限寄存器）隔离进程空间以防止非法访问。现代操作系统还整合缓存预取技术、内存压缩算法及非均匀存储器访问（non-uniform memory access，NUMA）架构优化，支持大容量内存池管理和内存泄漏检测工具，显著提升系统稳定性与多任务运行效率。

3. 设备管理

设备管理模块负责协调计算机与外围硬件（如磁盘、打印机、USB设备）的交互，其核心功能包括设备驱动加载、中断请求处理及I/O操作调度。操作系统通过设备控制器抽象层（hardware abstraction layer，HAL）实现硬件无关性，采用缓冲技术（双缓冲、循环缓冲）平衡CPU与I/O设备速度差异，并运用Spooling技术优化独占设备共享。现代系统进一步引入即插即用（plug-and-play，PnP）协议、高级配置和电源管理策略（advanced configuration and power management interface，ACPI）及USB热插拔支持，同时通过设备队列管理和直接内存访问（direct memory access，DMA）技术降低CPU干预频率，提升整体吞吐量。

4. 文件管理

文件管理系统通过树形目录结构组织存储介质中的信息资源，提供文件的创建、读写、删除及权限控制等操作接口。其关键技术包括文件分配表（file allocation table，FAT）、索引节点（inode）及日志式文件系统（如NTFS、ext4），确保数据存储的高效性与一致性。系统还实现访问控制列表（access control list，ACL）、加密文件系统（encrypting file system，EFS）及版本管理机制，支持磁盘配额、软硬链接和文件系统快照功能。现代操作系统进一步整合云存储接口、去重压缩算法及固态硬盘优化策略，强化数据安全与存储资源利用率。

5. 作业管理

作业管理负责协调用户任务与系统资源的匹配，涵盖作业调度、控制及运行环境构建。系统通过作业控制块（job control block，JCB）记录任务属性，采用分级调度策略（长程调试、中程调试、短程调度）平衡响应时间与吞吐量，并提供批处理、交互式及实时作业支持。现代操作系统扩展了容器化技术（如Docker）、资源预留协议及能效感知调度算法，同时集成任务管理器、性能监视器等可视化工具，实现多用户环境下资源分配的公平性与可审计性，满足从桌面应用到数据中心级服务的多样化需求。

2.2.3 桌面操作系统

1. Windows 操作系统

Windows 操作系统由微软公司于 1985 年推出，以图形用户界面替代 MS-DOS 命令行操作，通过窗口、图标及鼠标交互实现直观控制。其内核历经 NT 架构升级，支持多任务处理（抢占式调度）、PnP 协议及跨平台兼容（DirectX 图形接口）。版本迭代从 Windows 95 到 Windows 11 持续优化交互逻辑（动态磁贴、Fluent Design）、安全机制（BitLocker 加密、Defender 防护）及生态整合（Microsoft Store、WSL 子系统）。企业版强化域控管理（Group Policy）与虚拟化（Hyper-V），教育版侧重多用户权限管控（Assigned Access）。系统兼容触控/笔写输入（INK 工作区）、云服务同步（OneDrive）及多设备协同（Your Phone 应用）。Windows 操作系统占据全球个人计算机 80%以上市场份额，覆盖家庭、教育及企业多个应用场景。

2. UNIX 操作系统

UNIX 操作系统由肯·汤普森（Ken Thompson）和丹尼斯·里奇（Dennis Ritchie）于 1969 年在美国贝尔实验室开发，是首个采用 C 语言编写的分时操作系统，支持多用户、多进程及跨硬件架构（如 x86、ARM）运行。其内核基于模块化设计，提供层次化文件系统、管道通信机制及 Shell 命令行交互界面，遵循“单一程序做好一件事”的哲学。UNIX 以高可移植性（POSIX 标准兼容）、可扩展性（动态加载内核模块）及安全性（权限分级模型）著称，广泛应用于企业服务器、科研计算及关键基础设施领域，并衍生出 Linux、macOS 等主流分支。

3. Linux 操作系统

Linux 操作系统是基于 GNU 协议的开源类 UNIX 系统，由林纳斯·托瓦兹（Linus Torvalds）于 1991 年开发。其单内核设计整合进程调度、内存管理与硬件驱动，支持多任务处理、多处理器协同及实时系统更新。采用模块化文件系统（如 EXT4 和 BTRFS）和资源隔离技术（Cgroups 和 Namespace），兼容 x86、ARM 和 RISC-V 等硬件架构。

用户可通过定制内核模块及主流发行版（如 Debian 和 Arch）灵活扩展功能，内置 APT 和 YUM 等包管理工具及 systemd 系统管理器，并集成多层次安全防护（如 SELinux）。主导云计算（90%公有云）、嵌入式设备（Android、树莓派）及超算（世界 500 强占比超 95%），同时提供 GNOME、KDE 桌面环境及 GCC 和 GDB 开发工具链。开源生态推动容器技术（如 Kubernetes）、边缘计算与 AI 等前沿领域发展。

Linux 操作系统同时提供字符界面和图形界面。在字符界面用户可以通过键盘输入相应的指令来进行操作；在图形界面（类似 Windows 系统的图形界面），用户可以使用鼠标对其进行操作，如图 2-5 和图 2-6 所示。

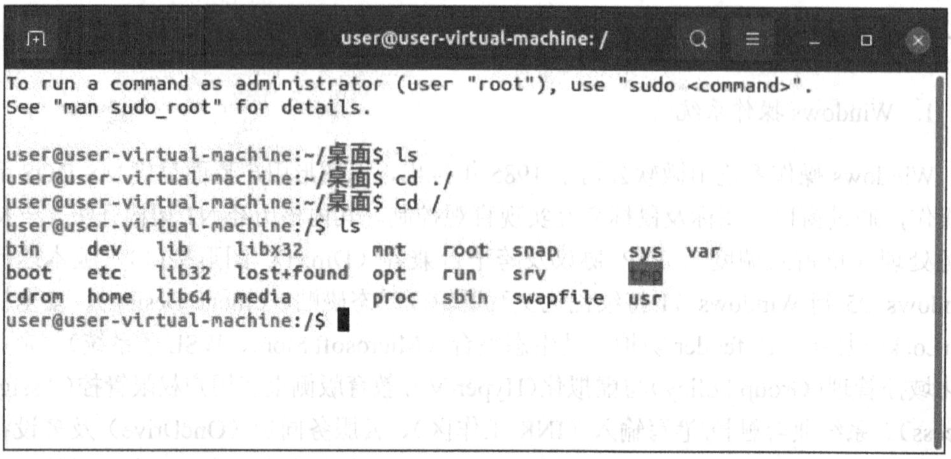

图 2-5 Linux 操作系统字符界面

图 2-6 Linux 操作系统图形界面

4. macOS 操作系统

macOS 操作系统是苹果公司开发的专有操作系统（图 2-7），专用于 Mac 系列计算机，为首个商用图形用户界面（graphical user interface，GUI）操作系统。macOS 基于 Darwin 内核与 BSD 代码，融合 UNIX 稳定性与 Swift/Objective-C 开发生态，支持 Metal 图形加速技术。其标志性 Aqua 界面以多任务空间（Mission Control）、全局搜索（Spotlight）和跨设备协同（Handoff 和 Airdrop）为特色，广泛应用于创意设计（如 Final Cut Pro、Xcode）、影视制作及教育领域。系统集成沙盒机制（Sandbox）与 APFS 文件系统，版本命名以加利福尼亚州地标为文化符号，持续强化软硬件生态闭环优势。

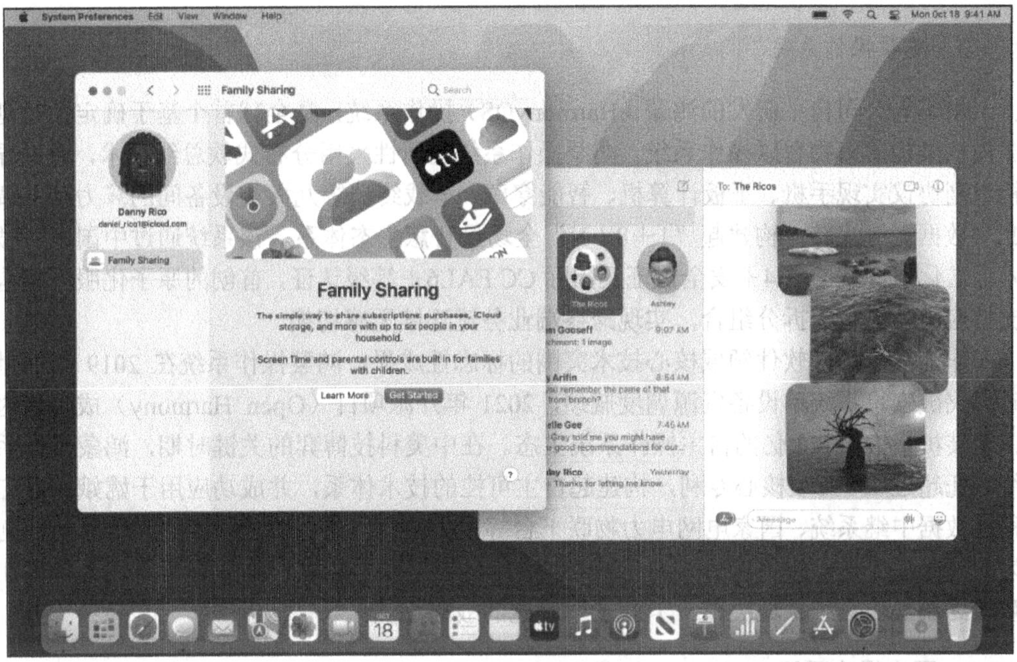

图 2-7 macOS 操作系统界面

2.2.4 移动操作系统

1. Android

Android，一款基于 Linux 内核的开源移动操作系统，最初由安迪•鲁宾（Andy Rubin）开发。2005 年，Android 公司被谷歌公司收购。2007 年，谷歌联合 84 家硬件制造商、软件开发商及电信运营商正式组建开放手机联盟（Open Handset Alliance，OHA），共同推动 Android 操作系统的发展。该操作系统能够适配多种硬件平台，包括智能手机、平板计算机及可穿戴设备等，并提供了一个开放的应用生态系统，支持使用 Java 和 Kotlin 开发框架进行应用开发。目前，Android 已成为全球市场份额最高的移动操作系统，不仅主导了智能手机市场，还扩展至车载系统（如 Android Auto）和智能家居（如 Google Nest）等多个领域。

2. iOS

iOS 是苹果公司开发的闭源类 UNIX 商业操作系统，初名 iPhone OS（2007 年发布），2010 年扩展至 iPad 和 iPod touch 后更名。iOS 基于 XNU 混合内核（Mach 微内核+BSD 模块），采用 Swift/Objective-C 开发框架与 Mach-O 可执行格式，以沙盒机制和代码签名（Code Signing）保障安全性。iOS 的标志性 UIKit 界面集成 3D Touch、Face ID 生物认证及 Core Animation 渲染技术，应用生态依赖 App Store 严格审核，与 Android 和 Windows 系统兼容性弱。iOS 主导 iPhone 全系设备，并延伸至 iPadOS、CarPlay 车载系统及医疗、教育领域，依托 Secure Enclave 硬件加密与 Metal 图形加速，强化苹果生态软硬件协同优势。

3. 鸿蒙操作系统

由华为公司自主研发的鸿蒙（HarmonyOS）操作系统，是全球首个基于确定性时延微内核架构的万物智联操作系统。鸿蒙操作系统创新性采用分布式软总线技术，通过异构组网协议实现手机、平板计算机、智能穿戴、车载终端等九大类设备间的算力动态调配与数据无缝流转，构建起“1＋8＋N”全场景智慧生态体系。该系统通过中国电子技术标准化研究院 EAL4＋安全认证及国际 CC EAL6＋等级认证，首创的原子化服务架构支持应用功能按需拆分组合，实现跨终端业务流连续无感切换。

作为我国基础软件领域核心技术突围的标志性成果，鸿蒙操作系统在 2019 年面世时即突破安卓系统单设备资源调度瓶颈，2021 年开源项目（Open Harmony）成为国内首个装机量突破 3.2 亿的自主操作系统生态。在中美科技博弈的关键时期，鸿蒙操作系统依托超过 1.4 万项核心专利，构建起自主可控的技术体系，并成功应用于嫦娥探月工程的数据中继系统、国家电网电力物联平台等重大工程。该系统已被工业和信息化部列为“补短板”重点攻关项目，并荣获 2020 年世界互联网领先科技成果奖，成为我国在智能终端操作系统领域突破“卡脖子”难题的战略支点。

2.2.5 国产操作系统

操作系统的本土化是国家维护网络信息安全的重要一环。我国的操作系统本土化工作始于 20 世纪末，1999 年 4 月 8 日，一款基于 Linux/Fedora 的国产操作系统“Xteam Linux 中文版 1.0”发布，代表着我国操作系统本土化之路的开端。2006 年，国务院发布的《国家中长期科学和技术发展规划纲要（2006—2020 年）》中提出要重点聚焦基础软件的自主突破与创新。此后，信息技术产业的自主可控始终是国家发展战略和政策制定的一大重点。

目前我国主流的国产操作系统大多是基于 Linux 开源内核开发的，应用广泛的主要有以下 5 款。

（1）红旗 Linux 桌面操作系统

由中科红旗集团于 1999 年自主研发的国产 Linux 发行版，基于开源内核深度定制，历经 20 余年技术迭代，现已更新至 V11 版本。系统全面适配龙芯、兆芯、飞腾等国产 CPU 架构，通过自主内核加固技术及国密算法支持，构建全栈可信计算环境。其界面设计兼顾实用性与视觉体验，集成政务办公套件、跨平台文件兼容工具及国产化软件生态，满足政企文档加密、电子签章等高安全场景需求。作为首批通过国家信息安全等级保护三级认证的国产操作系统，红旗 Linux 桌面操作系统已在党政机关、金融、能源、教育等关键领域实现规模化部署，支撑国产化替代战略落地。

（2）优麒麟操作系统

由麒麟软件主导研发的优麒麟（Ubuntu Kylin），是基于 Linux 内核的跨平台通用型开源系统。作为全球开源社区协作典范，该系统全面适配 x86、ARM、RISC-V 架构的个人计算机及嵌入式设备，通过 Wine 层技术实现 Windows 应用兼容，并依托软件商店构建包含办公、开发、影音等逾千款主流应用的生态矩阵。该系统集成 UKUI 智能桌面环境，采用动态内存回收与硬件加速技术，显著提升国产芯片设备的图形渲染效率，现已成为党政办公、工业控制及教育信息化领域的基础软件平台之一。

（3）中标麒麟操作系统

中标麒麟操作系统是麒麟软件自主研发的国产 Linux 发行版，其创新构建异构指令集统一适配框架，实现对龙芯、申威、鲲鹏等国产处理器及 x86 架构的全平台兼容。该系统搭载自主研发的图形化安全桌面环境，通过微内核隔离技术及国密算法认证模块，建立从固件层到应用层的可信计算链。该系统通过模块化设计支持 Windows/Linux 跨平台应用兼容，集成电子公文、签章加密等政务办公套件。

（4）深度操作系统

由武汉深之度科技自主研发的深度（Deepin）操作系统，是基于 Linux 内核的新一代安全可信国产化平台。作为全球首个跻身 DistroWatch 榜单前十位的国产操作系统（2020 年数据），其通过公安部第四级安全操作系统认证，并获工业和信息化部国产化软硬件适配体系全栈兼容认证。系统搭载深度桌面环境（Deepin desktop environment，DDE），集成 DTK 开发框架与智能资源调度算法，实现从龙芯、申威到 x86/ARM 架构的跨平台自适应优化。深度应用商店构建起涵盖政务协同、金融加密、工业设计等领域的数万款原生/移植应用生态，已在党政机关、国防军工、金融核心交易系统及 5G 基站等关键场景完成国产化替代部署，成为我国信创工程战略级基础软件平台。

（5）统信操作系统

由统信软件主导的国产操作系统产业联盟联合打造的统信（UOS）操作系统，是以深度操作系统为技术基底构建的新一代自主可控平台。该系统创新采用异构计算架构统一适配技术，全面支持龙芯、鲲鹏、兆芯及申威等国产芯片体系，通过网络安全等级保护第四级安全认证与可信计算 3.0 双体系防护，构建从硬件固件到应用层的主动防御机制。系统定制的 DDE 融合动态模糊与智能手势交互，凭借美学设计斩获红点设计大奖。应用生态方面，依托自研 UKAMI 容器虚拟化技术实现安卓应用无缝运行，并通过联合实验室认证逾十万款 Windows/Linux 跨平台应用，现已成为党政办公、金融监管、教育科研等领域信创产业的核心组件，位列国产操作系统市场占有率前三名（赛迪研究院 2022 年数据）。

2.3　Windows 11 操作系统

Windows 11 操作系统是微软公司在 2021 年 10 月 5 日发布的操作系统。作为全球市场份额最高的桌面操作系统，Windows 长期占据市场主导地位，其最新迭代版本 Windows 11 以全新的用户界面、性能优化、多任务处理、安全性能、跨平台兼容性和沉浸式游戏体验等优势进入了用户的视野。

2.3.1　Windows 11 系统设置

在 Windows 11 操作系统中，系统设置至关重要，它是管理设备功能的核心入口点。用户可以通过多种途径轻松访问这些设置，以实现对设备的个性化配置和优化。接下来，将详细介绍如何打开“设置”面板，并概述其主要功能分类。

1. 打开“设置”面板

（1）组合键

按 Win+I 组合键，可以打开“设置”面板。

（2）“开始”菜单

单击任务栏上的“开始”按钮（Windows 图标），在弹出的菜单中单击齿轮图标（设置），即可打开“设置”面板。

（3）搜索功能

按 Win+S 组合键打开搜索栏，输入“设置”关键词后按 Enter 键，即可快速定位并打开“设置”面板。

（4）任务栏快捷菜单

右击任务栏的空白区域，从弹出的快捷菜单中选择“任务栏设置”命令，可直接进入与任务栏相关的“设置”面板。

（5）文件资源管理器

启动文件资源管理器（按 Win+E 组合键），在地址栏输入“ms-settings:”并按 Enter 键，即可打开“设置”面板。

2. “设置”面板的主要功能模块

Windows 11“设置”面板采用模块化架构，涵盖如图 2-8 所示的 12 项核心功能模块。

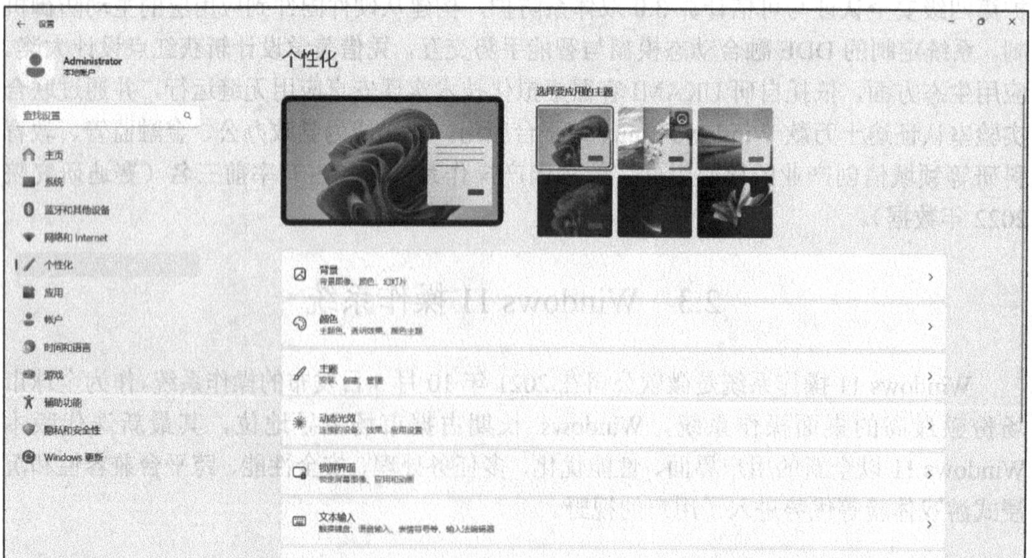

图 2-8 Windows 11“设置”面板

1）主页：显示与账户相关的操作，并通过交互式卡片（如推荐设置、个性化、蓝牙、存储等）简化对常用设备设置的访问。

2）系统：涵盖显示、声音、电源管理、存储空间、多任务处理及投影等多种硬件与系统级配置选项。

3）蓝牙和其他设备：用于管理蓝牙设备、打印机、鼠标、键盘、触控板、USB 设备等外设的连接和设置。

4）网络和 Internet：提供 Wi-Fi、以太网、VPN、热点、代理服务器以及网络适配器的配置选项。

5）个性化：允许用户自定义壁纸、主题、颜色方案、锁屏界面、任务栏及开始菜单的布局等界面元素。

6）应用：提供应用的安装与卸载、默认程序设置、启动应用管理及可选功能（如 Linux 子系统）的配置。

7）账户：涉及用户账户管理、登录选项（包括 PIN、密码、指纹等）、微软账户同步及家庭和其他用户账户的管理。

8）时间和语言：设置日期和时间、区域格式、输入法、语音识别及多语言支持等功能。

9）游戏：包含 Xbox Game Bar、游戏模式、屏幕录制及游戏资源优化等游戏相关设置。

10）辅助功能：提供视觉、听觉及交互辅助功能的设置，如放大镜、朗读器、语音控制、黏滞键等。

11）隐私和安全性：管理权限设置（包括摄像头、麦克风、位置等），提供 Windows 安全中心（包括病毒防护、防火墙等）及查找设备的功能。

12）Windows 更新：允许用户检查更新、暂停更新、查看更新历史记录及高级选项（包括可选更新、传递优化等）。

3. 常用设置场景

（1）修改默认程序

操作路径：设置→应用→默认应用→选择按文件类型指定默认应用。

（2）关闭开机自启动程序

操作路径：设置→应用→启动→在列表中找到并关闭不需要自启动的应用程序开关。

（3）分屏多任务布局

操作路径：设置→系统→多任务处理→在“贴靠窗口”下拉列表中调整布局模式和设置快捷键。

（4）释放磁盘空间

操作路径：设置→系统→存储→临时文件→选择需要清理的内容并执行删除操作。

（5）启用黑暗模式

操作路径：设置→个性化→颜色→选择“深色”模式以启用黑暗主题。

4. Windows 11 设置注意事项

(1) 控制面板与“设置”面板的区别

虽然传统的控制面板(按 Win+R 组合键并输入 control 打开)仍然存在,并保留了一些高级功能,但微软公司正逐步将这些功能迁移到新的“设置”面板中。

(2) 搜索功能

Windows 11 操作系统中的任务栏搜索功能为用户提供了便捷的途径,以访问本地文件、应用程序、系统设置及网络资源。

用户通过输入关键词,能够有效地定位已安装的应用程序、文档、图片、视频等本地资源。此外,搜索功能还支持直接访问特定的系统设置,如输入“蓝牙”即可迅速进入蓝牙相关设置界面。

任务栏搜索功能默认与 Bing 搜索引擎协同工作,用户输入查询时可能会展示网络资源,如天气预报、新闻资讯、百科知识等。用户可在“设置”→“隐私和安全性”→“搜索权限”中选择关闭“搜索中的更多内容”选项,以停止网络搜索。

下面介绍几个搜索功能的高级操作技巧。

用户可输入自然语言指令(如“截图工具”或“清理存储”),以直接启动相应的功能或系统工具。

在搜索时,输入部分文件名并结合通配符(如*.docx),可实现对特定类型文件的筛选。

按 Win+S 组合键,用户能够迅速调出独立的搜索面板,其功能与任务栏搜索保持一致。

右击任务栏,在弹出的快捷菜单中选择“任务栏设置”命令,打开“任务栏”窗口,在“任务栏项”组中,用户可调整搜索框的显示模式(隐藏、仅显示搜索图标、显示搜索图标和标签、显示搜索框)。

在“设置”→“隐私和安全性”→“搜索权限”中,用户可选择清除搜索历史或禁用搜索记录的保存功能。

(3) 恢复默认设置

如果用户不小心修改了系统配置并希望恢复到默认状态,可以通过“设置”→“系统”→“恢复”来重置或退回到之前的系统版本。

通过以上提供的方法和示例,可以更加高效地管理和个性化设置 Windows 11 操作系统,满足用户的各种需求。

2.3.2 文件资源管理器

1. 文件资源管理器启动方式与界面布局

在 Windows 11 中,文件资源管理器可以通过以下几种方式启动:①按 Win+E 组合键快速打开;②通过任务栏上的固定图标(默认位于中心位置);③右击“开始”按钮,在弹出的快捷菜单中选择“文件资源管理器”命令。文件资源管理器界面采用了三栏的 Fluent Design 布局：左侧是导航树（包括 OneDrive 云存储的入口），中间是动态预览区域，右侧是文件详情面板。Windows 11 新增了多标签页功能（按 Ctrl＋T 组合键创建新标签），并支持跨目录拖曳文件和合并文件的操作。

2. 文件命名与类型标识

文件名由主体名称（支持中文和英文）和扩展名（如.docx 或.xlsx 等）组成，系统会根据扩展名关联相应的应用程序并显示相应的图标。Windows 11 增强了文件类型的识别能力，新增了对 RAR/7z 压缩包的原生支持。用户可以直接双击压缩包进行浏览，无须借助第三方工具。云文件（如 OneDrive）会同步显示实时状态图标（如✅已同步/🔄同步中）。

3. 资源查看与导航

双击“此电脑”可以访问本地磁盘和网络驱动器。Windows 11 的导航栏使用模块化的分类方式：快速访问（常用文件夹）、OneDrive、网络位置等分层展示。触控操作也得到了优化：双指捏合可以切换缩略图/列表视图，长按图标可以触发上下文菜单。通过“查看”选项卡可以切换 8 种不同的布局（如内容视图显示文件摘要），并且支持按名称类型、总大小等进行智能排序。

4. 文件夹与快捷方式管理

创建新文件夹可以通过右击工作区空白处，在弹出的快捷菜单中选择“新建”→“文件夹”命令，或者使用功能区的“主页”→“新建”。

创建快捷方式可以通过右击目标文件，在弹出的快捷菜单中选择“显示更多选项”→“发送到”→“桌面快捷方式”命令，或者通过“主页”→“新建”→“快捷方式”向导来绑定程序路径。

Windows 11 对右键菜单进行了优化，将高频操作（如复制路径）设置为外置显示。

5. 文件选择与批量操作

连续选择文件可以通过按 Shift 键＋首尾单击的方式实现；非连续选择文件则可以通过按 Ctrl 键＋点选的方式实现。Windows 11 新增了复选框模式（通过“查看”→“显示”→“项目复选框”开启），可以鼠标悬停选中多个文件。批量重命名可以通过选中文件后右击，在弹出的快捷菜单中选择“重命名”命令，然后输入模板（如“张三.docx”）来自动生成序列。

6. 文件复制与移动

跨标签页拖曳文件：将文件拖至标签栏悬停位置，系统会自动切换目录并释放文件。云同步剪切板：按 Ctrl＋C 组合键复制后，可以在其他已登录相同账户的设备上直接使用 Ctrl＋V 组合键粘贴。Windows 11 还优化了大文件传输的进度条，显示实时速率和剩余时间，并支持暂停和续传操作。

7. 属性设置与高级搜索

右击文件，在弹出的快捷菜单中选择“属性”命令，可以设置文件的只读或隐藏属性，或者通过“安全”选项卡来配置权限。Windows 11 整合了存储感知功能：在“属性”→“详细信息”中可以清理重复文件、管理版本历史。高级搜索功能：在地址栏直接输入自然语言指令（如“上周修改的 PPT”），支持基于文件内容的关键词过滤。

8. 回收站与数据恢复

用户删除的文件默认会进入回收站（按 Shift＋Delete 组合键可以直接永久删除）。Windows 11 的回收站支持时间线恢复功能：右击“还原版本”按钮，可以回溯过去 30 天内的删除记录。对于云文件，即使删除后也可以在 OneDrive 网页端保留 90 天，通过“在线管理”入口进行恢复。

2.3.3 Windows 11 的常用工具软件

1. 截图工具

Windows 11 截图工具（图 2-9）的功能强大且操作便捷，为用户提供了多样化的截图方式和实用的编辑功能，能有效满足各类截图需求。

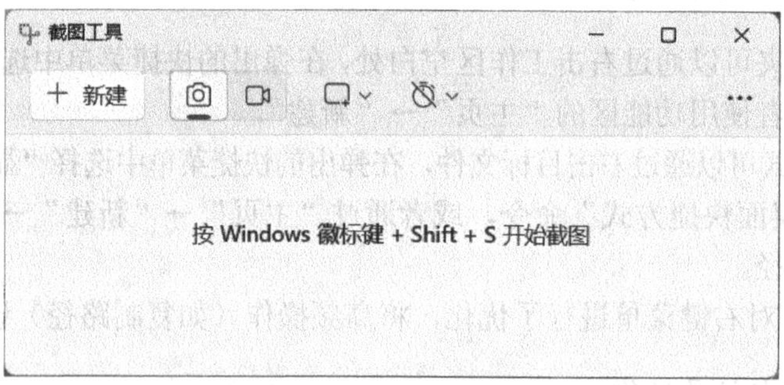

图 2-9 截图工具

在组合键操作方面，Windows 11 提供了多种组合方式。按 Win＋Shift＋S 组合键可直接调出截图工具栏，包含矩形截图、任意形状截图、窗口截图和全屏截图 4 种模式。用户可根据实际需求，自由选择截图区域，无论是矩形、不规则形状，还是特定窗口或整个屏幕，都能轻松截取。截图完成后，图片会自动保存到剪贴板，可直接在图文处理软件、微信等应用中粘贴使用。同时，长按 Win＋Shift＋S 组合键还可打开延迟截图菜单，提供 3 秒、5 秒或 10 秒倒计时选项，方便用户提前准备，截取弹出菜单等转瞬即逝的内容。

除了组合键，用户也能通过“开始”菜单找到截图工具。运行截图工具后，单击“新建”按钮，同样可选择截图区域。

Windows 11 截图工具的编辑功能同样表现出色。用户可直接在截图上工具内进行标注、裁剪、绘图、文字添加和保存等操作，无须另行打开图像编辑工具。例如，使用“Text actions”功能，能快速提取图片中的文本；利用“Quick redact”功能，可快速隐藏敏感信息。此外，截图工具还支持屏幕录制，用户可录制屏幕上的任意区域，同时捕获系统声音和麦克风输入，录制完成后还能进行编辑和分享。

Windows 11 截图工具还具备自定义设置功能。用户可在设置中开启“自动复制更改”和“自动保存屏幕截图”选项，让截图修改自动复制到剪贴板，原始截图自动保存到指定文件夹，提高截图效率。

2. 计算器

Windows 11 计算器（图 2-10）的功能强大且专业性强，极大提升了开发效率。

（1）核心计算模式适配多场景

在进制转换方面，程序员模式支持二进制、八进制、十进制、十六进制间的自由切换。例如，开发嵌入式系统时，程序员可直接输入二进制数值，通过一键切换查看其对应的十六进制或十进制形式，方便与硬件寄存器配置或协议数据包进行比对分析。

位运算功能涵盖与（AND）、或（OR）、非（NOT）、异或（XOR）等操作，以及左移（LSH）、右移（RSH）指令。在加密算法开发中，程序员可利用这些位运算功能，快速验证密钥生成算法的逻辑正确性，或模拟数据在传输过程中的位级变化。

（2）实用工具集成简化流程

计算历史记录功能可追溯操作步骤，当调试复杂算法时，程序员可通过查看历史记录，快速定位中间计算结果，分析逻辑错误。

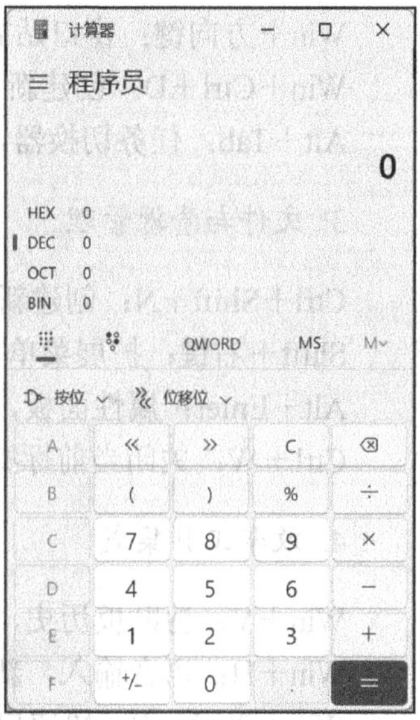

图 2-10　计算器

单位换算功能覆盖数据存储（如字节、千字节、兆字节）、时间（如毫秒、微秒、纳秒）等维度。在开发网络通信协议时，程序员可直接将数据包大小从字节换算为更直观的千字节单位，评估带宽占用情况；或在进行实时系统开发时，将时间参数从毫秒转换为纳秒，确保任务调度的精确性。

（3）交互设计优化开发体验

计算器界面布局紧凑，常用功能按钮（如进制切换、位运算）集中于主界面，程序员无须在多层菜单中查找，节省时间。同时，计算器支持快捷键操作，如使用组合键快速切换进制模式，减少鼠标操作时间，在代码编写间隙可随时调用计算器进行快速验证。

2.3.4　Windows 11 快捷键

Windows 11 的快捷键能够显著提升操作效率，以下是按功能分类整理的核心快捷键。

1. 系统级操作

Win+E：快速打开文件资源管理器，新增云文件同步状态显示。
Win+A：打开快速“设置”面板，集成 Wi-Fi、蓝牙、投影模式开关。
Win+I：直达系统设置界面，支持语音输入搜索功能。
Win+L：一键锁定计算机，生物识别模块响应速度提升 30%。
Win+Shift+S：截屏工具支持 4K 区域录制与 OCR 文字提取。

2. 多窗口管理

Win+Z：触发窗口智能布局，新增瀑布流式多任务视图。
Win+Tab：虚拟桌面切换，支持跨显示器任务分组。
Win+方向键：窗口贴靠，新增对角线分屏模式（如↖↘布局）。
Win+Ctrl+D：创建新虚拟桌面，支持动态壁纸自动切换。
Alt+Tab：任务切换器，集成 Office 文档实时预览。

3. 文件与资源管理

Ctrl+Shift+N：创建新文件夹，自动生成智能命名建议。
Shift+右键：扩展菜单，新增“复制为路径”与“云存储”选项。
Alt+Enter：属性面板，显示文件哈希值与版权信息。
Ctrl+W：关闭当前标签页（适用于多标签资源管理器）。

4. 效率工具集成

Win+V：剪贴板历史，支持 100 条记录与跨设备同步。
Win+H：语音输入，新增方言识别与实时翻译功能。
Win+Shift+C：快速启动 Teams 会议，支持虚拟背景切换。
Win+G：Xbox 游戏栏，新增性能监测与直播推流控制。
Win+Ctrl+Q：快速助手，支持 4K 远程控制与文件传输。

5. 高级系统维护

Ctrl+Shift+Esc：任务管理器，新增 GPU 温度监控。
Win+X：超级用户菜单，集成 Hyper-V 管理器入口。
Shift+重启：高级启动选项，支持驱动程序回滚。
Win+R→wt：快速打开 Windows Terminal，支持多标签终端。
shutdown /r /t 0：实现无延迟重启。

6. 媒体与辅助功能

Win+Alt+R：屏幕录制，支持 HDR 色彩模式。
Win+Ctrl+F：全局搜索，新增本地/云端混合检索。

Win+;：表情符号面板，集成3D动态贴纸。

Win+Ctrl+O：屏幕键盘，新增触控手势自定义。

Win++/−：放大镜工具，支持多显示器独立缩放。

第3章 计算机网络与信息安全

问题与情景

在智能时代，数据呈现指数级增长态势，全球每日产生的信息量已超越人类个体处理极限。面对海量异构数据、智能推荐系统的信息茧房效应及多模态内容的涌现，如何精准定位高价值信息、有效甄别数据真伪并实现知识的高效转化，已成为现代公民的核心竞争力。

学习目标

基础操作：会用智能搜索工具（如语音助手、智能问答）快速找到需要的信息。
信息筛选：能通过关键词优化、筛选条件，避免重复和低质内容。
工具入门：掌握常见智能工具（如文档解析、数据整理软件）处理信息。
信息安全：学会识别虚假信息、广告干扰和基本隐私保护方法。

3.1 计算机网络概述

3.1.1 计算机网络的定义

随着计算机的广泛应用，特别是家用计算机越来越普及，人们一方面希望众多用户能共享信息资源，另一方面希望各计算机之间能互相传递信息。个人计算机的硬件和软件配置一般比较低，其功能也有限。因此，这就要求大型与巨型计算机的硬件和软件资源，以及它们所管理的信息资源能够为众多的微型计算机所共享，以便充分利用这些资源。上述原因促使计算机向网络化发展，将分散的计算机连接成网，组成计算机网络。

计算机网络是现代通信技术与计算机技术相结合的产物。计算机网络，是指由各自具有自主功能而又通过各种通信手段相互连接起来以便进行信息交换、资源共享或协同工作的计算机组成的复合系统。通俗地说，网络就是通过光缆、双绞线、电话线或无线通信等互连的计算机的集合。

3.1.2 计算机网络的功能

随着云计算、5G、物联网和边缘计算的普及，计算机网络的功能已从基础资源共享向智能化、分布式与安全协同演进，其核心功能可归纳为以下六大模块。

1. 数据通信

数据通信是计算机网络的基础功能，实现设备间数据传输与实时交互。传统场景如邮件传输、文件下载，已扩展至5G网络下的低延迟通信（如虚拟现实/增强现实实时协作、自动驾驶车辆与路侧单元的毫秒级通信），并依托QUIC（quick UDP Internet connections，快速UDP网络连接）协议、WebRTC等技术优化传输效率，支撑远程手术影像同步、工业物联网毫秒级指令响应等新型应用场景。

2. 资源共享

计算机网络的核心目标从本地硬件共享（如打印机、存储）演变为云原生生态协同。现代资源共享涵盖IaaS/PaaS算力调用（亚马逊EC2）、SaaS服务集成（Notion协作）、分布式存储（IPFS、区块链）及边缘计算节点算力池化，如智能汽车共享感知数据优化群体决策。

3. 远程传输与协同

远程能力从基础文件传输升级为跨域智能协作。典型场景包括混合办公（微软Teams、腾讯会议、钉钉）、元宇宙虚拟空间协同（如Meta Horizon Workrooms），以及物联网远程操控（深海机器人5G遥控、无人驾驶矿车、无人机电力巡检），实现“物理隔离、数字无界”的全球化协作范式。

4. 集中管理

传统集中管控转向智能化、自动化运维。云管理平台（如阿里云控制台）统一调度全球资源，结合基于机器学习的智能运维系统预测故障并自动扩缩容，同时通过零信任架构集中实施安全策略，如动态权限管控与加密通信链路的全局管理。

5. 分布式处理

从计算机集群并行计算（Hadoop）发展为边缘侧协同推理。现代分布式架构支持特斯拉车辆本地处理传感器数据、量子计算网络任务分片，并利用容器化微服务（Docker）弹性应对高并发场景（如电商秒杀），结合区块链技术实现去中心化共识（比特币挖矿）。

6. 负载平衡

负载平衡也称为负载均衡，是指工作被均匀地分配给网络上的各台计算机。网络控制中心负责分配和检测，当某台计算机负载过重时，系统会自动转移部分工作到负载较轻的计算机中进行处理。目前负载均衡机制已从传统的固定轮询模式升级为基于人工智能的动态调度策略。在云原生方案中，AWS ALB可实时监测实例负载自动分流，Kubernetes支持按需弹性扩容，Serverless架构（AWS Lambda）则实现“用多少付多少”的资源匹配。通过引入具有自主学习能力的预测模型，可预先推算业务高峰周期，结合弹性伸缩机制有效应对海量并发请求，确保关键业务在高负荷场景下的平稳运行，如

12306 系统春运期间的运行。

3.1.3 计算机网络的组成

从系统功能的角度来看，计算机网络系统由资源子网和通信子网两部分组成。资源子网主要包括联网的计算机、终端、外围设备，网络协议及网络软件等，其主要任务是收集、存储和处理信息，为用户提供网络服务及共享资源功能等。通信子网主要包括通信线路（即传输介质）、网络连接设备（如通信控制处理器）、网络协议和通信控制软件等，其主要任务是连接网络上的各种计算机，完成数据的传输、交换和通信处理。

计算机网络也可以看作由软件系统和硬件系统组成。软件系统是网络服务质量的保证，硬件系统则是计算机网络的工作基础。

1. 软件系统

在计算机网络系统中，网络上的每个用户都可享用系统中的各种资源，系统必须对用户进行控制，否则就会造成混乱，产生信息数据被破坏与丢失等问题。为了协调系统资源，系统需要通过软件工具对网络资源进行全面管理、调度和分配，并采取一系列的安全保密措施，防止用户对数据和信息进行不合理的访问，以防数据和信息的破坏与丢失。网络软件是实现网络功能不可缺少的软件环境，通常有以下 4 种类型。

1）网络协议和协议软件：用以实现网络协议功能。

2）网络通信软件：用以实现网络工作站之间的通信。

3）网络操作系统：用以实现系统资源共享、管理用户对不同资源访问的应用程序，是最重要的网络软件之一。

4）网络管理软件和网络应用软件：网络管理软件是用来对网络资源进行管理和对网络进行维护的软件；网络应用软件是为网络用户提供服务并为网络用户解决实际问题的软件。

网络软件最重要的特征：网络软件所研究的重点不是在网络中互连的各个独立的计算机本身的功能，而是如何实现网络特有的功能。

2. 硬件系统

硬件系统是计算机网络系统的物质基础。组建一个计算机网络系统，要先将计算机及其附属硬件设备与网络中的其他计算机系统连接起来。不同的计算机网络系统在硬件方面有所差别。随着计算机技术和网络技术的发展，网络硬件设备日趋多样化，功能更加强大，也更加复杂。常见的网络硬件设备包括网卡、无线网卡、无线接入点、无线路由器、交换机和企业级路由器等，如图 3-1 所示。

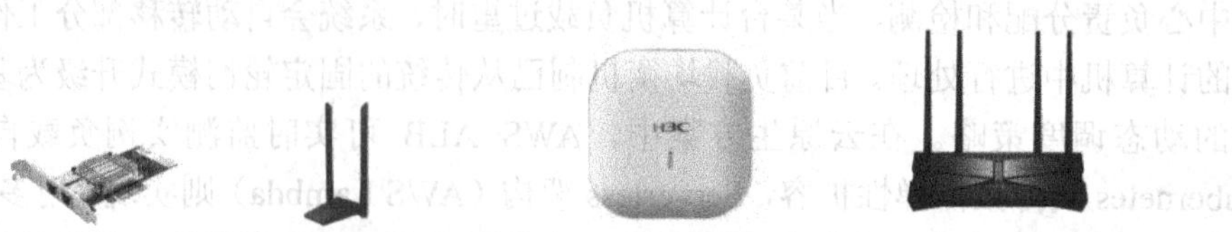

（a）网卡　（b）无线网卡　（c）无线接入点　（d）无线路由器

图 3-1 常见的网络硬件设备

（e）交换机

（f）企业级路由器

图 3-1（续）

（1）网卡

网卡即网络适配器，是局域网中基本的部件之一，也是计算机接入网络时配置的硬件设备之一。现在多数计算机主板都集成了千兆网卡，通过网线接入网络。此外，也可以根据需要使用高性能的独立网卡。

（2）无线网卡

无线网卡功能与传统网卡相同，利用无线传输介质与其他设备建立连接。换言之，无线网卡使计算机得以通过无线方式接入网络。然而，其使用仍需依赖可连接的无线网络环境，因此必须与无线路由器或无线接入点配合使用。通常，笔记本计算机均配备无线网卡，其传输速率包括 160Mb/s、300Mb/s、1300Mb/s 等，且各速率对应不同的无线网络传输标准。

（3）无线接入点

无线接入点（access point，AP）是无线网络中的核心设备，相当于无线网络的交换机。它作为移动计算机用户接入有线网络的接入点，广泛应用于家庭网络、建筑内部及园区网络，其信号覆盖范围可达数十米至百米。目前，无线 AP 主要采用 802.11 系列技术。多数无线 AP 具备 AP 客户端模式，能够与其他 AP 建立无线连接，从而扩展网络覆盖范围。例如，各大学在图书馆、教学楼、宿舍等区域提供校园无线网络，这些区域部署了大量无线 AP 设备，供用户接入校园无线网络。

（4）无线路由器

无线路由器是用于用户上网、带有无线覆盖功能的路由器。无线路由器可以看作一个转发器，将宽带网络信号通过天线转发给附近的无线网络设备（笔记本计算机、支持 Wi-Fi 的手机、平板计算机及所有其他带有 Wi-Fi 功能的设备）。市场上流行的无线路由器一般都支持 PPPoE 拨号（ADSL 拨号、宽带拨号）、动态 IP（自动获取 IP 地址、DHCP）、静态 IP（固定 IP）等接入方式，一般能支持十几到几十个设备同时在线使用。无线路由器还具有其他一些网络管理功能，如 DHCP 服务、NAT 防火墙、MAC 地址过滤等，适用于家庭组建无线局域网，共享 Internet 连接上网。

（5）交换机

交换机是网络节点上话务承载装置、交换级、控制和信令设备及其他功能单元的集合体。交换机能把用户线路、电信电路和其他要互连的功能单元根据单个用户的请求连接起来。根据工作位置的不同，可以分为广域网交换机和局域网交换机。广域网交换机是一种在通信系统中完成信息交换功能的设备。最常见的交换机是以太网交换机，其他常见的还有电话语音交换机、光纤交换机等。目前一般应用场景使用的是千兆交换机，其传输速率是 1000Mb/s，大型企业、数据中心和高性能计算环境需要使用万兆交换机，其传输速率是 10Gb/s。

（6）企业级路由器

企业级路由器用于连接多个逻辑上独立的网络。逻辑网络代表一个单独的网络或子网。数据从一个子网传输至另一子网时，企业级路由器负责完成这一过程。通常，企业级路由器主要连接企业局域网与广域网。在企业异种网络互联、多个子网互联的场景中，企业级路由器是实现互联的首选设备。

3.1.4 计算机网络的分类

计算机网络可按不同的标准进行分类，下面介绍几种常见的计算机网络分类。

1. 按地理范围分类

（1）局域网

局域网（local area network，LAN）是较常见的、应用较广的一种网络。目前，局域网随着整个计算机网络技术的发展和提高得到充分的应用和普及，几乎每个单位都有自己的局域网，甚至有的家庭中也有自己的小型局域网。很明显，所谓局域网就是在局部地区范围内使用的网络，覆盖范围较小。局域网在计算机数量配置上没有太多的限制，少的可以只有两台，多的可达几百台。一般来说，在企业局域网中，工作站的数量为几十台至 200 台。在网络所涉及的地理距离上一般为几米至 10km。局域网一般位于一个建筑物或一个单位内，不存在寻径问题，不包括网络层的应用。这种网络的特点是连接范围小、用户数少、配置容易、连接速率高。目前局域网的连接速率一般为 1000Mb/s，最快已达到 10Gb/s。

（2）城域网

城域网（metropolitan area network，MAN）一般来说是在一个城市，但不在同一地理小区范围内的计算机互连。这种网络的连接距离可达 10～100km。MAN 与 LAN 相比扩展的距离更长，连接的计算机数量更多，在地理范围上可以看作 LAN 的延伸。在一个大型城市或地区，一个 MAN 通常连接着多个 LAN，如连接政府机构的 LAN、医院的 LAN、电信的 LAN、企业的 LAN 等。由于光纤连接的引入，使 MAN 中高速的 LAN 互联成为可能。

（3）广域网

广域网（wide area network，WAN）也称为远程网，覆盖的范围比 MAN 更广，一般用于不同城市之间的 LAN 或 MAN 互联，覆盖地理范围可从几百千米到几千千米。因为距离较远，信息衰减比较严重，所以这种网络一般要租用专线，通过接口信息处理（interface message processor，IMP）协议和线路连接起来，构成网状结构，解决寻径问题。广域网因为所连接的用户多，总出口带宽有限，分配到用户终端的带宽较小，因此连接速率一般较低。

（4）Internet

Internet 因其英文发音又称因特网。在应用如此广泛的今天，已成为人们生产生活的一部分。无论从地理范围，还是从网络规模来讲，它都是最大的网络。从地理范围来讲，它是全球计算机的互连。这种网络的最大的特点就是不定性，整个网络的计算机每时每刻随着人们网络的接入在不断地变化。当用户的计算机连接在 Internet 上时，可以看作 Internet 的一部分，当用户的计算机断开 Internet 的连接时就不属于 Internet 了。但它的优点也非常明显，即信息量大、传播广，无论身处何地，只要连接 Internet 就可以对任何可以联网的用户发送信函或广告。因为这种网络的复杂性，其实现技术也非常复杂。

2. 按网络拓扑结构分类

按照网络的物理形状或拓扑结构对网络进行分类，可分为网状网络、星形网络、总线网络、环形网络和树状网络，如图 3-2 所示。结合两种及以上的拓扑结构被称为混合型拓扑。拓扑结构的选择需要综合考虑成本、扩展性、容错性及管理复杂度。例如，小型办公网常用星形拓扑，而对可靠性要求较高的场景（如数据中心）则倾向网状或树状拓扑。大型企业网、校园网等异构网络环境多采用混合型拓扑。

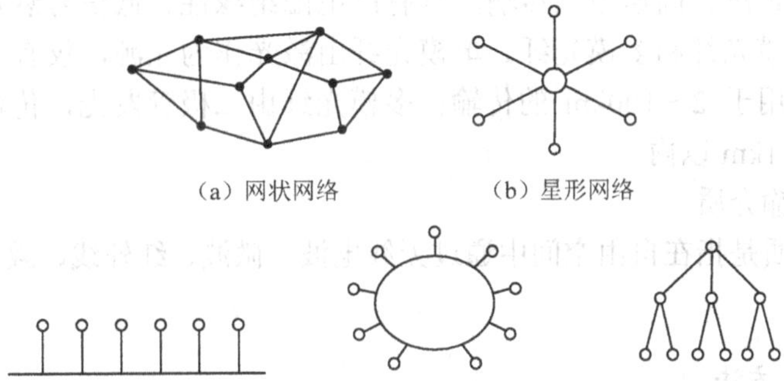

（a）网状网络　（b）星形网络

（c）总线网络　（d）环形网络　（e）树状网络

图 3-2　网络的拓扑结构

3. 按网络传输介质分类

网络传输介质是网络中发送方与接收方之间的物理通路，对网络的数据通信具有一定的影响。常用的有线传输介质有双绞线、同轴电缆和光纤等，如图 3-3 所示。此外，还有一类是无线传输介质。

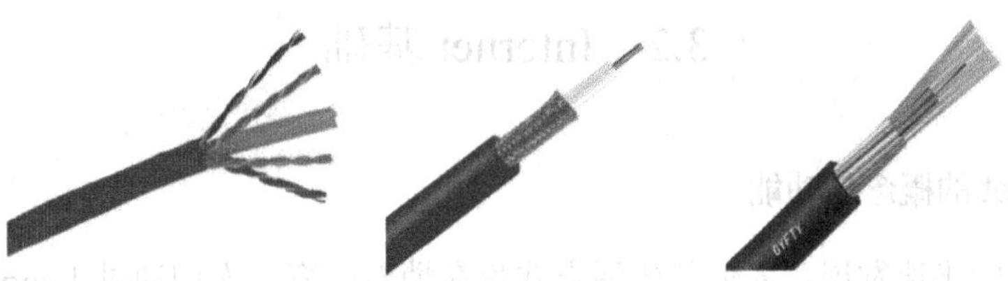

（a）双绞线　（b）同轴电缆　（c）光纤

图 3-3　有线传输介质

（1）双绞线

双绞线是最常见的传输介质，如图 3-3（a）所示，一对以上的双绞线被封装在一个绝缘外套中，为了降低信号的干扰程度，电缆中的每对双绞线一般由两根绝缘铜导线相互缠绕而成，因此把它称为双绞线。双绞线分为非屏蔽和屏蔽两种，主要用于短距离通信，如家庭、宿舍等小型局域网。通常使用 RJ-45 接头连接网卡与交换机，最大长度为 100m。

（2）同轴电缆

同轴电缆如图 3-3（b）所示，由内芯铜导线、绝缘材料、屏蔽层和保护性塑料构成。常见的有 50Ω和 75Ω两种。家庭有线电视使用的就是同轴电缆。连接时需要用带 BNC 接头的 T 形连接器。

（3）光纤

光纤又称光导纤维，如图 3-3（c）所示，由光导纤维纤芯、包层和外壳组成，是由一组光导纤维组成的用来传播光束的、细小而柔韧的传输介质。光纤传输的工作原理基于光学全反射，由光发送机产生光束，将电信号变为光信号，再把光信号导入光纤，在另一端由光接收机接收光纤传来的光信号，并把它变为电信号，经解码后再处理。光纤用于长距离、高速数据传输，具有高电磁绝缘性、低信号衰减、宽频带等特点。光纤分为单模光纤和多模光纤。单模光纤由激光作为光源，仅有一条光通路，传输距离长，一般用于 2～100km 的传输；多模光纤由二极管发光，传输速率低、距离短，传输距离在 1km 以内。

（4）无线传输介质

无线传输介质是指在自由空间中通过无线电波、微波、红外线、激光等电磁波传输信息。

4. 其他分类方法

网络也可以根据传输技术加以区分，一种是通过点到点信道不断转接实现传输，另一种是通过共享信道进行传输。通常 WAN 属于前者，而 LAN 属于后者。

网络若根据其使用范围来分类，则可分为公用网和专用网两大类。公用网是为全社会所有的人提供服务的，如电信部门为用户提供的 Internet 接入服务，人们只要按规定交纳费用就可以使用 Internet。专用网则是某个单位、部门或行业为特殊业务需要而组建的网络，如政务专网、教育专网等。

3.2 Internet 基础

3.2.1 Internet 的概念与功能

随着网络的飞速发展，人们的生活方式也在悄然改变。人们通过 Internet 获取各种想要的信息，查找各种资料，如文献期刊、时事资讯、气象信息等，还可以收发电子邮件，进行视频会议、网上购物、网络办公、网络教学甚至虚拟旅游等。

1. Internet 的概念

Internet 是全球最大的开放式计算机网络，利用通信协议（如 TCP/IP）和必要的物理设备（如光缆、路由器等）把世界上数以亿计的计算机连接到一起，从而实现资源共享。也就是说，Internet 是由不同类型的计算机、不同技术组成的各种计算机网络，按照一定的协议相互连接在一起，使网络中的每台计算机或终端实现资源和服务共享。

Internet 起源于 20 世纪 60 年代末的美国国防部的 ARPA 网，90 年代以来迅猛发展，联网主机数以指数速率增长。基于 IPv4 协议，Internet 可分配的公网 IP 地址理论上限约为 42 亿个（扣除保留地址、广播地址等，实际可用公网地址约 25.68 亿个），而 IPv6 协议通过 128 位地址空间设计，可提供 2^{128}（约 3.4×10^{38}）个的超大地址容量，彻底解决了地址枯竭问题。

中国的 Internet 虽然起步较晚，但发展速度极快。根据 2025 年 1 月 17 日中国互联网络信息中心（China Internet Network Information Center，CNNIC）在北京发布的第 55 次《中国互联网络发展状况统计报告》显示，2024 年是我国全功能接入国际互联网 30 周年。30 年间，我国互联网实现了从无到有、从小到大、从大到强的跨越式发展，建成了全球规模最大、技术领先的互联网基础设施，构建起全球最大的网络零售市场和网民群体。网民规模从 1997 年的 62 万人增长至 2024 年的 11.08 亿人，互联网普及率升至 78.6%。

2. Internet 的基本功能

Internet 广泛应用于信息与通信（社交媒体、电子邮件）、电子商务（在线购物、支付）、金融科技（区块链、数字货币）、教育与远程办公（在线学习、视频会议）、智能交通与物联网（自动驾驶、智慧城市）等领域，极大提升了社会运行效率和便捷性。Internet 的应用非常广泛而且发展迅速。它的基本功能如下。

（1）漫游世界

WWW（World Wide Web）简称 3W，中文译名为万维网。WWW 由欧洲核物理研究中心研制，其目的是让全球范围的科学家可以利用 Internet 方便地进行通信、信息交流和信息查询。

WWW 也简称为 Web。因此，它又可以分为 Web 客户端和 Web 服务器程序。WWW 可以让 Web 客户端（浏览器）访问 Web 服务器（网站）上的页面。WWW 提供了丰富的文本、图形、音频、视频等多媒体信息，并将这些内容集合在一起，还提供了导航功能，使用户可以方便地在各个页面之间进行浏览。由于 WWW 内容丰富，浏览方便，目前已经成为互联网的重要服务之一。

（2）收发电子邮件

电子邮件（E-mail）是一种通过计算机网络与其他用户进行联系的快速、简便、高效的现代化通信手段。用户通过电子邮件的地址相互转发邮件。

电子邮件可以是文字、图像、声音等多种形式。同时，用户可以得到大量免费的新闻、专题邮件，并轻松实现信息搜索。电子邮件的存在极大地方便了人与人之间的沟通与交流，促进了社会的发展。

（3）传输文件

文件传输协议（file transfer protocol，FTP）是用于在 TCP/IP 网络上两台计算机之间传输文件的协议。尽管 WWW 已取代了 FTP 的许多功能，FTP 依然是通过 Internet 复制文件的有效方式。FTP 客户机可发送命令进行文件下载、上传，以及服务器上的目录管理。

FTP 的主要功能是支持用户连接远程计算机，实现文件的双向传输操作，包括从服务器下载文件至本地，以及将本地文件上传至服务器。

（4）网络交互社区

网络交互社区作为数字化群体协作的载体，其发展历程可追溯至 20 世纪 80 年代基于调制解调器拨号连接的电子公告板系统（bulletin board system，BBS）。该系统早期采用 ANSI 字符艺术界面，构建了文本化的异步交流空间。进入 21 世纪初期，以 Discuz! 为代表的论坛系统通过附件上传、用户组权限管理等功能，实现了多媒体内容的初步集成。随着移动互联网的普及，社交网络平台以用户生成内容（user-generated content，UGC）为核心驱动力，形成了去中心化的信息传播网络。当前阶段，虚拟现实与增强现实技术正在推动交互形态向三维沉浸式元宇宙空间演进，如部分平台已实现虚拟化身在数字场景中的实时肢体动作同步。

（5）远程登录

远程控制技术拓展了计算机系统的应用边界。从 Telnet 到图形化桌面控制，促进了云计算和虚拟化服务的发展。加密技术的进步使远程运维成为日常办公的一部分，支持分布式团队协作。

Windows 远程桌面连接利用远程桌面协议（remote desktop protocol，RDP），功能和安全性得到提升。连接前需要配置服务器端和客户端。客户端发起连接，输入服务器 IP、用户名和密码，即可远程操作桌面。

3. Internet 的通信协议

Internet 是由千万台计算机组成的计算机网络，要想在属于不同系统的计算机之间正确传输信息必须制定一个共同遵守的规则，即通信协议。Internet 上最基本的通信协议是传输控制协议（transmission control protocol，TCP）和网际协议（Internet protocol，IP），简称 TCP/IP 协议。TCP/IP 协议分为底层协议和上层协议。底层协议规定计算机硬件的接口规范；上层协议规定软件程序必须共同遵守的一些规则，以及程序员编写程序时使用的统一标准。

（1）IP

IP 主要规定如何定位计算机在 Internet 上的位置及计算机地址的统一表示方法。

在 Internet 上连接的所有计算机，从大型计算机到微型计算机都是以独立的身份出现的，称为主机。为了实现各主机间的通信，每台主机都必须有一个唯一的网络地址。在 Internet 中，网络地址唯一地标识一台计算机，这个地址就称为 IP 地址，即用 Internet 协议语言表示的地址。

在 Internet 中，按照 TCP/IP 规定，IP 地址用 32 位二进制数来表示，每个 IP 地址长 32 位。为了便于记忆，将它们分为 4 组，每组 8 位，由小数点隔开，即用 4 字节来表示。每字节的值是 0～255，如 219.225.189.8，这种书写方法称为点数表示法。例如，一个采用二进制形式的IP地址是“00001010000000000000000000000001”，这么长的地址，人们处理起来非常麻烦。因此，IP地址经常被写成十进制的形式，各字节之间用小数点分隔。于是，上面的IP地址可以表示为“10.0.0.1”。

（2）TCP

TCP建立在IP之上，常用于处理大量数据，各个计算机都必须执行自己的TCP程序来自动完成计算机之间的信息传输工作。

（3）计算机域名

为了便于用户记忆，也可以用符号形式表示计算机的IP地址，称为计算机域名。域名由以小数点隔开的若干级子域名组成。子域从左至右表示的范围逐步扩大，即域名采用层次结构，每一层构成1个子域名，子域名之间用小数点隔开，表示为“计算机名.网络名.机构名.最高域名”。例如，内蒙古师范大学计算机学院的域名是cs.imnu.edu.cn，IP地址是210.31.176.22。其中，cs表示计算机学院，imnu表示内蒙古师范大学，edu代表教育网，cn代表中国。

（4）IPv6

IPv6是英文“Internet protocol version 6”（互联网协议第6版）的缩写，是互联网工程任务组（the Internet engineering task force，IETF）设计的用于替代IPv4的下一代IP协议，其地址数量号称可以为全世界的每一粒沙子分配一个地址。

我国非常重视IPv6的发展和应用。截至目前，我国IPv6网络基础设施规模全球领先，已申请的IPv6地址资源位居全球第一。全球拥有IPv6 25台DNS根服务器，我国拥有1台主根服务器和3台辅根服务器。我国IPv6“高速公路”已全面建成。

与IPv4相比，IPv6具有以下优势。

1）IPv6具有更大的地址空间。IPv4中规定IP地址长度为32，即有$2^{32}-1$个地址；而IPv6中IP地址的长度为128，即有$2^{128}-1$个地址。

2）IPv6使用更小的路由表。IPv6的地址分配一开始就遵循聚类原则，这使路由器能在路由表中用一条记录表示一片子网，大幅缩短了路由器中路由表的长度，提高了路由器转发数据包的速度。

3）IPv6增加了增强的组播支持和对流的支持，这使网络上的多媒体应用有了长足发展的机会，为服务质量控制提供了良好的网络平台。

4）IPv6加入了对自动配置的支持。这是对动态主机配置协议（dynamic host configuration protocol，DHCP）的改进和扩展，使网络（尤其是LAN）的管理更加方便和快捷。

5）IPv6具有更高的安全性。在使用IPv6网络时，用户可以对网络层的数据进行加密并对IP报文进行校验，极大地增强了网络的安全性。

3.2.2 Internet的接入方式

Internet的世界是如此丰富多彩，那么如何将自己的计算机接入Internet呢？下面介绍几种主要的接入方式。

1. 局域网方式

局域网方式主要采用以太网技术，以信息化小区的形式为用户提供服务。通常情况下它主要用于企业网络和小区宽带的共享接入。局域网内的用户，可以使用交换机、路由器或专线连接 Internet。校园网用户多采用这种接入方式，先接入校园局域网，再通过统一的出口（由运营商提供光纤专线）接入 Internet。

2. 有线电视网络接入方式

有线电视网络接入方式是基于有线电视网络铜线资源的接入方式，其具有专线上网的连接特点，允许用户通过有线电视网接入互联网，适用于拥有有线电视网的家庭、个人或中小团体。这种接入方式使用方便，缺点在于当用户数量激增时，传输速率就会下降且不稳定，扩展性不够。

3. 光纤接入方式

通过光纤直接接入用户节点，特点是速率高、抗干扰能力强，适用于家庭、个人或各类企事业团体，可以实现各类高速率的互联网应用（视频服务、高速数据传输、远程交互等），是目前发展的主流接入方式之一。光纤直接入户，网络带宽可达千兆以上。

4. 无线接入方式

无线接入方式主要有两种，分别是无线广域网接入和无线局域网接入。

无线广域网（wireless WAN，WWAN）是指采用无线网络把物理上极为分散的局域网连接起来的通信方式。这种方式多用于笔记本计算机或者其他设备，在蜂窝网络覆盖范围内可以在任何地方连接到互联网。例如，各大通信运营商提供的 4G 和 5G 数据服务。WWAN 的特点是流量计费，价格偏贵，但方便灵活。

无线局域网（wireless LAN，WLAN）是以传统局域网为基础，使用无线接入点和无线网卡来构建的无线上网方式，如校园内覆盖的无线网络。家庭用户可以使用无线路由器搭建小型 WLAN 共享网络，方便无线设备上网。目前，无线接入点和无线网卡大多采用 Wi-Fi 5/6 技术，实际传输速度大约几百 Mb/s。Wi-Fi 7 是 WLAN 中的最新技术分支，理论传输速率可以达到 30Gb/s，时延控制<1ms。

无线接入 Internet 会成为未来的主流，特别是 5G 网络的发展普及。2025 年 1 月 26 日，工业和信息化部发布的《2024 年通信业统计公报》显示，截至 2024 年底，我国建成并开通 5G 基站 425.1 万个，5G 基站占移动电话基站总数达 33.6%。我国华为公司掌握 5G 核心技术，在 5G 领域居世界领先水平。

3.2.3 IP 地址的设置和查看

互联网服务提供商（Internet service provider，ISP），是向广大用户综合提供互联网接入业务、信息业务和增值业务的电信运营商。ISP 是经国家主管部门批准的正式运营企业，享受国家法律保护。我国有四大基础运营商：中国电信、中国移动、中国联通和中国广电。除了这四大基础运营商外，还有许多其他运营商，如全国高校所使用的中国教育和科研计算机网（China Education and Research Network，CERNET）。

接入 Internet 的计算机都有唯一的 IP 地址。

1．设置 IP 地址

IP 地址由 ISP 提供，主要通过两种方式给用户分配 IP 地址。一种是静态设置，给每台计算机分配固定的 IP 地址，用户手动设置计算机的 IP 地址、子网掩码、网关和 DNS。学校的服务器和机房固定设备多采用这种分配方式，便于网络监管。另一种是自动分配，网络中有专用的 DHCP 服务器。DHCP 是一个局域网网络协议，使用 UDP 工作，自动分配 IP 地址给用户。用户无须记录和设置 IP 地址、子网掩码、默认网关和 DNS 服务器，只需设置为自动获取 IP 地址。针对公共场所的流动设备和家庭用户多采用该方式，用户使用简单方便，ISP 管理高效便捷。

在 Windows 11 中设置 IP 地址的操作步骤如下。

单击“开始”→“设置”按钮，打开“设置”窗口，选择“网络和 Internet”选项，打开“网络和 Internet”窗口，单击“高级网络设置”按钮，打开“高级网络设置”窗口。单击“以太网”右侧的下拉按钮，在弹出的下拉列表中单击“更多适配器选项”右侧的“编辑”按钮，在弹出的“以太网 属性”对话框中选择“Internet 协议版本 4（TCP/IPv4）”选项。单击“属性”按钮，弹出“Internet 协议版本 4（TCP/IPv4）属性”对话框，如图 3-4 所示。

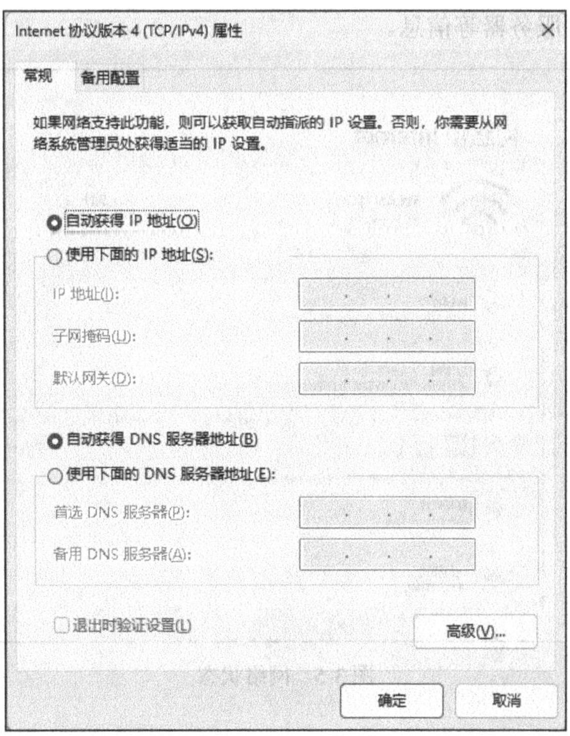

图 3-4 “Internet 协议版本 4（TCP/IPv4）属性”对话框

接下来进行 IP 地址的具体配置，主要有以下两种情况。

如果 ISP 没有提供 IP 地址、子网掩码、默认网关、DNS 服务器等具体参数，则多数情况下使用自动分配 IP 的方式，用户只需在如图 3-4 所示的“Internet 协议版本 4（TCP/IPv4）属性”对话框中，选中“自动获得 IP 地址”和“自动获得 DNS 服务器地址”单选按钮。一般情况下 Windows 操作系统默认自动获得 IP 地址，无须用户修改。现实中，大多数网络接入都采用自动获取方式，无须进行网络设置，这就是大家平时不用设置 IP 地址的主要原因。

如果 ISP 提供 IP 地址、子网掩码、默认网关、DNS 服务器等具体参数，则需要使用指定的 IP 地址。选中“使用下面的 IP 地址”单选按钮，在文本框中输入指定的 IP 地址、子网掩码和默认网关，再选中“使用下面的 DNS 服务器地址”单选按钮，在文本框中输入指定的 DNS 服务器，单击“确定”按钮即完成设置。

2. 查看 IP 地址

笔记本计算机多使用无线网络接入，一般无须设置网络连接，会自动获取 IP 地址等信息。下面介绍 Windows 11 操作系统下两种查看 IP 地址的常用方法。

（1）通过网络状态进行查看

右击任务栏右侧的无线连接图标，在弹出的快捷菜单中选择“网络和 Internet 设置”命令，打开如图 3-5 所示窗口。窗口中会显示当前网络的连接状态，这里显示的是 WLAN，说明使用的是无线局域网。接着单击“属性”按钮，打开如图 3-6 所示的窗口，可以看到 IP 地址、IP DNS 服务器等信息。

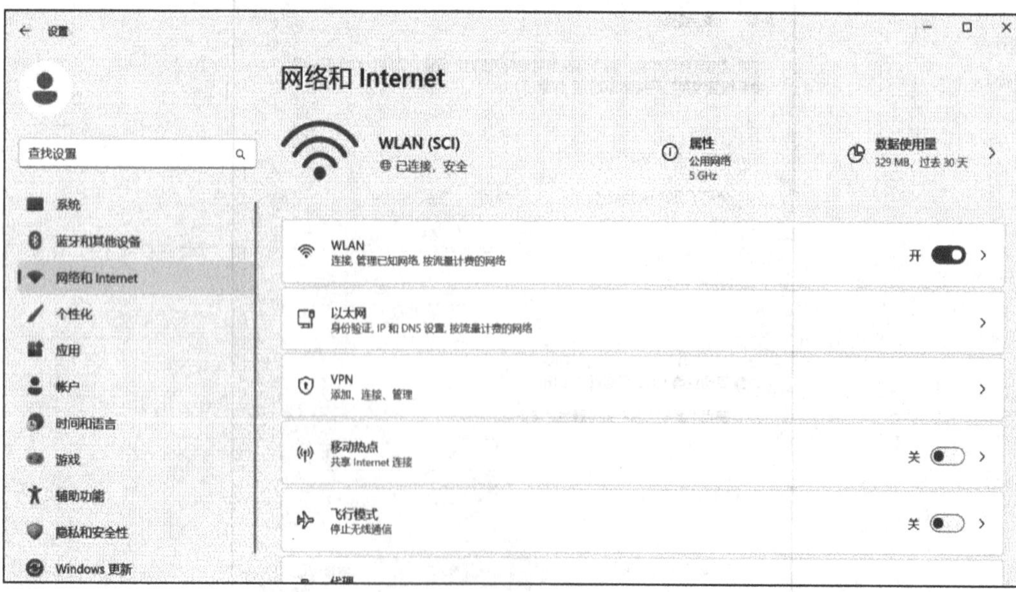

图 3-5　网络状态

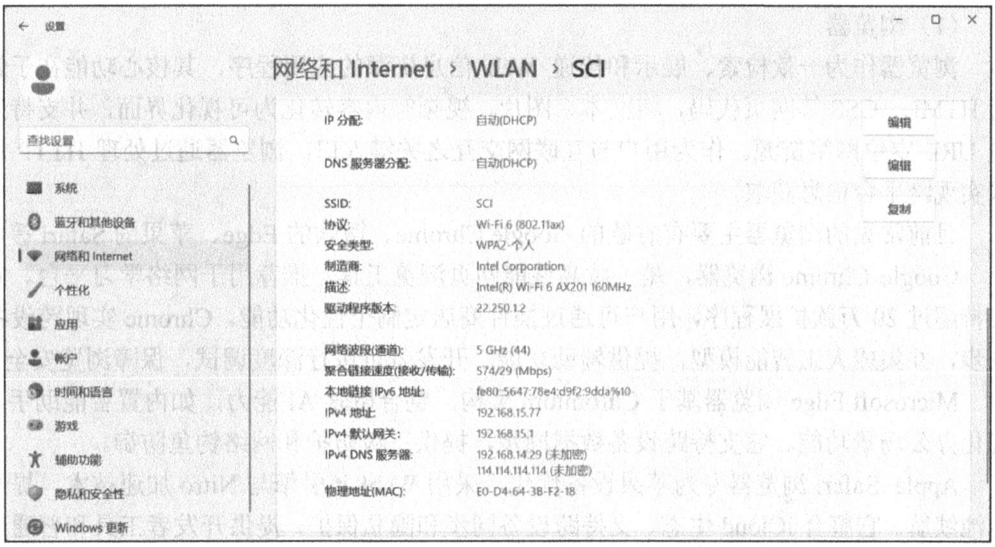

图 3-6　IP 信息

（2）使用“ipconfig”命令查看

在任务栏中的搜索框中输入“CMD”命令，按 Enter 键即可打开“命令提示符”窗口，在窗口中输入“ipconfig”命令后按 Enter 键，即可看到 Windows IP 配置情况，包括各个网络适配器的具体参数，如图 3-7 所示。如果需要更详细的信息（DNS 地址、MAC 地址等），可以在“ipconfig”命令后加上参数“/all”。需要注意，在命令和参数中间要加上空格。

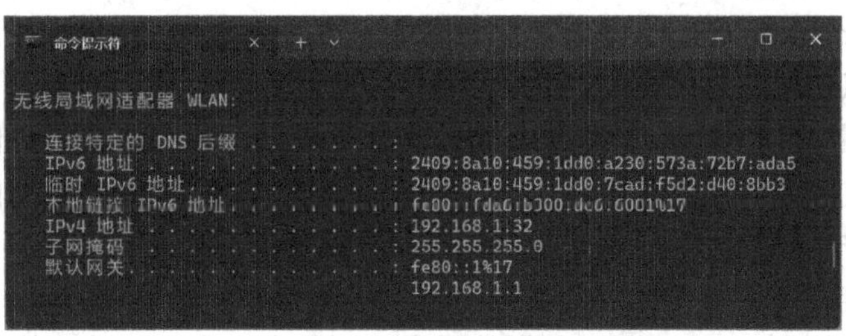

图 3-7　使用“ipconfig”命令查看 IP 地址

3.2.4　Internet 常用服务

1. WWW 服务

WWW 服务是目前应用最广的一种基础互联网应用。WWW 通过超链接将分散于全球的网页、文档、数据库等资源无缝连接，使用户能够以“点击—跳转”的直观方式跨平台、跨地域获取信息。它的开放性与标准化设计推动了网络内容的爆炸式增长，催生了搜索引擎、社交媒体、在线交易等多元化应用场景，深刻改变了信息传播模式与人类社会的交互形态，成为现代数字经济与信息社会的核心基础设施之一。

（1）浏览器

浏览器作为一款检索、展示和传递 Web 信息资源的应用程序，其核心功能在于解析 HTML、CSS 等网页代码，将文本、图片、视频等内容转化为可视化界面，并支持通过 URL 定位网络资源。作为用户与互联网交互之关键入口，浏览器通过处理 HTTP 请求实现跨平台信息获取。

目前常见的浏览器主要有谷歌的 Google Chrome、微软的 Edge、苹果的 Safari 等。

Google Chrome 浏览器，是一款高性能网页浏览工具，推荐用于网络学习平台。它支持超过 20 万款扩展程序，用户可通过插件商店定制个性化功能。Chrome 实现跨设备同步，并集成人工智能模型，提供辅助功能。开发者可进行深度调试，保障浏览安全。

Microsoft Edge 浏览器基于 Chromium 架构，整合微软 AI 能力，如内置智能助手，优化办公场景功能。它支持跨设备数据同步，提供三级防护和网络钓鱼防御。

Apple Safari 浏览器专为苹果设备优化，采用 WebKit 引擎与 Nitro 加速技术，提升电池续航。它整合 iCloud 生态，支持跨设备同步和隐私保护，提供开发者工具和普通用户功能，如阅读器模式和 PWA 应用支持，形成无缝体验闭环。

（2）URL

统一资源定位符（uniform resource locator，URL）是某一信息或目标地址的说明。URL 的形式是“协议://计算机域名/路径/文件名”，其中协议是用于文件传输的 Internet 协议，如超文本传输协议（hyper text transfer protocol，HTTP）、文件传送协议（FTP）、超文本传输安全协议（HTTP over secure socket layer，HTTPS）等。

Internet 上的每个页面都有自己的地址，在浏览器的地址栏中输入某已知页面地址，然后按 Enter 键，浏览器窗口就可以显示出该地址所对应的页面。例如，在地址栏中输入 http://www.imnu.edu.cn，也即通常说的网址，然后按 Enter 键即可打开内蒙古师范大学首页，该站点使用的协议是 HTTP。

HTTPS 是由 HTTP 加上 TLS/SSL 协议构建的可进行加密传输、身份认证的网络协议，主要通过数字证书、加密算法、非对称密钥等技术完成互联网数据的传输加密，实现互联网传输安全保护。目前越来越多的网站开始使用 HTTPS。

（3）超链接

所谓的超链接（Hyperlink），是指从一个网页指向一个目标的连接关系。这个目标可以是另一个网页，也可以是相同网页上的不同位置，还可以是一个图片、一个电子邮件地址、一个文件甚至一个应用程序。在网页中作为超链接的对象，可以是一段文本或一个图片。当浏览者单击超链接文字或图片后，超链接目标将显示在浏览器上，并且根据目标的类型来打开或运行。

2. 电子邮件

（1）电子邮件概述

电子邮件是 Internet 的常用服务，具有传送速度快、使用方便、功能多、价格低廉等特点。它支持文本邮件和多媒体邮件的传送。

电子邮件的传送涉及多个协议和邮件服务器，服务器负责分发账号、存储邮件，并允许用户在任何联网计算机上接收邮件。邮局协议（post office protocol，POP）允许用户从远程邮件服务器读取邮件，并存储在本地机器上。简单邮件传输协议（simple mail transfer protocol，SMTP）用于邮件服务器间的消息传递，建立 TCP 连接发送邮件。

邮箱地址通常由用户名和邮件服务器域名组成。例如，hhht2009@imnu.edu.cn，表示用户在内蒙古师范大学的邮箱服务器上拥有个人账号。

电子邮件服务遵循客户-服务器模式，邮件服务器管理邮箱并运行消息传输系统程序，客户机运行邮件阅读程序，完成邮件撰写、阅读等功能。

当前互联网提供多种免费邮箱服务，如网易邮箱、QQ 邮箱。用户通过浏览器访问邮箱主页，在登录界面输入注册的账号和密码即可便捷使用。为保障账户安全和使用便利，建议用户在注册时优先选择手机号码作为账号，并妥善保存用户名和密码信息。

（2）收发电子邮件

下面以网易邮箱为例，介绍查看电子邮件的主要操作步骤。

1）打开网易邮箱首页，输入邮箱名和密码，然后单击“登录”按钮，即可打开邮箱。

2）打开邮箱后，单击左侧列表中的“收件箱”图标，展开收件箱中的邮件列表，如图 3-8 所示。直接单击邮件列表中的某个邮件，即可打开该邮件，查看其详细内容。

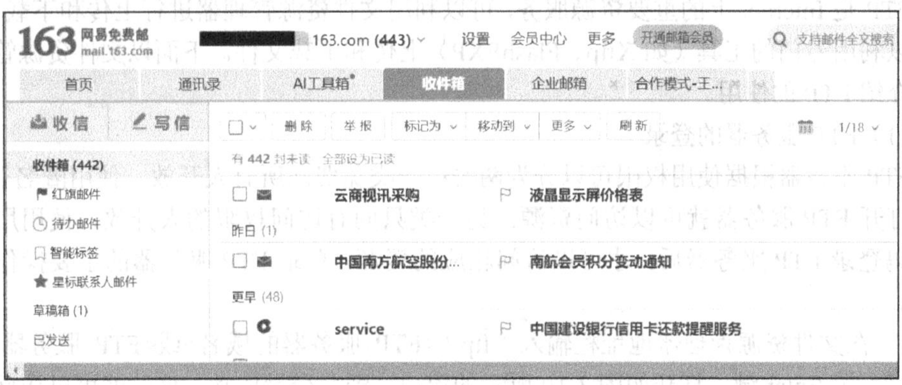

图 3-8　收件箱

发送电子邮件的主要操作步骤如下。

1）登录电子邮箱后，单击“写信”按钮，即可进入“写信”页面，如图 3-9 所示。

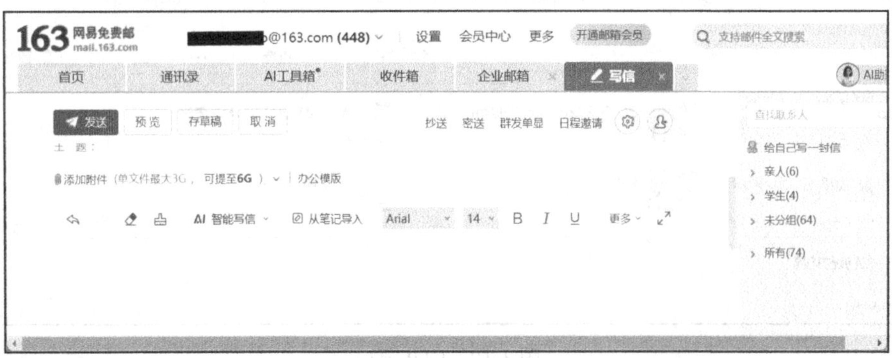

图 3-9　写邮件

2）在“收件人”文本框中输入收件人的邮箱地址，在“主题”文本框中输入邮件的主题，即邮件题目，在“内容”编辑框中输入邮件内容。

3）如需发送附件，单击“添加附件”按钮，在弹出的“打开”对话框中选择需要发送的文件，单击“打开”按钮，回到“写信”页面，“内容”编辑框上方将显示要发送的附件的相关信息。

4）单击“发送”按钮。片刻后，系统将显示“发送成功”提示信息。

免费邮箱的大小一般在 10GB 左右，附件大小一般不超过 1GB，个别免费邮箱允许发送不超过 3GB 的超大附件。当需要移动少量数据，又没有带 U 盘等存储设备时，可用邮箱暂时存放数据，先把数据压缩打包成单个文件，再以附件的形式自己给自己发一封邮件，也就是说收件人和发件人都写成自己的邮箱地址。当需要下载数据时，登录邮箱查看收件箱，打开自己给自己发送的那封邮件，下载附件即可。在公共场所使用计算机，计算机上有可能带有病毒，一般不建议使用移动存储设备复制文件，这样容易感染病毒。建议使用邮箱或者云盘存放文件。

3. FTP 上传和下载

FTP 是 Internet 上的重要资源服务，可以利用文件资源管理器进行上传和下载文件，也可以利用专门的工具（如 Xftp、FlashFXP）上传和下载文件。下面以文件资源管理器为例介绍 FTP 的使用。

（1）FTP 服务器的登录

FTP 服务器根据使用权限可以分为两类：一类免费向所有人开放，使用匿名登录，直接打开 FTP 服务器就可以访问资源；另一类只向有访问权限的人开放，使用用户名和密码登录 FTP 服务器后，才可以访问相应的资源。登录 FTP 服务器的主要操作步骤如下。

1）在文件资源管理器地址栏输入“ftp://<FTP 服务器的域名>或<FTP 服务器的 IP 地址>”，按 Enter 键，打开如图 3-10 所示的窗口，匿名登录成功，这时就可以访问资源了。如果访问第二类服务器，继续步骤 2）。

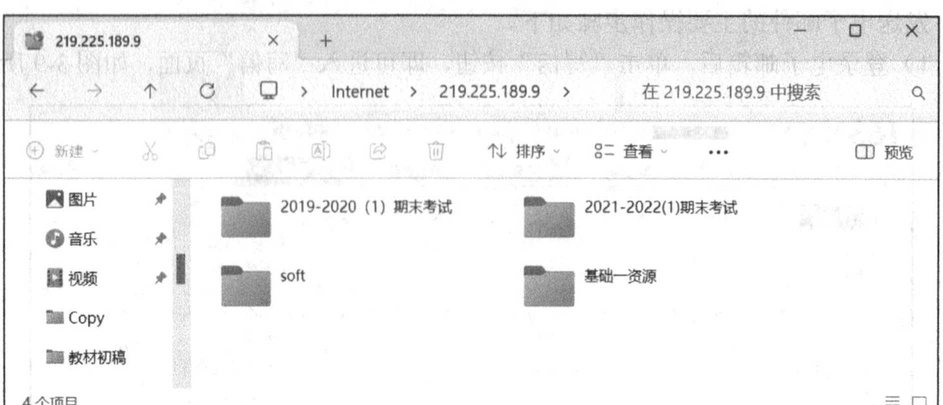

图 3-10　FTP 窗口

2）在打开的窗口空白处右击，在弹出的快捷菜单中选择“显示更多选项”命令，单击“登录”按钮。在弹出的“登录身份”对话框中输入用户名和密码，单击“登录”按钮即可。

（2）FTP 文件的上传

FTP 文件上传的主要操作步骤如下。

1）登录 FTP 服务器，选择本地磁盘的某个文件或文件夹，右击该文件或文件夹图标，在弹出的快捷菜单中选择“复制”命令。

2）在 FTP 服务器窗口空白处右击，在弹出的快捷菜单中选择“粘贴”命令。

注意：只有上传完文件以后才可关闭 FTP 服务器窗口。如果需要上传的文件数量较多，建议先打包压缩后再上传，这样可以缩短上传时间。

（3）FTP 文件的下载

FTP 文件下载的主要操作步骤如下。

1）登录 FTP 服务器，选择服务器上的某个文件或文件夹，右击该文件或文件夹图标，在弹出的快捷菜单中选择“复制到文件夹”命令，弹出“浏览文件夹”对话框。

2）在“浏览文件夹”对话框中选择文件夹后，单击“确定”按钮。

注意：只有下载完文件以后才可关闭 FTP 服务器窗口。切记不要在 FTP 服务器窗口打开和编辑文件，有可能会导致编辑后的数据丢失。

3.3　信 息 检 索

3.3.1　常规信息检索

网络最重要的作用就是资源共享，人们上网的主要目的不仅包括联系、娱乐，更重要的是查找资料。在信息的海洋中找到所需要的资源需要技术和经验。下面将介绍几种常用的资源查找方法。

1. 使用导航站点查找信息

对于初学者来说，使用导航站点（也称网址大全）是个不错的选择。可以先打开类似 360 导航、hao123 网址之家等导航站点，再根据自己的需要单击相应的站点超链接，转到相应的网站。现代导航站点已升级为智能门户，如夸克支持 AI 搜索、微软 New Bing 能根据用户习惯推荐高频站点、AI 工具导航（https://www.aig123.com/）汇集了全网 2000 多种热门 AI 工具网址。

2. 使用收藏夹（书签）和历史记录访问站点

用户可以将经常访问的网站收藏到收藏夹，再次访问时无须输入地址就可以快速打开该网站，如 Google Chrome 浏览器使用书签实现收藏夹的功能。也可以通过历史记录查找其他用户登录的网站转到相应的网站。

目前浏览器通过云同步技术（如 Edge 跨设备同步、Chrome 账户同步）实现了书签的同步管理。书签管理工具 Raindrop 可帮助用户高效地管理和组织他们的书签、笔记和文件，能自动识别收藏内容类型并分类归档，以便日后查阅和整理。

3. 使用搜索引擎查找信息

搜索引擎是指根据一定的策略、运用特定的计算机程序搜集互联网上的信息，在对信息进行组织和处理后，为用户提供检索服务的系统。人们也把专门提供信息检索功能的服务器称为搜索引擎。搜索引擎大都有庞大的数据库，通过访问它们可以利用菜单或关键字查找信息，如大家最熟悉的百度搜索引擎（https://www.baidu.com）。

接下来介绍在百度搜索引擎上查找信息的方法，其他搜索引擎的使用方法大致相同。

（1）关键字检索

打开浏览器窗口，在地址栏中输入“https://www.baidu.com”，进入百度首页。

如果想查找有关计算机基础介绍的相关站点，可以在搜索引擎中输入关键字“计算机基础”，单击“百度一下”按钮，就会出现检索到的结果，如图 3-11 所示，可发现找到大量相关网页。检索到的结果太多，其中包含大量的无关信息。为了避免这种问题的出现，应使用更为具体的关键字，如“大学计算机基础介绍”。在这里，所提供的关键字越具体，搜索引擎返回无关 Web 站点的可能性也就越低。

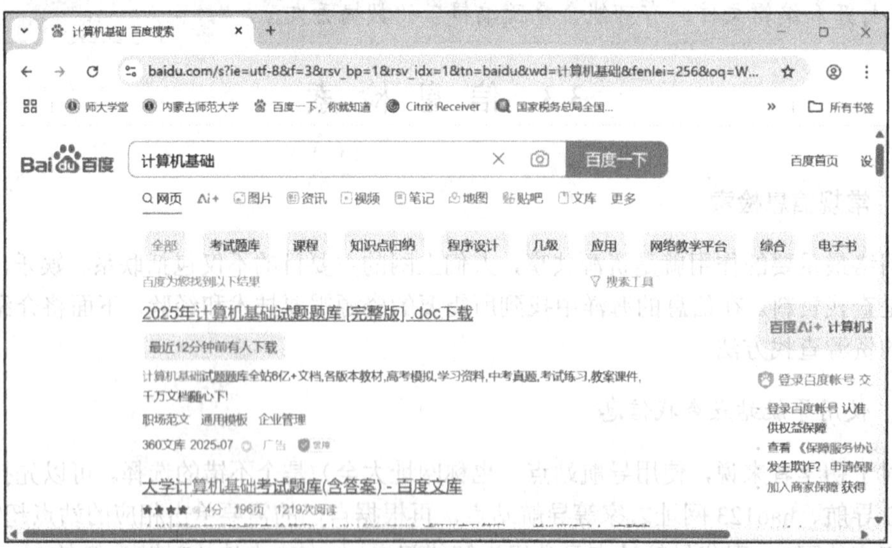

图 3-11　搜索结果

（2）多关键字检索

用户可以使用多个关键字来缩小搜索范围。例如，如果想要搜索有关计算机等级考试的培训信息，则输入两个关键字：“计算机等级考试”和“培训”。如果只输入其中一个关键字，搜索引擎就会返回诸如计算机等级考试报名或网页制作培训等类似的无关信息。一般而言，用户提供的关键字越多，搜索引擎返回的结果越精确。

（3）按类别搜索

用户可以根据要检索的资源类型进行查找，如要找的是图片，可以单击“图片”类别，再使用搜索引擎，这样搜索到的都是符合关键字的图片。显然，在一个特定类别下进行搜索所耗费的时间较少，而且能够排除大量无关的 Web 站点，更快地找到所需要的资源。

搜索引擎返回的 Web 站点顺序可能会影响用户的访问，因此为了增加 Web 站点的点击率，一些 Web 站点会付费给搜索引擎，以在相关 Web 站点列表中显示在靠前的位置。优秀的搜索引擎会鉴别 Web 站点的内容，并据此安排它们的顺序。

此外，因为搜索引擎经常对常用的关键字进行搜索，所以许多 Web 站点在自己的网页中隐藏了同一关键字的多个副本。这使搜索引擎不再去查找 Internet，就可以返回与关键字有关的更多信息。正如读报纸、听收音机或看电视新闻一样，建议留意所获得的信息的来源。搜索引擎能够帮用户找到信息，但无法验证信息的可靠性。因为任何人都可以在网上发布信息，所以要对检索到的信息进行判断，去伪存真。

4. 科研等学术资料使用资源数据库检索

写论文和做科研都需要查阅大量文献，用以上方法查到的资源比较零散且不完整，因此需要经过整理。用户可以通过在专门的资源数据库中进行检索，快速地找到期刊论文原文及相关参考文献。国内经常用到的数据库是中国知网，其他一些数据库还包括中国优秀硕士学位论文全文数据库、中国博士学位论文全文数据库、SpringerLink 全文电子期刊数据库、CALIS 西文期刊目次数据库、超星数字图书馆、中国报纸资源全文数据库等，一般高校电子图书馆都会提供相应的检索服务。下面以中国知网为例，介绍资源数据库的检索方法。中国知网（https://www.cnki.net/）首页，如图 3-12 所示。

图 3-12　中国知网首页

中国知网提供文献检索和 CNKI AI 等服务。文献检索可以根据检索内容选择合适的资源类型，如学术期刊、学位论文、会议等。也可以选择高级检索和出版物检索等检索方式。CNKI AI 是中国知网推出的人工智能学术研究助手平台，其核心目标是通过 AI 技术整合中国知网的海量学术资源，为用户提供精准、高效的知识服务。该平台基于大模型技术（如华知大模型），融合了问答式检索、文献研读辅助、学术创作支持等功能，形成覆盖科研全流程的服务体系。

下面介绍常用的文献检索服务，检索项可以根据检索的关键词类型选择主题、作者、篇名、关键字、摘要等，在“检索词”文本框中输入相应的关键字，单击“检索”按钮即可检索文献。例如，检索篇名含有“计算机”的文献，结果如图 3-13 所示。

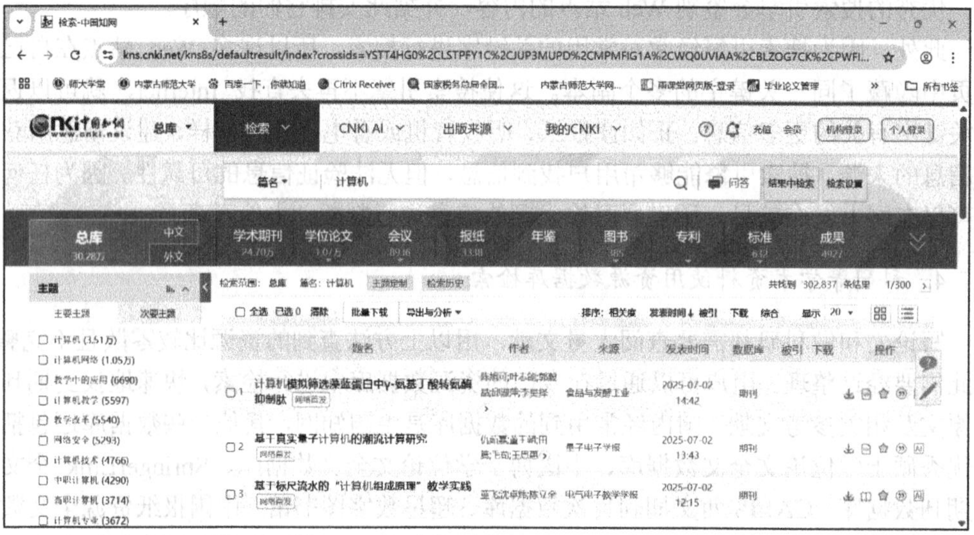

图 3-13　检索结果

如果结果过多，可以通过设置期刊时间、期刊范围、增加关键词等进一步缩小检索范围。单击篇名即可打开相应的文献。可以单击“CAJ 下载”或“PDF 下载”超链接，将论文的全文下载到本地，但是需要安装相应的阅读器才可以阅读下载的文件。

3.3.2　信息检索的方法

随着智能时代的到来，除了使用计算机进行常规检索外，使用手机进行信息检索成了常态。下面介绍智能时代进行信息检索的几种方法。

1. 智能交互式检索

传统搜索就像在图书馆翻找目录卡，而智能交互式检索就像有一个随时在线的“知识管家”。例如，小明想给爷爷买一副护膝，但不知道哪种好。他可以直接对着智能音箱说：“70 岁老人爬山用哪种护膝合适？要透气防滑的！”智能音箱不仅会推荐商品，还会补充：“老年人建议选择髌骨开孔设计，××品牌本月有孝心折扣，需要我对比三家价格吗？”

再如，李女士在公园看到一朵花，用手机拍下花瓣，识图软件不仅能识别出这是“重瓣山茶花”，还会弹出养护技巧：“此品种喜酸性土壤，江南地区需注意雨季排水”。

2. 聚合搜索

聚合搜索初步定义为个性化“元搜索”，同时将信息聚合在一起实现网络工具化、个性化的发展需求；提升网络使用效率，让用户更快地从繁复的搜索系统里解放出来，让上网搜索更轻松有效。想象你有个万能遥控器，能同时打开电视、空调和音箱。聚合搜索就是这样的“信息遥控器”。

大学生小王写论文时，用 Notion AI 一次搜索就能同时查找：计算机里的课程 PPT（关键词：数字经济）、网页收藏夹里的行业报告、微信收藏的专家访谈录音。系统自动归类显示：“找到 23 份本地文件、18 篇网络文章、3 段音频，需要生成文献综述大纲吗？”

张阿姨用微信的“搜一搜”功能搜索“糖醋排骨”，结果包含：公众号的图文菜谱、小程序中的视频教程、排骨商品促销信息，真正实现了“搜一个词，衣食住行全搞定”。

3. 场景化垂直检索

在专业领域搜索场景中，行业专属工具正以精准的垂直服务重塑信息获取方式。当程序员遇到代码报错时，在 Phind 输入错误提示：“TypeError: Cannot read property 'length' of null”，平台不仅解析错误本质，更提供可选链操作符优化、空值校验逻辑改造等可执行方案，同步关联 GitHub 海量相似案例的代码比对工具。这种深度融合行业知识图谱与场景化解决方案的智能检索，正在各垂直领域创造“问题即答案”的高效闭环，比普通搜索更精准高效。

4. 预见性智能推荐

数据驱动的预见性智能推荐系统正在重新定义消费与学习场景。智能推荐就像会“读心术”的导购，当新婚用户在某电商平台搜索“北欧风沙发”时，该电商平台不仅推荐配套茶几（购买此沙发的用户 83%也买了这款），更基于位置服务（location based services，LBS）定位触发电梯尺寸预警，提醒用户所在小区电梯空间较小，确认沙发是否可拆卸，同时关联同风格家居案例库，形成三维空间搭配方案。

考研学生在某视频平台学习微积分章节时，弹出前两章的重点公式速记卡，推荐相关习题集（标注本校考研真题占比）显示学习社区中“洛必达法则适用条件”的争议研讨热区，真正实现“学到哪里，服务跟到哪里”。这种深度融合行为轨迹分析、物理环境感知与群体智慧挖掘的智能服务，通过预判需求节点、化解潜在障碍、激活关联价值的三重机制，构建出深度适配用户生命周期的陪伴式决策网络。

5. 多模态语义检索

多模态语义检索技术通过融合文本、图像、音频等多维信息通道，构建跨模态语义理解网络。典型应用场景中，设计工作者可通过上传赛博朋克风格手绘草图（包含霓虹灯与金属吧台元素），叠加语音指令“融入绿植元素且每平方米预算控制在 5000 元”的约束条件，系统基于跨媒体特征对齐算法，同步输出实体店面的实景效果图及成本明细、属地化施工资源库，并延伸与推荐风格契合的合成器浪潮音乐合集，形成空间设计的全要素解决方案。

在教育研究领域，如学生查看外文资料，对着文献拍照说："把这段英语翻译成汉语，再找5篇相关论文"，系统自动完成OCR识别、翻译、文献扩展搜索三步操作，实现"拍摄—解析—扩展"的智能研究链路，显著提升跨语言学术信息获取效率。这种检索方式打破文字、图片、声音的界限。

6. 社会化群体检索

社会化群体检索通过聚合用户生成内容与实时地理数据，构建动态决策支持网络。这种检索方式相当于"群众的智慧"。例如，李女士想带女儿去迪士尼乐园游玩，在某App上搜"迪士尼攻略"，结果看到一篇31.4万赞、1000多条真实评价。李女士继续在某直播间询问："周三人多吗？"立即有当天游客回复："刚出来，人流量中等，雷鸣山漂流排队40分钟。"同时，高德地图显示："明日有雨，室内项目排队预测图。"这种融合历史经验沉淀、即时场景反馈与智能预测的复合检索模式，使决策者既能继承群体经验资产，又能穿透时空屏障获取当下环境参数，形成多维立体的决策坐标系。

在智能时代，用户可以采用组合拳搜索法提升检索效率。例如，查询旅游攻略时，先用ChatGPT生成关键词（如"亲子游注意事项"），再用微信"搜一搜"功能查找本地化内容，最后在某App上观看实拍视频。此外，通过反向训练算法也能提升推荐内容质量（每次看到劣质广告就点击"不感兴趣"按钮，连续一周后，推荐内容质量提升明显）。语音搜索功能也极为便捷，比打字搜索快得多。

这些智能检索方法就像给你的手机装上了"信息雷达"，只要掌握窍门，无论是找资料、买东西还是学知识，都能事半功倍。就像用导航软件取代纸质地图，善用这些工具的人，早已在智能时代快人一步。

3.3.3 信息分类存储

在智能时代，信息形式日益多样化，涵盖网页文档、文本资料、图像素材、音频记录、视频文件及各类电子文档等多种载体。对这些信息资源进行分类存储已成为基本需求，为此我们整理出不同场景下的高效管理策略。下面将讲解 6 种信息存储方案及其适用场景。

1. 利用收藏夹（书签）保存网页

通过浏览器内置的收藏夹（书签）功能，可快速保存高频访问或需要长期留存的网页链接。此方法适用于需要跨设备同步的场景（如Chrome账号同步），支持添加分类文件夹与关键词标签，方便后续随时检索。此方法的优势在于操作便捷、占用空间小，但需要注意网页更新或失效风险，后续可能打不开网页。下面以Edge浏览器为例介绍收藏夹的使用。

1）添加收藏夹。在Edge浏览器中打开想要收藏的网页，在浏览器地址栏的右侧通常有“添加到收藏夹”按钮☆；单击该按钮后，在弹出的对话框中编辑收藏夹的名称，以及选择将其添加到哪个文件夹下（如果有多个文件夹的话）；编辑完成后，单击“完成”按钮，该网页就会被添加到收藏夹中。

2）查看和管理收藏夹。在浏览器地址栏的右后方有收藏夹按钮☆，单击它就可以打开收藏夹栏。或者单击浏览器右上角的“设置及更多”按钮…，然后选择“收藏夹”选项，也可以打开收藏夹栏。

收藏夹栏中有用户添加的所有网页。单击任意一个网页链接，就可以快速打开该网页。

在收藏夹栏中，还可以进行删除、移动、重新排序等操作，只需右击想要管理的收藏夹项，然后选择相应的命令，即可实现对收藏的网页进行分门别类的整理。

3）导出/导入收藏夹。按照上述的方法打开收藏夹栏，单击右上角的“设置及更多”按钮，再单击“导出收藏夹”或“导入收藏夹”按钮即可。导出/导入收藏夹方便用户备份收藏夹或者移动收藏夹。

2. 将网页保存为本地文件

对于需要离线访问或防止内容变更的网页，可将其保存为HTML、PDF或MHTML格式文件。Chrome的“网页另存为”功能可一键打包网页图文资源，生成独立文件；通过打印功能可将网页另存为PDF格式（目标打印机选择“另存为PDF”），适合对文档类内容的排版固化。此方法适合学术研究、法律存档等需要长期保留原始信息的场景。

下面介绍Edge浏览器保存网页的方法。单击浏览器右上角的“设置及更多”按钮，选择“更多工具”→“将页面另存为”命令，在弹出的“保存网页”对话框中选择文件存放的位置和名称后，单击“保存”按钮。网页保存类型有以下3种，如图3-14所示。

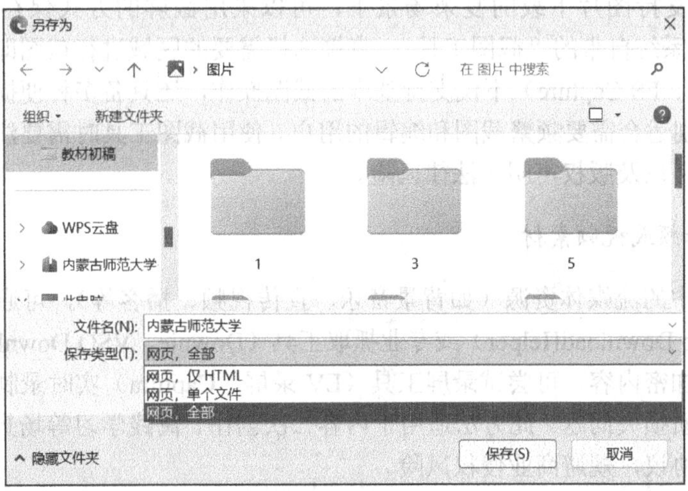

图3-14 网页保存类型

1）网页，全部：在指定位置创建一个网页文件和一个名为“网页文件名_files”的文件夹，文件夹内有该网页用到的全部的图片、动画等资源。选择这种类型，打开保存后的网页，和原来的页面一模一样。

2）网页，单个文件：创建单个网页文件，扩展名.mhtml。选择这种类型，打开保存后的网页，与原来的页面基本一致，个别内容不显示。

3）网页，仅 HTML：创建单个网页文件，扩展名.html。选择这种类型，打开保存后的网页，仅能显示部分文字部分，图片等资源的位置为空。

Chrome 浏览器也支持保存网页功能，单击浏览器地址栏右侧的图标 ⋮，选择“投放、保存和分享”→“网页另存为”选项，在弹出的“另存为”对话框中选择文件存放的位置和名称，单击“保存”按钮。Chrome 浏览器和 Edge 浏览器使用相同的内核，主要功能基本一致，其保存类型也为 3 种，与 Edge 浏览器相同。

3. 保存部分文本

面对网页中的核心文本片段，可通过复制粘贴至文档工具（如 WPS 文字）或使用一些插件（如印象笔记·剪藏，可快速保存、标注和分享网页内容，包括网页正文、图片、截屏和整个网页）实现精准保存。此方法在信息碎片化场景下效率极高，但需要注意版权合规性及文本上下文的完整性校验。

复制粘贴至文档工具：拖动鼠标选择要复制的文本，右击，在弹出的快捷菜单中选择“复制”命令，将内容保存到 Windows 的剪贴板中，然后打开记事本或 WPS 文字，选择“粘贴”命令即可将选中的文体复制到本地计算机。

4. 保存内嵌图片和背景

针对网页中的独立图片或装饰性背景，可右击，在弹出的快捷菜单中选择“图片另存为”命令直接下载，或使用开发者工具（F12）定位资源 URL 批量获取。

在网页不支持图片下载的复杂场景下，可以采用截屏的方式保存图片。可使用 Windows 操作系统自带的“截图工具”，直接选择需要的区域进行截图即可。专业截图工具（Snipaste、FS Capture）不仅支持基本的截图操作，还具备多种便捷的图像编辑和标注功能，特别适合需要频繁截图和编辑的用户。使用截图工具时需要注意动态加载图片的抓取限制，以及版权声明等法律风险。

5. 保存音频或视频素材

针对网页中的流媒体资源（如背景音乐、宣传视频、播客等），可通过浏览器扩展程序（如 Video DownloadHelper）或专业抓取工具（Downie、VSO Downloader）直接解析下载。对于加密内容，可尝试录屏工具（EV 录屏、Captura）实时录制，但需要注意音画同步与画质损失问题。此方法适用于内容二次创作、离线学习等场景，但需要严格遵守平台版权协议，规避商业侵权风险。

6. 电子文档的下载保存

当网页提供明确的下载入口（如 PDF 手册、安装包、数据集等），可通过右击，在弹出的快捷菜单中选择“链接另存为”命令直接获取文件。浏览器默认将文件下载到

Windows 系统中的下载（C:\Users\用户名\Downloads）文件夹下，可在此文件夹中查找下载的文件。如经常下载文件，建议定期整理该文件夹，将不再使用的文件及时删除，节省硬盘空间。

若遇动态加密链接（如网盘跳转页），需要配合脚本工具（Chrono 下载管理器）或解析网站破解真实地址。批量下载时，推荐使用爬虫框架（Python+Requests）自动化抓取，配合文件管理软件（Eagle、Calibre）按类型归类。此方法尤其适合科研资料归档、软件版本管理，建议采用“文件名_版本_日期”标准化命名，并同步至网络附接存储或加密云盘防止数据丢失。

3.4 信息安全与网络空间防护

互联网应用丰富，人们在家就能完成多种网络操作。然而，网络便利也带来问题，如资金安全和个人隐私泄露。因此，保护个人信息安全至关重要。互联网的普及改变了信息处理方式，其“无界、无序、匿名”特征导致网络信息不安全。网络开放性突破了国家和意识形态限制，但缺乏统一管理与法律。网络身份虚拟且匿名，促使“有界、有序、真实”成为人们共同追求。

3.4.1 信息安全基础

1. 信息安全概念

国际标准化组织指出，信息安全是指保护信息及信息系统免受未经授权的进入、使用、披露、破坏、修改、检视、记录及销毁。从技术视角看，信息安全侧重于运用加密、认证等技术手段保障信息的安全；从管理视角出发，更强调通过制定规章制度、流程规范来确保信息安全活动的合规性与有效性。不同视角虽侧重点有所不同，但核心都是保障信息在存储、传输、处理和使用过程中的安全性，防止信息遭受各种威胁和侵害，确保信息能够合法、可靠地被使用。

在信息安全等级保护工作中，根据信息系统的机密性（confidentiality）、完整性（integrity）、可用性（availability）来划分信息系统的安全等级，简称 CIA。

1）机密性：信息仅被授权的个人、实体或进程访问和披露。例如，银行客户的账户信息属于高度机密信息，只有客户本人和经过授权的银行工作人员才能查看。一旦这些信息被泄露，可能会导致客户资金被盗取，造成严重的财产损失。

2）完整性：确保信息在存储或传输过程中不被未经授权地更改或破坏。以企业的财务报表为例，其数据的完整性至关重要。如果财务报表数据被篡改，可能会误导投资者做出错误的决策，影响企业的信誉和市场价值。

3）可用性：保证授权用户在需要时能够及时、可靠地访问信息和使用相关资源。例如，在线购物平台在促销活动期间，有大量用户同时访问，如果系统因故障或攻击无法正常响应，导致用户无法下单，就会影响用户体验，甚至造成企业的经济损失。

除了以上 3 个性质外，信息安全还需要考虑真实性和可控性。

真实性是指信息来源的可靠性和信息内容的准确性。在网络社交中，虚假信息的传播可能会引发社会恐慌和信任危机。只有确保信息的真实性，才能建立健康、可靠的信息环境。可控性是指对信息的访问、使用和传播进行有效的控制和管理。企业可以通过设置不同的用户权限，控制员工对敏感信息的访问范围，防止信息的滥用和泄露。

2. 信息安全的层次划分

信息安全可分为狭义安全与广义安全。狭义的信息安全建立在以密码论为基础的计算机安全领域，主要关注计算机系统内部信息的保护，侧重于运用密码技术对数据进行加密和解密，以防止信息在存储和传输过程中被窃取或篡改。狭义信息安全的特点是技术专业性强，关注重点在于计算机系统的安全漏洞和防护措施。广义的信息安全则涵盖了更广泛的范围，不仅包括计算机系统安全，还涉及网络安全、数据安全、人员安全等多个方面。它综合考虑了技术、管理、法律等多种因素，旨在保障整个信息生态系统的安全。广义信息安全的特点是综合性和系统性，关注重点在于信息在整个生命周期中的安全保障。

3. 常见信息安全威胁的类型

安全威胁是指对安全的一种潜在的侵害，威胁的实施称为攻击。下面介绍信息安全面临的常见威胁类型。

（1）技术类威胁

技术类威胁主要包括恶意软件攻击、网络入侵与破坏、数据窃取与篡改。

恶意软件主要有勒索软件、木马程序、蠕虫病毒。勒索软件通过加密用户数据勒索赎金，交赎金后才能解密数据，否则无法访问用户数据；木马程序伪装合法软件窃取信息，如 Emotet 木马通过 Word 文档传播银行账户信息；蠕虫病毒一般利用系统漏洞进行自动传播，如 2017 年 NotPetya 攻击乌克兰政府系统后扩散至全球。

网络入侵与破坏常用手段有 DDoS 攻击、零日漏洞攻击、中间人攻击。DDoS 攻击通过僵尸网络发起海量请求瘫痪服务，如在“双十一”购物节前夕，某电商网站遭遇大规模 DDoS 攻击，导致网站访问速度极慢甚至无法访问，大量用户无法正常下单和支付，给商家和消费者带来了巨大损失；零日漏洞是指软件或系统中未被公开、未被修复的安全缺陷，通常在发现后立即被恶意利用，具有突发性和高破坏性；中间人攻击是一种“间接”的入侵攻击，攻击者通过插入通信双方之间，伪装成合法的通信对象，从而拦截、窃取和篡改通信数据，如在公共 Wi-Fi 环境下截取用户登录凭证。

数据窃取与篡改的典型攻击形式包括数据库拖库与 DNS 劫持。通过 SQL 注入攻击，黑客可利用 Web 应用程序漏洞直接访问并窃取数据库中的敏感信息，如 2021 年 Facebook 因应用程序编程接口（application programming interface，API）缺陷导致 5.33 亿用户的电话号码、个人信息遭泄露，攻击者以 5 万美元批量兜售数据包；DNS 劫持则通过篡改域名解析过程，将用户访问的合法网站重定向至钓鱼页面，如银行客户在未察觉的情况下被导向仿冒网银系统，攻击者利用伪造的 SSL（secure socket layer，安全套接字层）证书窃取账户凭证，最终造成客户资金损失。

（2）人为因素威胁

人为因素威胁主要包括社会工程学攻击、内部人员威胁和供应链攻击。

社会工程学攻击一般常见的是钓鱼攻击和商业邮件诈骗。钓鱼攻击主要通过伪造信任来源诱导用户单击，如仿冒企业 HR 邮件要求员工更新工资账户；商业邮件诈骗则伪装高管要求财务转账，如 2016 年某公司被诈骗 4600 万美元。随着 AI 技术的发展，近年来发生的语音钓鱼诈骗的案例增长较快，大家需要时刻保持警惕。

内部人员威胁主要包括员工疏忽和恶意内部人员。员工疏忽通常采用弱密码（如 123456）或者误点恶意链接导致信息安全问题，如某医院员工使用 U 盘传播 Conficker 病毒导致全院系统瘫痪；恶意内部人员是指内部员工由于某种原因进行恶意破坏，如系统管理员窃取客户数据进行非法出售或者离职员工删除数据库导致信息丢失等。

供应链攻击是一种针对软件开发人员、供应商或服务提供商的网络威胁，攻击者通过篡改合法产品的源代码、构建流程或更新机制，植入恶意代码，利用用户对供应链的信任实施攻击。常见手段有感染软件更新包，通过官方渠道分发恶意程序；入侵第三方供应商系统，横向渗透至目标企业网络；篡改硬件设计或固件，植入隐蔽后门。例如，2021 年 Log4j2 漏洞影响全球 60%互联网服务。

（3）新兴领域威胁

新兴技术领域的安全威胁呈现多元化特征。

在物联网层面，缺乏安全防护的智能设备成为攻击入口。例如，2016 年 Mirai 僵尸网络通过感染 10 万台弱密码智能摄像头与路由器，发起 1.2Tb/s 的 DDoS 攻击，瘫痪美国 DNS 服务商 Dyn，导致 Twitter、Netflix 等主流网站中断服务 11 小时。

人工智能技术也会催生新型攻击模式，对抗性攻击通过微调图像像素即可欺骗自动驾驶系统。2018 年麻省理工学院的实验证明，在停车标志上粘贴特定贴纸可使 AI 模型以 95%置信度误判为限速标志。深度伪造技术伪造领导人讲话视频引发社会秩序动荡，如 2023 年多国政要虚假视频传播事件。

云服务与边缘计算的普及也带来新隐患。2022 年某跨国企业因 AWS S3 存储桶权限配置错误，导致 1.2 亿用户个人信息暴露于公用网长达 37 天；虚拟化逃逸攻击则突破云计算核心防线，Xen 虚拟机 CVE-2022-26354 漏洞使攻击者可穿透隔离环境控制物理主机，威胁全球超 30%的公有云基础设施安全。这些案例揭示技术革新与安全防护的博弈永续存在。

（4）物理与环境威胁

物理环境与硬件层面的安全威胁往往被忽视却危害深远：在硬件攻击领域，USB Rubber Ducky 等恶意设备通过伪装成普通 U 盘，植入预编程的 HID 脚本，可在接入瞬间模拟键盘输入执行系统命令。2023 年，黑市上售价仅 50 美元的改良版设备，已可突破 80%企业的物理隔离系统。更具隐蔽性的侧信道攻击则通过监测芯片功耗波动（如差分功耗分析 DPA）或电磁辐射波形，成功从加密设备中提取密钥。2018 年，研究者利用价值 200 美元的示波器，在 3 米外通过电磁侧信道攻破某型号智能卡的 AES-256 加密。自然灾害对信息基础设施的摧毁更具不可抗力，2021 年德国北莱茵-威斯特法伦州云计算中心因百年一遇的洪水侵袭，导致地下三层机房价值 2.3 亿美元的存储阵列损毁，微软、SAP 等企业关键业务中断 72 小时以上，直接经济损失超 8 亿美元，暴露出灾备设计中地理风险评估的致命缺陷。这些威胁从微观电路到宏观环境层层渗透，凸显信息安全防护需要贯穿“比特流至混凝土”的全维度。

3.4.2 网络空间防护体系

网络空间是与陆、海、空、太空并列的第五空间，它没有明确的、固定的边界，也没有集中的控制权威。

1. 网络空间的概念与特点

网络空间是指由计算机技术、通信技术和网络技术所构建的，基于数字信息的生成、传输、存储和处理而形成的信息共享的动态虚拟空间。它包括通过各种智能终端、网络、互联网和受控系统，以及其中的硬件、软件和数据或信息。通俗来讲，网络空间就像是一个巨大的、无形的数字王国，人们可以在其中自由地交流、获取信息、开展业务等。它如同现实世界的映射和延伸，将全球各地的人们紧密地连接在一起，打破了时间和空间的限制。

网络空间的诞生可以追溯到 20 世纪 60 年代末。1969 年，美国国防部高级研究计划局（Advanced Research Projects Agency，ARPA）建立了阿帕网（ARPANET），这一事件被视为网络空间起源的标志性事件。阿帕网最初是为了实现军事通信和资源共享而设计的，它将几所大学和研究机构的计算机连接起来，开启了计算机网络通信的新纪元。

20 世纪 80 年代，TCP/IP 协议的标准化是一个关键节点。该协议使得不同类型的计算机网络能够相互连接和通信，为互联网的大规模发展奠定了基础。随后，万维网在 1991 年诞生，它以超文本标记语言（hyper text markup language，HTML）和超文本传输协议（hypertext transfer protocol，HTTP）为基础，让用户可以通过浏览器方便地访问和共享信息，极大地推动了网络空间的普及和应用。

进入 21 世纪，随着宽带技术、移动互联网、云计算、大数据等技术的不断涌现和发展，网络空间得到了进一步的拓展和深化。如今，网络空间已经渗透到社会生活的各个领域，成为人们生活和工作中不可或缺的一部分。

网络空间具有以下主要特点。

1）没有固定的边界：网络空间没有明确的边界，用户可以在任何地方接入网络，进行通信和信息共享。

2）没有集中的控制权威：网络空间中没有单一的中央控制机构，每个用户和设备都是平等的节点，共同维护网络的整体运行。

3）动态变化：网络空间中的信息和通信是不断变化的，新的技术和应用不断涌现，使网络空间始终处于动态变化之中。

4）全球性：网络空间是全球性的，用户可以跨越地理界限进行交流和合作，形成全球性的信息交流平台。

2. 网络空间面临的新威胁

随着技术的不断进步，网络威胁也在不断演化。除了前面提到的新兴领域威胁之外，勒索软件和量子计算也带来了新的挑战。

勒索软件攻击已成为全球网络安全的重大威胁之一。SK Shieldus 发布报告指出，全球第一季度勒索软件攻击事件总数达 2575 起，较去年同期增长 122%，环比增长 35%。这些攻击不仅针对大企业，也开始渗透到医疗、教育、政府等高风险领域。勒索软件攻击的形式也变得越来越复杂，犯罪分子越来越倾向于采用双重勒索策略：一方面加密数据，另一方面威胁公开机密信息，迫使受害者支付赎金。随着勒索软件攻击的规模和频率不断增加，需要更有力的防御措施来应对这一威胁。

量子计算的快速发展，给传统的加密技术带来了前所未有的威胁。量子计算机的强大计算能力，能够快速破解目前广泛使用的加密算法，从而使传统的加密方法[如 RSA 算法和椭圆加密算法（elliptic curve cryptography，ECC）]失去效力。尽管商业化的量子计算机尚未全面投入使用，但随着量子计算研究的深入，网络安全专家已开始着手研发量子安全加密技术，以应对未来可能出现的挑战。

3. 网络空间防护核心策略

网络空间防护体系通过多维度策略与技术手段构建动态防御生态，其核心在于融合主动防御理念与智能化工具。

（1）主动防御体系

主动防御就是在入侵行为对信息系统发生影响之前，能够及时精准预警，实时构建弹性防御体系，避免、转移、降低信息系统面临的风险。随着大数据分析技术、云计算技术、软件定义网络（software-defined networking，SDN）技术、安全情报收集的发展，信息系统安全检测技术对安全态势的分析越来越准确，对安全事件预警越来越及时精准，安全防御逐渐由被动防御向主动防御转变。

常见的主动防御系统如下。

1）威胁情报驱动：通过整合全球威胁情报平台（如 MITRE ATT&CK、MISP）构建动态防御知识库，能够实时解析攻击者的战术、技术与程序。例如，某金融机构通过 ATT&CK 映射表发现攻击者利用 PowerShell 进行横向移动的规律后，有针对性地部署了脚本执行监控策略，成功拦截了 90%的无文件攻击。

2）零信任架构：基于“永不信任，持续验证”原则，强制实施最小权限访问（如谷歌 BeyondCorp 模型）。

3）欺骗防御：部署高交互蜜罐和诱饵文件，诱捕攻击者并记录其行为特征。例如，某能源公司通过伪造的工业控制系统协议诱捕攻击者，溯源发现其来自某国家级高级持续性威胁（advanced persistent threat，APT）组织，并提前修补了相关漏洞。

（2）分层防护机制

分层防护机制通过逐级设防形成纵深防御体系，覆盖网络、终端和数据三大核心维度。

防止来自网络外界的入侵就要在网络边界上建立可靠的安全防御措施。下一代防火墙（next generation firewall，NGFW）是一款可以全面应对应用层威胁的高性能防火墙。通过深入洞察网络流量中的用户、应用和内容，并借助全新的高性能单路径异构并行处理引擎。NGFW 能够为用户提供有效的应用层一体化安全防护，帮助用户安全地开展业务并简化用户的网络安全架构。

终端设备是数据的海洋，也是黑客的“肥肉”。采用强化身份验证机制、实施设备控制策略、应用程序管理和监控、数据加密和备份、安全教育与培训等终端安全管理措施，结合一个能够实时监测所有终端活动并及时响应任何可疑行为的系统平台共同构筑企业安全防线。

数据全生命周期保护是指在数据的整个生命周期内，从采集、存储、使用、共享到销毁的各个阶段，采取相应的安全措施来保障数据的安全性、完整性和可用性。数据全生命周期保护要求从存储到销毁全程管控，如采用 AES-256 加密云存储数据、强制使用 TLS 1.3 传输敏感信息，并在数据销毁时采用物理粉碎（如消磁设备）和多次覆写组合方案。

（3）协同联动防御

协同联动防御通过技术整合与跨域协作提升整体响应效率。

安全编排、自动化和响应（security orchestration，automation and response，SOAR）技术能够帮助企业和组织将繁杂的安全运营（尤其是安全响应）过程梳理为任务和剧本，将分散的安全工具与功能转化为可编程的应用和动作，然后借助编排和自动化技术，将团队、工具和流程高度协同起来。

跨域联防联控则通过行业级信息共享与分析中心（information sharing and analysis center，ISAC）实现威胁情报共享，金融行业的 FS-ISAC 曾在 2023 年勒索软件攻击中实时交换攻击者比特币钱包地址和 C2 服务器 IP，协助成员机构阻断资金流转并溯源攻击者物理位置。此外，云安全联盟（Cloud Security Alliance，CSA）推动标准化 API，实现多云环境下的统一策略管理。这种“技术+机制”的双重联动模式，正在重塑网络空间的整体防御格局。

4. 未来防护技术趋势

（1）AI 与人类协同防御

随着人工智能技术的成熟，智能化的安全防护技术将成为未来的发展趋势。利用机器学习和深度学习等技术，系统可以自动分析和辨识可能的安全威胁，提高检测和响应的准确性和效率。例如，微软 Security Copilot 通过自然语言处理技术，将海量数据信号汇总成关键见解，以消除干扰，在标识、设备、数据、云和应用中利用 AI 驱动的指导和分析。安全团队可以轻松获取关键指导和背景信息，只需几分钟就能应对事件和警报。通过分步指导助力员工并自动执行烦琐的任务，以便安全团队可以专注于战略优先事项。未来防御体系将形成“AI 预筛-专家决策-自动化处置”的三级响应机制，在保证准确性的同时释放人力应对高阶威胁。

（2）量子安全网络架构

量子计算的突破性进展迫使加密体系加速革新。量子密钥分发（quantum key

distribution，QKD）利用量子力学特性来保证通信安全性。它使通信的双方能够产生并分享一个随机的、安全的密钥，加密和解密消息。例如，2025 年中国电信安徽公司成功测试开通全国首条量子加密 SRv6 金融专线，为某金融单位及其分支机构提供安全通信服务，通过量子密钥分发网络与 IP 通信网络融合架构打造“安全堡垒”。

目前，中国电信逐步构建天地一体、纵横相连、跨域互通的量子密钥分发网络，首创全球量子通信新型基础设施架构，已在全国 16 个重点城市建设量子城域网，并接入国家量子骨干网，构建全球领先的量子安全能力底座。中国电信量子安全解决方案积极赋能金融、医疗、政府、企业等多个行业，构建全方位的安全防护网，助力行业客户筑牢安全基石。

（3）生物识别深度融合

20 世纪末，指纹识别技术的横空出世开启了生物认证元年，其低至 0.01%的误识率让门禁系统首次拥有“智慧大脑”。但是，物理世界的复杂性很快暴露单一模态的先天缺陷，汗渍手指解锁失灵的尴尬、强光环境下人脸识别的失效，都印证着单一技术的局限性。

多模态生物认证技术通过交叉验证突破单一生物特征的局限性。虹膜识别以纳米级精度守护金融安全，掌纹识别用非接触式交互重塑医疗场景，而深度神经网络加持下的人脸识别，正在支付、安防等领域编织着无感体验的网络。多模态融合技术通过“人脸＋虹膜”的立体认证，在机场安检等场景中展现出 99.99%的识别鲁棒性，标志着生物识别正式迈入多维认知时代。

将大语言模型与生物特征分析结合，通过微表情、语音情绪等建立“数字人格画像”，实现认证维度的跃升。打造“多模态生物识别体验-环境自适应-行为预判”的智慧闭环，让办公空间成为懂你的智能伙伴。融合多模态技术与区块链，为数字世界筑牢信任根基，守护隐私与安全。

3.4.3 个人信息安全防范

1. 杀毒软件的必要性

病毒对全球计算机系统造成的重大损害，用户应在个人计算机上安装杀毒软件。目前，杀毒软件主要采取被动防御策略，因此，用户应主动采取措施，安装实时监控程序，并确保定期更新杀毒软件。为防止新病毒的侵害，建议设置自动更新病毒库。此外，定期对计算机进行全面扫描，可以清除潜在的病毒威胁。

2. 个人防火墙的重要性

防火墙作为一种隔离技术，能够有效阻止未经授权的访问，保护用户网络不受黑客攻击。学校信息中心一般会使用专业的硬件防火墙设备，提高校园网内部的计算机设备的安全性，性能好、价格高。对于个人用户来说，使用操作系统内置的防火墙软件，通过合理设置防火墙后就能防范大部分的攻击入侵。

3. 安装操作系统安全更新

众所周知，Windows 操作系统长期运行于复杂的应用环境下，不可避免地存在诸多安全漏洞，极易被他人利用，导致数据泄露或系统崩溃。用户应安装相应的安全更新，可开启自动更新功能，以快速修补系统漏洞。用户也可使用第三方工具进行漏洞扫描和修补，或手动安装更新补丁程序。

4. 个人密码的妥善管理

用户应根据不同场合设置不同的密码，并避免使用容易被猜测或泄露的个人信息作为密码。重要密码应单独设置，并妥善保存以备不时之需。建议定期更换密码，以降低安全风险。

在设定密码时，尽量避免使用字典中可以查到的单词，也不要使用个人的生日、电话号码等容易泄露的字符作为密码，最好字母、符号和数字混用，多用特殊字符，如%、&、#和$等，并且在允许的范围内越长越好，以保证自己的密码不易被人猜中。

5. 避免访问非法网站，对不明来源程序的谨慎处理

非法网站常含有病毒、木马和间谍软件，用户应避免访问此类网站，以免遭受安全威胁。用户应从信誉良好的网站下载软件，并在使用前进行病毒扫描。避免打开不明电子邮件附件，并安装实时监控软件以防止恶意软件的侵入。

6. 定期清理浏览器缓存

浏览器缓存、历史记录和临时文件夹可能包含用户的上网痕迹，建议定期清理这些数据以保护个人隐私。清理浏览器缓存操作并不复杂，以 Chrome 浏览器为例，单击浏览器右上角的⋮按钮，选择“清除浏览数据”命令，在弹出的“删除浏览数据”对话框中选中要删除的内容，单击“删除数据”按钮即可。

7. 警惕“网络钓鱼”行为

“网络钓鱼”是一种网络诈骗手段，通过发送欺诈邮件、建立假冒网站等方式盗取用户敏感信息。用户应提高警觉，避免泄露个人信息，防止成为诈骗的受害者。

8. 定期备份重要数据

数据备份是防止数据丢失的重要措施。尽管采取了严密的防范措施，用户仍需定期备份重要数据，以防不测。

第 4 章　数字媒体技术基础

问题与情景

在数字媒体（digital media）技术快速发展的背景下，教师如何快速掌握和灵活运用这些数字媒体技术，并将其有效转化为教学能力，这是应当思考和解决的问题。例如，了解虚拟现实相关的硬件设备；掌握音频、视频剪辑技术；结合实际案例，利用 AIGC 前沿技术实现创意设计、视频制作和音频生成。

学习目标

理解数字媒体的基本概念、发展历程及其在文化、娱乐、教育等领域的应用价值。掌握数字媒体的主要分类（内容、传播方式、应用领域）及其特点；了解硬件设备（输入、处理、输出和存储），软件工具（图像处理、音视频编辑）的基本操作方法；了解 AIGC 技术的原理、发展阶段及在图像、音频、视频等领域的具体应用实例；掌握利用 AI 工具进行内容创作的基本流程。结合实际案例，如利用 WPS 等软件进行图像处理、视频剪辑、AI 内容生成，增强实际操作能力，提升数字媒体技术的应用水平。

数字媒体的发展始于 20 世纪 60 年代。随着计算机和数字技术的出现，早期的数字图形和音频处理研究逐步开展，电视和广播也开始采用数字信号传输，为数字媒体的发展奠定了基础。进入 21 世纪，宽带互联网的普及推动了在线视频、数字音乐和网络游戏的快速发展，同时，社交媒体的崛起带来了大量用户生成内容。移动设备和智能手机的普及使数字媒体变得更加方便和个性化。近年来，人工智能与大数据的深度融合促进了个性化推荐和智能内容的生成；虚拟现实、增强现实和混合现实（mixed reality，MR）等技术的不断发展，将虚拟与现实融合，为用户带来沉浸式的体验。总体来看，数字媒体技术从最初的信号传输逐步发展到多媒体内容的制作和互联网传播，现如今正向智能化和沉浸式体验方向不断迈进，深刻改变着文化、娱乐、教育等各个领域的生产与传播方式，推动社会信息传播方式的变革。

4.1　数字媒体概述

4.1.1　数字媒体技术的概念与分类

1. 数字媒体的概念

数字媒体是指以二进制形式创建、存储、传输和展示的媒体内容，涵盖文本、图像、音频、视频及虚拟现实等数字化形式，其创作、交互与传播依赖于计算机及网络技术。

2. 数字媒体的分类

1）根据内容不同，数字媒体可分为5类，如表4-1所示。

表4-1 根据内容分类

类型	说明	常见格式
文本	包括电子书、在线文章、博客、网页内容等文字信息	TXT、PDF、JSON
数字图像	通过相机、扫描仪、图像处理软件等生成和编辑的静态图像	JPEG、PNG、GIF等
数字音频	通过数字录音设备或音频编辑软件生成和编辑的声音内容	MP3、WAV、AAC等
数字视频	通过摄像机或视频编辑软件生成和编辑的动态影像	MP4、AVI、MOV等
交互媒体	用户可以与内容进行互动的数字体验，常见于网页、游戏和应用程序	HTML、SVG、UNITY等

2）根据传播方式不同，数字媒体可分为3类，如表4-2所示。

表4-2 根据传播方式分类

类型	定义	示例
在线媒体	通过互联网传播，可以实时访问，通常需要持续的网络连接	网站、社交媒体平台、在线视频平台
离线媒体	以数字形式存在，用户可在无网络连接的情况下进行访问	下载的电子书、音频文件、离线应用程序
流媒体	实时传输的媒体，无须下载，用户可以在线收听或观看	音乐流媒体服务、在线视频直播平台

3）根据涉及的应用领域不同，数字媒体可分为4类，如表4-3所示。

表4-3 根据领域分类

领域	主要内容和应用	示例
娱乐与影视	利用数字媒体技术创作丰富的娱乐内容，包括电影、音乐、视频、游戏等	电影特效、电子游戏、短视频平台
教育与培训	以电子书、虚拟课堂、在线课程、模拟实验等形式提升学习体验	模拟飞行、虚拟驾驶、医学手术模拟、在线培训平台
广告与营销	通过互动广告、虚拟试衣、AR商品展示等方式吸引用户并增强互动	互动广告、虚拟试衣、AR商品展示、微信小程序
虚拟现实与元宇宙	利用VR/AR技术构建虚拟社交、工业仿真和数字孪生应用	VR社交平台、数字孪生、工业仿真

4.1.2 数字媒体硬件与软件基础

1. 输入设备

输入设备是实现数字媒体内容采集与交互的基础硬件设施，常见的输入设备如表4-4所示。

表4-4 输入设备

分类	设备名称	主要功能描述
图像/视频采集设备	数码相机、摄像机、扫描仪、手机摄像头、运动相机、无人机	捕捉静态图片和动态图像

续表

分类	设备名称	主要功能描述
音频采集设备	麦克风、声卡、MIDI 键盘、录音笔	录制声音
交互设备	触控屏、数位板、动作捕捉设备、VR/AR 头戴式显示器	实现用户操作与沉浸式交互

2. 处理设备

（1）CPU

在数字媒体行业中，CPU 作为核心计算引擎，发挥着重要作用。它执行视频压缩、图像处理和音频编辑等算法，支持多任务并行处理，提高工作效率。同时，CPU 确保实时预览和效果应用的流畅用户体验，负责音频与视频的编码和解码，并辅助 AI 内容生成、特效渲染、虚拟现实和增强现实等复杂应用，展现出强大的计算能力。

（2）GPU

GPU 主要负责高效处理图像和视频渲染，支持复杂视觉效果和 3D 图形实时绘制，提升渲染速度和画质。凭借强大的并行计算能力，GPU 能同时处理大量像素，满足高清视频播放、3D 动画、虚拟现实和增强现实的高性能需求。GPU 还能够加速人工智能算法，用于图像识别、内容生成和特效处理，提高数字媒体内容的处理效率与创意表现。

（3）内存储器

计算机中用于暂时存放正在运行的程序代码和相关数据的存储器。数字媒体文件（如高清视频、高清图像）通常数据量大，处理时需要大量快速访问的内存支持。

3. 存储设备

1）硬盘驱动器（hard disk drive，HDD）：传统机械硬盘，容量大且价格相对低廉，常用于存储大量数据。虽然越来越多的用户和企业开始转向使用固态盘，但对于存储需求巨大且预算有限的用户，HDD 仍然是一个可靠的选择。

2）固态盘（solid state drive，SSD）：广泛应用于个人计算机、工作站、游戏机、服务器及数据中心等，尤其适合需要高性能和快速响应的应用场景，如视频编辑、游戏和数据库管理等，如图 4-1 所示。尽管 SSD 价格相对较高，但随着技术进步和生产成本下降，其市场占有率逐渐增加。

图 4-1 固态盘

3）USB 闪存驱动器：便携式存储解决方案，方便数据转移，通常用于小型数据存储和分享。

4）SD 卡：容量多样，便于移动存储，广泛应用于数码相机、智能手机、平板计算机、便携式游戏机、音乐播放器和其他多媒体设备中。

5）网络附接存储（network attached storage，NAS）：是一种高效、集中、安全的存储解决方案，既适用于家庭用户集中管理多媒体内容，也适合企业用户备份数据、共享和远程访问，满足团队协作和大规模存储需求。

6）云存储：通过互联网提供数据存储服务，便于远程访问和备份，适合需要随时随地访问数据的用户。

4. 输出设备

1）显示器：是计算机的重要组成部分，用于显示计算机处理的信息和图像。它将电子信号转化为可视的图形、文字和视频，提供用户与计算机之间的交互界面。目前主流的显示器如表 4-5 所示。

表 4-5　主流显示器

显示器类型	优点	应用场景	适用人群
液晶显示器	轻薄、能耗低、安装灵活	办公、娱乐、家庭	普通用户、办公人员
OLED 显示器	深黑色、高对比度、色彩鲜艳	高端影视、专业创作、游戏	高端用户、专业编辑、影音爱好者
曲面显示器	提供沉浸式体验、视觉范围广	游戏、多媒体播放	游戏玩家、影音爱好者
超宽显示器	多任务处理、沉浸式体验	办公、多屏协作、游戏	办公人员、游戏玩家
高刷新率显示器（如 144Hz、240Hz）	流畅画面、减少动态模糊	快速动作游戏、电竞	游戏玩家、电竞选手

分辨率是指屏幕上可以显示的像素数量，通常以宽度和高度的像素数表示。例如 4K 分辨率（3840×2160 像素）的特点是提供极高的图像细节，适用于高分辨率电视、显示器及专业视频制作，适合观看大图像和高细节内容。以下是一些常见的显示器分辨率及其特点，如表 4-6 所示。

表 4-6　常见显示器分辨率及其特点

术语	分辨率/像素	应用
标清	720×480	传统清晰度，常用于 VHS、DVD
高清	1280×720	清晰度较标清提升，常见于高清电视和视频
全高清	1920×1080	现代高清标准，广泛应用于电视、视频内容
2K	2048×1080	数字影院标准，略高于全高清
4K	3840×2160	超高清，提供极致细节，广泛用于电影制作和高端设备
8K	7680×4320	用于视频游戏、电影制作、直播

2）3D 打印机：是一种通过逐层堆积材料，按照数字模型进行制造的设备，如图 4-2 所示。它可以将计算机设计的三维模型转化为实体物品，广泛应用于工业设计、制造、医疗、教育、艺术等领域。

3）虚拟现实和增强现实设备：虚拟现实通过头戴式显示器（图 4-3）及配套硬件，使用户完全沉浸在由计算机生成的三维虚拟世界中，使用户感受到身临其境的体验。增强现实则是设备在用户的视野中叠加虚拟信息（图像、文字、3D 模型）与真实世界环境结合，增强现实体验非完全沉浸。

图 4-2 3D 打印机

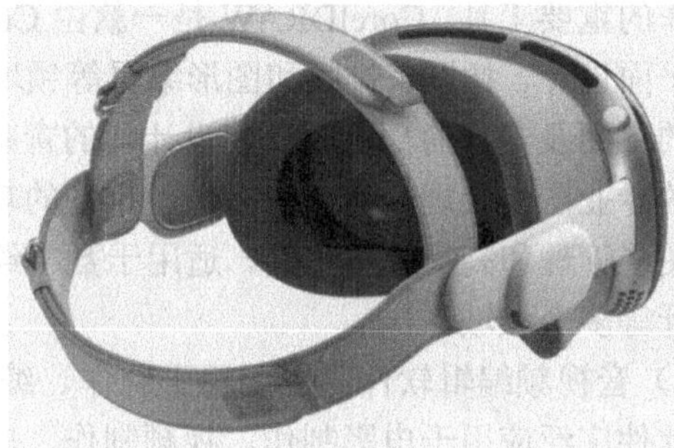

图 4-3 头戴式显示器（Apple Vision Pro）

虚拟现实和增强现实的特点如表 4-7 所示。

表 4-7 虚拟现实和增强现实的特点

特点	虚拟现实	增强现实
体验方式	完全沉浸式，隔离现实环境	叠加虚拟信息到真实环境
设备类型	头戴式显示器、特殊控制器	智能眼镜、手机、平板计算机
适用场景	游戏、虚拟旅游、培训	导航、设计、教育
体验特点	完全虚拟的世界	虚拟信息与现实环境混合

5. 网络设备

网络设备是指在数字媒体领域中用于传输、存储、处理和共享数字媒体内容的设备。这些设备构建了数字媒体网络的基础设施，使用户能够通过各种终端设备访问和使用数字媒体资源。常见网络设备的功能及其应用场景如表 4-8 所示。

表 4-8 常见网络设备的功能及其应用场景

设备名称	功能	应用场景
路由器和交换机	它们是任何网络（包括数字媒体网络）的基石。路由器负责连接不同网络，而交换机则负责在局域网内高效地转发数据	家庭网络、企业网络、数据中心等
网络存储设备	提供了一种方便的方式来集中存储和共享媒体文件，适合家庭和小型企业使用，用户可以通过网络轻松访问存储在NAS上的媒体	家庭影音存储、小型企业媒体资源共享等
CDN 节点服务器	对于大型网站、视频平台等，CDN 是提高用户体验、降低延迟的重要手段。通过在全球各地部署节点服务器，将内容缓存在距离用户更近的地方，从而加快访问速度	大型视频网站、直播平台等
流媒体服务器	对于需要实时传输音视频流的应用（如直播、视频会议），流媒体服务器是不可或缺的。虽然 CDN 节点服务器在大型应用中使用广泛，但流媒体服务器本身是实现流媒体功能的核心	直播平台、视频会议系统等

6. 数字媒体软件

1）图像处理软件：主要用于图像修饰、调色、合成和特效处理等任务，是数字内容创作的重要工具。CorelDRAW 是一款由 Corel 公司开发的矢量图形设计软件，广泛应用于平面设计、插图、排版和图形编辑等领域。该软件以其强大的矢量绘图能力、用户友好的界面及丰富的功能而受到设计师的青睐。Adobe Photoshop 是一款由 Adobe 公司开发的专业图像处理软件。它提供了丰富的功能，包括图像修饰、调色、合成、特效制作、图层管理和高级绘画工具，适用于数字绘画、照片修饰、平面设计、广告创意、界面设计等多个领域。

2）音视频编辑软件：主要用于制作、编辑、剪辑和处理音频与视频内容的工具。这类软件广泛应用于电影制作、视频制作、广播、音乐制作、内容创作及教育等领域。Adobe Premiere 一款专业级视频编辑软件，提供丰富的剪辑、特效、色彩校正和音频处理功能，广泛用于电影、电视和网络视频制作。Final Cut Pro 是一款由苹果公司开发的专业视频编辑软件，界面友好，性能强大，常用于电影和高端视频制作。Adobe Audition 一款专业音频编辑软件，专注于音频录制、混音、修复和效果处理，常与视频编辑软件配合使用。

3）动画与特效软件：主要用于制作动画、视觉效果和动态图形的工具，广泛应用于电影、电视、广告、游戏开发和多媒体制作等领域。常用软件 Adobe After Effects 是业界领先的数字动画、视觉特效和动态图形软件。它支持复杂的动画制作、合成、特效设计，适合制作电影特效、片头动画、广告动效等。Autodesk Maya 是专业的 3D 动画、建模和渲染软件，常用于电影特效、动画短片和游戏开发，具有强大的动画控制、骨架绑定和粒子模拟功能。3ds Max 是一款专业 3D 建模、动画和渲染软件，广泛应用于影视制作、游戏开发、建筑可视化和工业设计等多个领域。

4）交互媒体开发软件：主要用于创建具有用户交互性、动态反馈和多媒体内容的应用程序、网站、虚拟现实、增强现实体验和数字互动内容的工具。Unity 3D 是一款强大的游戏引擎，广泛应用于虚拟现实互动体验开发，支持 2D 和 3D 开发，具备丰富的脚本和动画工具，适合创建互动应用、模拟系统和沉浸式体验。Unreal Engine 也是一款游戏引擎，以其逼真的渲染和强大的交互功能著称，适合制作高质量的虚拟现实、互动影视和模拟训练内容。

4.1.3 AIGC 技术介绍

1. AIGC 概念

人工智能生成内容（artificial intelligence generated content，AIGC），是指利用人工智能技术自动生成文本、图像、音频、视频、3D 模型等多模态内容的技术。它是继专业生成内容（professional generated content，PGC）和用户生成内容（user-generated content，UGC）之后的新型内容生产方式，正在重塑创作、设计、娱乐、教育等领域的传统模式。

2. AIGC 技术发展

1）早期萌芽阶段（1950～1989 年）：AIGC 处于实验性阶段，主要受到科技水平的限制。1957 年，莱杰伦・希勒（Lejaren Hiller）与伦纳德・艾萨克森（Leonard Isaacson）创作了第一部由计算机生成的音乐作品《伊利亚克组曲》。1966 年，约瑟夫・韦森鲍姆（Joseph Weizenbaum）开发了聊天机器人“ELIZA”，能够通过关键字实现交互。20 世纪 80 年代中期，IBM 创造了语音控制打字机“Tangora”。

2）沉积积累阶段（1990～2009 年）：AIGC 从实验走向实用，深度学习、GPU 等技术取得了重大突破。2007 年，罗斯・古德温（Ross Goodwin）的人工智能系统撰写了首部完全由 AI 创作的小说《1 The Road》。2012 年，微软推出全自动同声传译系统，整合语音识别、翻译与合成技术，实现跨语言内容生成。同时，互联网数据的爆炸式增长为 AI 训练提供了丰富的素材。

3）快速发展阶段（2010 年至今）：伴随着深度学习模型的不断进化，AIGC 实现了突破性进展。2014 年，生成式对抗网络（generative adversarial networks，GAN）的提出，极大地推动了图像和视频生成的研究。2018 年，OpenAI 推出 GPT-2，展示了 AI 在文本生成上的强大能力。2021 年，OpenAI 推出 CLIP 多模态预训练模型，推动了文本和图像之间的互动。2022 年，算法创新和底层技术的突破，使 AIGC 的商业化应用成为可能。如今，AIGC 已进入实际应用阶段，广泛应用于艺术、音乐、文学创作，助力营销、广告和娱乐产业，推动内容个性化和创新发展。

4.2　图像处理技术基础

4.2.1　图像的概念与格式

1. 图像相关概念

1）图像：是人类视觉的基础，是自然景物的客观体现，它包含被描述对象的相关信息。根据统计，人类获取的信息大约有 75%来自视觉，因此图像是人类最主要的信息源。图像是指所有具有视觉效果的画面，包括纸张、胶片和计算机屏幕。

2）数字图像：是以数字形式表达的图像，又称数码图像或数位图像，它通过计算机处理和存储。数字图像可以由许多不同的输入设备（数码相机、扫描仪等）和技术生成，也可以由非图像数据合成得到。

3）位图（bitmap）：是一种用于表示图像的数字图像格式，其基本原理是用像素网格描述图像。每个像素都有其特定的颜色信息，位图由大量的像素（点）组成。当放大位图时，可以看到构成整个图像的无数单个方块。位图通常适用于拍摄、扫描得到的图像，如图 4-4 所示。

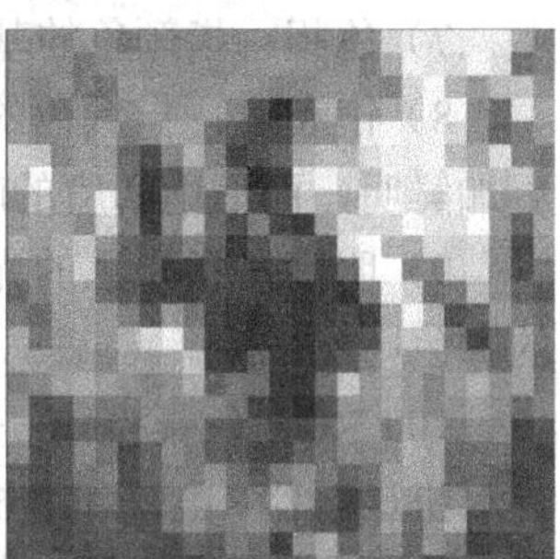

图 4-4　位图

4）矢量图（vector graphics）：是一种通过数学公式来描述图像的图形格式。与位图不同，矢量图是由线条、形状和点构成的，而不是由像素组成的，所以在放大后依然不会失真。凭借这一优势，矢量图广泛应用于计算机合成领域，如图形设计、图标制作等，如图 4-5 所示。

图 4-5 矢量图

5）像素（pixel）：是数字图像的基本元素，是屏幕上最小的可控单元，每一个像素都具有行（高）和列（宽）的位置坐标，每一个像素都有特定的颜色值。

6）分辨率：表示图像中水平方向和垂直方向的像素数量，通常以“宽×高”的形式表示。高分辨率图像拥有更多的像素，通常能够显示更多的细节。低分辨率图像在放大时可能出现模糊或失真，如图 4-6 所示。

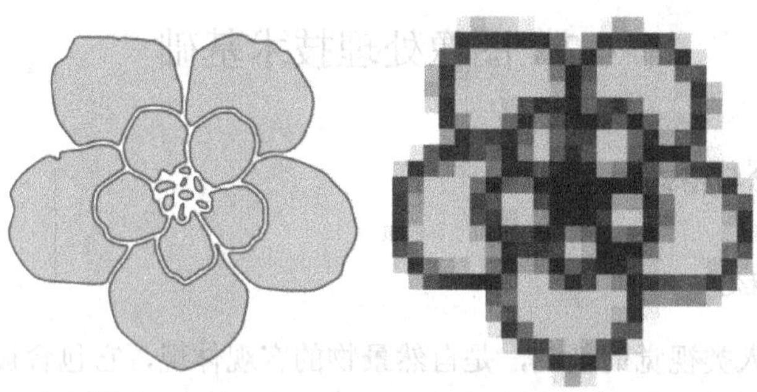

图 4-6 不同分辨率的图像

7）色相：指颜色的基本性质，表示颜色的类型或名称，如红色、蓝色、绿色等。

8）饱和度：指颜色的纯度或强度，表示颜色的鲜艳程度。高饱和度的颜色看起来更加鲜明，而低饱和度的颜色则显得灰暗或淡化。

9）明度：指颜色的光亮性，表示颜色的亮暗程度。明度高的颜色比较亮，明度低的颜色则比较暗。

10）RGB 色彩模式：是一种广泛使用的颜色表示方法，特别是在电子显示设备（如计算机显示器、电视和手机屏幕）中。RGB 代表红色（red）、绿色（green）和蓝色（blue）3 种颜色，这 3 种颜色的光组合可以产生各种不同的颜色。RGB 色彩模式主要用于网页设计、图形设计和各种数字艺术创作。

11）CMYK 色彩模式：是由 4 种基本颜色组成的减法颜色模型，主要用于印刷行业。CMYK 代表青色（cyan）、品红（magenta）、黄色（yellow）和黑色（key，K）这 4 种颜色。

12）HSB 色彩模式：是一种用于描述颜色的模型，由色相（hue）、饱和度（saturation）和明度（brightness）组成，通常用于数字艺术、图形设计及用户界面设计。

2. 图像格式

1）JPEG（joint photographic experts group）：是一种广泛使用的数字图像压缩标准，于 1986 年由联合图像专家组（Joint Photographic Experts Group，JPEG）制定完成。JPEG 主要用于存储和传输高质量的彩图和照片，具有良好的压缩比，能够在保持较高图像质量的同时大幅缩小文件尺寸。

2）PNG（portable network graphics）：是一种无损压缩的图像文件格式，确保在压缩和解压缩过程中不会丢失任何图像信息，特别适合需要高质量图像的应用场景，如图形设计和印刷。PNG 支持透明通道，可以处理透明或半透明的像素，使其在网页设计中应用广泛。

3）GIF（graphics interchange format）：是一种广泛使用的图像文件格式，由 CompuServe 公司于 1987 年开发。GIF 格式支持动画和透明背景，但它的颜色和图像质量受到了一定限制。

4）EPS（encapsulated postscript）：是一种基于 PostScript 语言的文件格式，主要用于高质量图形的保存和交换。它广泛应用于打印和排版行业，尤其适用于需要高标准图像和图形的场景。

5）TIFF（tagged image file format）：是一种功能强大的图像格式，特别适合需要高质量和高灵活性的专业应用。尽管其文件大小较大，但其无损保存和多种压缩选项使其在印刷、出版和专业摄影领域中表现出色。

6）PSD（Photoshop document）：是由 Adobe 公司开发的专有图像文件格式，主要用于 Adobe Photoshop 软件中保存和存储图像。PSD 是数字图像处理领域中常用的多层编辑文件格式之一，广泛应用于专业的图像设计、摄影后期处理和数字艺术制作。

4.2.2 WPS 图像处理技术实战

1. 打开图像

1）WPS 图片工具主要用于处理和编辑图片，提供了一系列功能来帮助用户更有效地在文档中使用图像。选择“菜单”→“用其他软件打开”命令。若用户的计算机中还安装了其他可以打开该图片的应用软件，则会罗列在列表中；否则可以选择“选择程序...”命令，继续查找其他应用程序。

2）选中需要进行处理的图像文件，右击，在弹出的快捷菜单中选择“打开方式”→“WPS 图片”命令。

2. 快捷键

通过使用快捷键（使用特定的组合键快速执行特定的命令或功能），用户可以提高操作效率、节省时间。WPS 图片工具的主要功能及对应的快捷键如表 4-9 所示。

表 4-9 主要功能及对应的快捷键

功能	快捷键
打开图片	Ctrl＋O
复制	Ctrl＋C
另存为	Ctrl＋S
打印	Ctrl＋P
删除	Del
幻灯片	F5
截屏	Ctrl＋Alt＋X
左旋转	Ctrl＋L
右旋转	Ctrl＋R
上一张	←↑或 PageUp
下一张	→↓或 PageDown
放大图片	＋
缩小图片	－
适应窗口	/

3. 裁剪图像

1）单击“编辑”按钮，在弹出的下拉列表中，包括“裁剪旋转”“插入素材”“AI 扩图”“局部改图”等命令。

2）选择“旋转裁剪”命令后，弹出选项菜单，具体功能如表 4-10 所示。

表 4-10 裁剪功能

图标	功能
	直角矩形、圆角矩形、圆形
	自定义裁剪比例
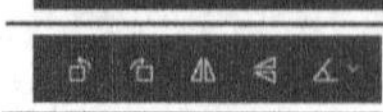	左旋转、右旋转、左右翻转、上下翻转、自定义角度

3）选择“圆形”裁剪工具，选框内为保留区域，灰色部分为删除区域。用户可以通过调整“裁剪框”的缩放比例来选择保留区域的大小。也可以通过单击图片获取“抓手”，通过移动“抓手”的方向来控制图片的位移来选择保留区域。确认无误后单击下方“应用”按钮即可，否则单击“取消”按钮，如图 4-7 所示。

4）圆形图案中的中心部分（实心）为图像，而周围的区域是不需要的、想去掉的背景。当删除这个图案的周围背景时，会看到这个圆的边缘是透明的。此时，工具会用棋盘格显示这些透明区域，表明这个圆可以直接叠加在其他内容之上，不会有额外的背景色干扰。

图 4-7　剪裁图片

5）“自由比例”选项可以控制裁剪比例，其格式为“宽∶高”，其裁剪比例、定义及应用场景如表 4-11 所示。

表 4-11　裁剪比例、定义及应用场景

裁剪比例	定义	应用场景
1∶1	裁剪区域宽度和高度相等，形成正方形图像	社交媒体头像、个人照片、艺术作品展示
4∶3	宽度是高度的 4/3，接近传统电视屏幕的比例	数码相机拍照、幻灯片展示、一些老式电视节目
16∶9	宽度是高度的 16/9，适合宽屏显示	高清电视、电影画面、视频制作、网络直播
3∶2	宽度是高度的 3/2，常见于 35mm 胶卷相机画幅	摄影作品、印刷照片、数码单反相机拍摄

6）单击“角度”按钮，可以通过滑动滑块的方式调整旋转角度（默认是顺时针方向）。确定角度后，单击右上角的“完成”→“保存”按钮。旋转后多余区域没有色彩信息，会以透明信息进行补充，当看到已裁剪的空白部分显示为棋盘格背景，说明透明效果已成功显示。

4. 标注图像

WPS 图片工具中的标注功能可以帮助用户在图片上添加文字、箭头、形状、马赛克等标记，方便进行重点提示或信息说明。选择“编辑”→“标注”命令，可以开启标注功能。以下是使用 WPS 图片工具进行标注的详细步骤和功能说明。

1）添加文字：在图片内标注文字，还可以使用文字编辑工具，设置字体、字号、颜色、对齐方式等，如图 4-8 所示。

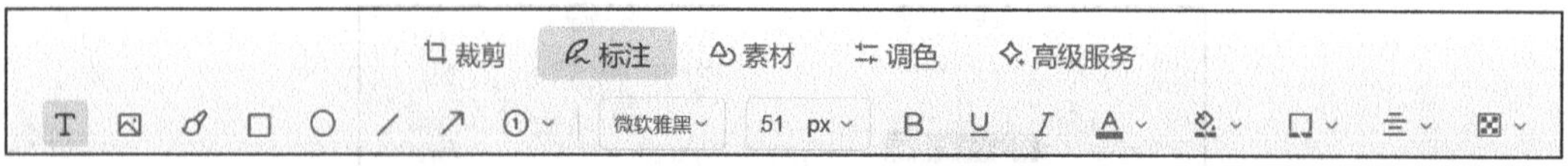

图 4-8　标注工具

2）画笔工具，其功能如表 4-12 所示。

表 4-12　画笔工具的功能

功能	描述	可调整选项
自由涂鸦	允许用户进行自由手绘，适合快速记录和创意表达	笔触粗细、颜色、样式、透明度
形状	可以绘制特定形状，如矩形和圆形，适用于标注和框选区域	颜色、样式、线条粗细、填充色、透明度
线条、箭头	绘制直线或箭头，能够清晰地指示方向或连接元素	颜色、粗细、箭头样式
标注	可以添加序号、对号等特殊符号进行注释和说明	字体、字号、颜色、粗细、透明度

5. 图像调色

单击“调色”按钮，可以调整图片的色彩平衡，如亮度、对比度、饱和度等，还可以选择“滤镜”中预设好的图片风格，如图 4-9 所示。

图 4-9　图像调色

6. 插入素材

选择“编辑”→“插入素材”命令，用户可以在图片中添加预设的图片、图标、边框等元素，方便进行图文编辑或创意设计，免费版可能素材较少，会员或专业版则提供更多素材（如商务图标、高级贴纸），如图 4-10 所示。

图 4-10　插入素材

7. AI 扩图

WPS AI 扩图是一种基于人工智能的图像处理技术，旨在扩展图像的边界或填补缺失区域，使图像在保持视觉合理性的前提下获得更大的画幅或完整内容。AI 扩图的核心原理主要依赖于深度学习模型对图像特征的理解和生成能力，从而推测并生成高分辨率图像的细节和信息。

1）现需要将图片四周的透明区域利用“AI 扩图”功能进行填充，设置“画布比例”为“自由比例”，如图 4-11 所示。

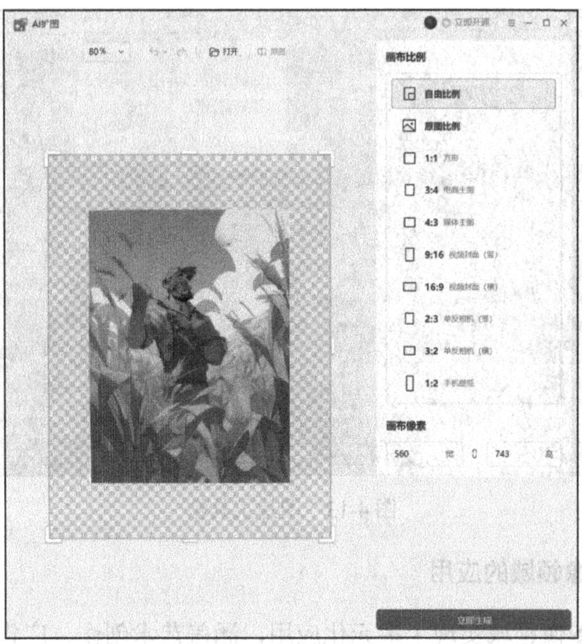

图 4-11　设置自由比例扩图

2）AI 扩图后，用户可以预览并与原图进行对比，确保效果符合预期，如图 4-12 所示。

图 4-12　AI 扩图后效果

8. 进阶功能

单击“图片工具”窗口右上角的“AI 工具箱”按钮，在打开的“图片工具箱”中预置了很多高级应用，也可以根据用户的需求“搜索更多图片工具”，如图 4-13 所示。

图 4-13　图片工具箱

4.2.3　AIGC 在图像领域的应用

AIGC 技术在图像领域实现了多元化应用，涵盖艺术创作、广告设计、图像生成，以及医疗、游戏、建筑等垂直行业。以图像生成为例，AIGC 可以基于给定的主题或关键词，自动生成具有艺术美感的图像，且色彩搭配和谐，构图巧妙，往往可以激发用户的创作灵感。尽管面临版权争议、虚假图像滥用及生成细节控制等问题，未来随着精准控制技术的优化和伦理规范完善，AIGC 将持续赋能创意与产业，推动人机协同的智能化图像生产生态。目前热门的 AI 图像生成工具有以下几种。

1. Midjourney

Midjourney 是基于 Diffusion 的 AI 图画艺术生成器，能够生成照片级精细的图像，适用于多种场景，如图 4-14 所示。只要输入想到的文字，就能通过人工智能产出相对应的图片。

图 4-14　Midjourney

2. 豆包

豆包是字节跳动公司依托云雀模型研发的 AIGC 工具，可通过描述所想象的画面、角色、场景等关键词生成图像。例如，输入描述语句“在梦幻森林中，彩色蘑菇和萤火虫环绕着古老的城堡，神秘的雾气笼罩在绚丽的天空下，画面呈现出童话般的氛围。”，生成效果如图 4-15 所示。

图 4-15　豆包生成的效果图

3. WPS AI

WPS AI 是由金山办公推出的一款基于大语言模型的人工智能应用，它深度融合了金山办公旗下产品，如 WPS Office（包括文字、表格、演示等），旨在通过 AI 能力赋能用户，提升办公效率和创造力。

1）首先启动 WPS，单击“新建”→“演示”→“空白演示文稿”按钮，再在“WPS AI”选项卡中单击“AI 生成图片”按钮，如图 4-16 所示。

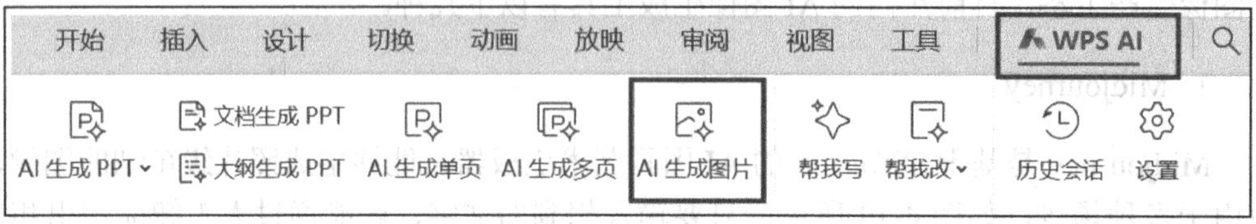

图 4-16 WPS AI

2）打开“WPS AI”窗格，在“画面描述”文本框内输入你所想象的画面、角色、情绪等关键信息。“风格”下拉列表中可以设置“标准照片”“3D 渲染”等风格。比例下拉列表中可以设置生成图片的宽高比例，如方图 1∶1、横图 16∶9 等。

3）例如，在“画面描述”中输入“教室 学生 努力 学习 卡通”关键词；在风格中选择“3D 渲染”；设置比例为“横图 4∶3”，生成效果如图 4-17 所示。

图 4-17 WPS AI 生成效果

使用 AIGC 生成图像的注意事项如下。

1）输入提示的准确性与一致性：确保文本提示清晰、具体，并提供适当的细节（如风格、色彩、场景和对象），以生成符合预期的图像。同时，在生成系列图像时，保持风格和主题的一致性。

2）版权与使用权：了解和遵循生成图像的版权及使用权政策，包括任何商业用途的限制，以确保合法使用生成的内容。

3）偏见与伦理问题：关注 AIGC 模型可能引入的偏见和刻板印象，确保生成的图像不包含歧视或其他不当内容，促进伦理和包容性的创作。

4）技术能力与后处理：了解所使用的生成工具的技术能力和局限性，不同工具在艺术风格和细节处理上的表现各异。同时，掌握图像编辑工具的使用方法，以便对生成的图像进行必要的后期处理和微调。

5）生成时间、计算资源与隐私保护：生成高质量图像可能需要较长的时间和较高的计算资源，因此需要根据需求选择合适的平台与设置。同时，遵循隐私保护原则，避免涉及个人数据或敏感信息的输入，以确保安全性。

4.3 音视频处理技术基础

4.3.1 音频的概念与格式

1. 音频相关概念

音频的本质是存储在计算机中的声音数据。如果具备计算机和相应的音频卡（通常称为声卡），用户就可以将各种声音录制下来。声音的声学特性，如音的高低、音量等，都可以以计算机硬盘文件的形式保存。

1）采样率：用于数字音频的关键参数，表示每秒采样的次数，以赫兹（Hz）为单位。常见的采样率有44.1kHz（CD音质）和48kHz（专业音频）。

2）位深：表示音频样本中每个样本的位数，决定了动态范围和音频的细腻程度。常见的位深有16位和24位。

3）波长与振幅：声音波的一个周期在空间中的长度与频率相关，波长越长，频率越低。振幅是声音波的最大位移，决定声音的响度。振幅越大，声音越响。

4）声道：指音频信号的通道，可以是单声道（mono）或立体声（stereo），立体声又分为两个声道（左声道和右声道）。

2. 音频常见格式

1）WAV（waveform audio file format）：适合用于音乐制作、音效库等领域，尽管文件较大，但能够保证最高的听觉享受。

2）MP3（MPEG-1 audio layer III）：一种有损压缩音频格式，使用广泛，兼容性极高。MP3适合流媒体应用、音乐下载、便携设备，但在高频处表现不如无损格式。

3）FLAC（free lossless audio codec）：因其保存近乎原音质的特点，适用音响爱好者、音乐家等对音质有高要求的用户。

4）ALAC（apple lossless audio codec）：苹果公司推出的无损格式，常用于iTunes和苹果设备。

4.3.2 视频的概念与格式

1. 视频相关概念

（1）帧率

视频由一系列静止图像（帧）组成，帧率表示每秒显示的帧数，通常为24fps、30fps

或 60fps。60fps 能够提供更好的流畅效果，常用于游戏转播、体育赛事转播。

（2）比特率

比特率用于表示每秒传输的数据量，通常以 kb/s 或 Mb/s 为单位，影响视频质量和文件大小。

2. 视频常见格式

（1）MP4

MP4 是一种非常流行的容器格式，可以包含视频、音频和字幕数据。它以其高压缩率（文件大小相对较小但质量良好）和广泛的兼容性而闻名，是流媒体、视频分享和大多数设备的标准格式。

（2）MKV

MKV 是一种灵活的开源容器格式，可以容纳无限数量的视频、音频和字幕轨道。它通常用于存储高质量的视频内容，如高清电影，但在某些设备上播放时可能需要额外的编解码器。

（3）MOV

MOV 是一种由苹果公司开发的流行视频编辑格式，主要用于 QuickTime 播放器。它具有跨平台、存储空间要求小等技术特点。尽管采用了有损压缩方式，但是 MOV 格式文件的画面效果较 AVI 格式仍要略好一些。

（4）AVI

AVI 是一种较旧的容器格式，由微软开发。通常它的压缩效率不如 MP4，因此生成的文件往往更大。尽管 AVI 格式广泛兼容，但随着技术的发展，它已逐渐被更现代的格式所取代。

4.3.3 音视频处理技术

下面以 WPS 为例，进行介绍。WPS 视频剪辑是一款免费的视频编辑软件，拥有简洁直观的操作界面，用户可以随时随地下载安装，操作简单，上手快。尽管免费，但其功能却非常强大，能够满足大部分普通用户的视频编辑需求。该软件支持多种视频格式，适应不同使用场景，并且具有高速转换能力，能在短时间内将视频文件转换为所需格式。此外，WPS 视频剪辑支持在 Windows 和 Mac 系统上运行，方便用户在多设备之间灵活使用，还支持批量处理多个文件，大幅提高工作效率。

1. 打开视频

右击需要编辑的视频，在弹出的菜单中选择“视频编辑/视频播放/更多”→“视频剪辑”命令，如图 4-18 所示。

2. 保存项目

保存项目的作用是保存用户当前的编辑进度，以便以后继续编辑，而不是直接导出最终视频文件。（*.ve）是其扩展名，通常指的是视频编辑项目文件。

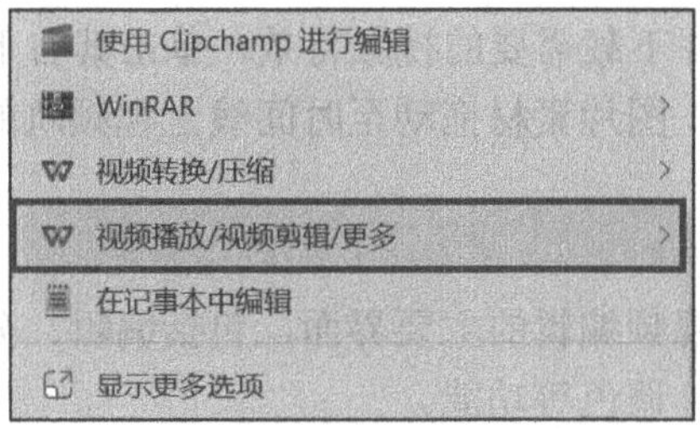

图 4-18　打开视频剪辑

3. 导入素材

通过“导入”→“导入文件”的方式导入素材，素材类型支持 MOV、MKV、MP4、JPEG、AVI 等格式，如图 4-19 所示。

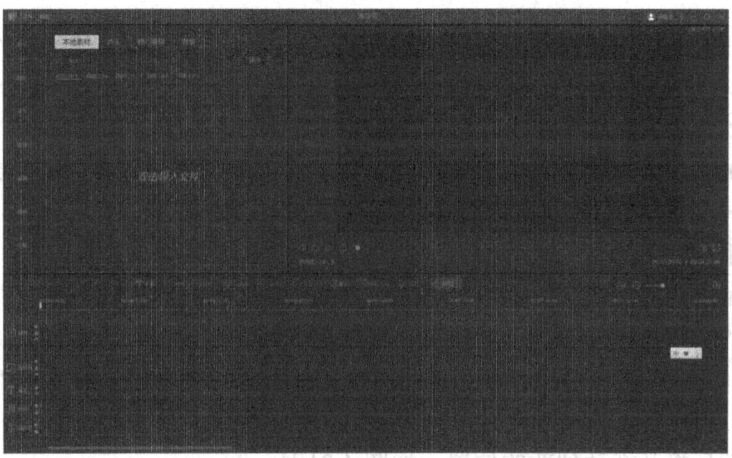

图 4-19　导入素材

4. 添加特效

添加特效可以增强视频的表现力，使内容更加精彩生动。用户可以为视频添加片头、热门素材、背景，以及配乐、文字、转场、滤镜等元素，如图 4-20 所示。添加视频特

图 4-20　素材

效的方法有 2 种：①选择并下载需要的视频特效，单击其右下角的“＋”按钮；②选择需要的视频特效，将视频、图片素材拖动至时间线上视频轨的空白区域。

5. 剪辑窗口

剪辑窗口是用户进行视频编辑的主要界面，包括编辑、分割、删除、字幕、裁剪、缩放、马赛克、绿幕抠像、调色等功能。

6. 视频轨

视频轨是时间线上的一条水平轨道，用于放置视频片段、画中画、字幕、文字、音频等素材。

7. 音视频剪辑

音视频剪辑的作用是去除不需要的部分，调整视频的节奏，并最终制作出满意的作品。音视频剪辑的方法如下。

（1）拖动边缘调整

在时间轴上，选中要剪辑的视频片段。将鼠标悬停在视频片段的开始或结束边缘，光标会变成一个双向箭头。拖动边缘可以缩短或延长视频片段。

（2）使用分割工具

将时间轴上的播放头（指示当前播放位置的竖线）移动到想要分割视频的位置。单击工具栏上的“分割”按钮，将视频分割成两个独立的片段。选中要删除的视频片段（在时间轴上单击它）。按 Delete 键，或在右击，在弹出的快捷菜单中选择“删除”命令。在时间轴上，用户可以拖动视频片段来调整它们的播放顺序。具体方法是：单击并按住一个片段，然后将其拖动到新的位置，如图 4-21 所示。

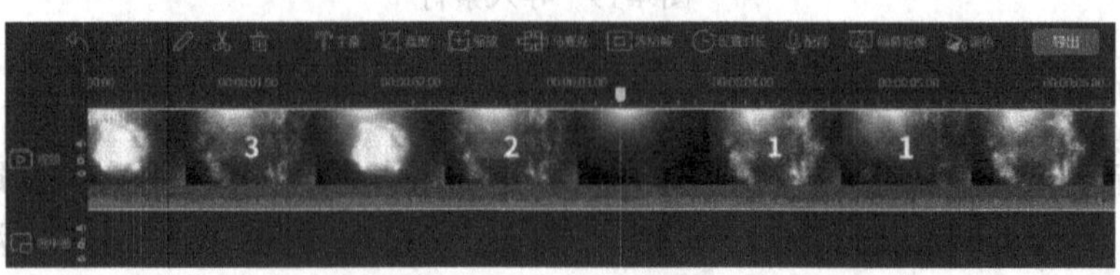

图 4-21 视频剪辑

8. 预览窗口

预览窗口是用于实时查看视频编辑效果的重要区域，帮助用户在编辑过程中直观地查看最终效果。

9. 导出

导出是将编辑完成的视频保存为文件。导出的视频格式有 MP4、AVI、WMV、MOV 等类型，如图 4-22 所示。

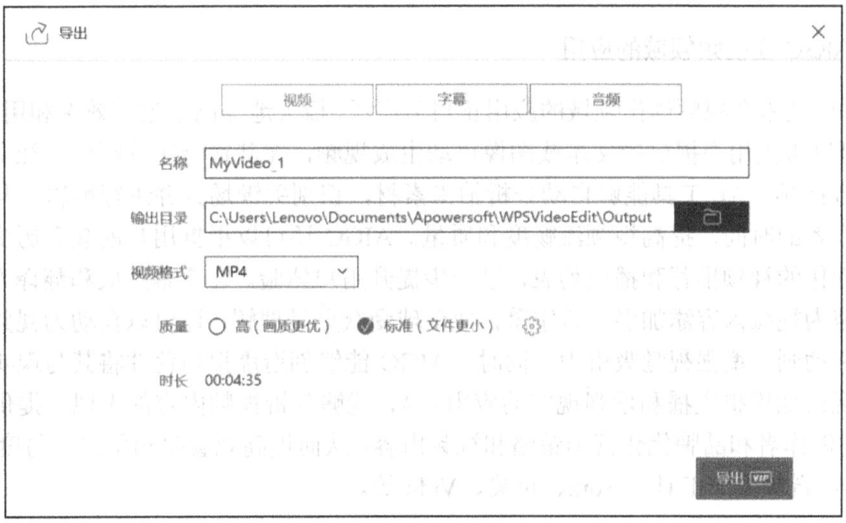

图 4-22　“导出”对话框

4.3.4　AIGC 在音频领域的应用

AIGC 在音频领域具有广泛应用，包括自动生成音乐作品，利用深度学习分析大量样本，创作旋律与和声，为作曲家提供灵感和工具；合成高质量的声音，包括人声、乐器声和环境音，用于语音和音效合成；生成自然流畅的语音，适用于有声书、虚拟助手和翻译软件，同时还能实现声音转换，将某个说话者的声音转变为不同风格或情感；用于音频的修复与增强，如降噪、修复空白部分，提升录音品质；根据用户喜好和行为分析，生成个性化的音频推荐和播放列表，提升用户体验；将文本转化为音频，广泛应用于短视频、视频配音和教育内容的制作；此外，还能进行情感分析，识别并生成带有特定情感色彩的音频，如兴奋或悲伤，增强听众的体验。

目前，热门的 AI 音频生成工具有 Stable Audio、魔音工坊，百度 AI 开放平台等。

1. Stable Audio

Stable Audio 是一个 AI 音乐生成网站，只需输入简单的文本即可生成高质量的音乐。不需要专业知识，任何人都可以轻松创作属于自己的音乐。

2. 魔音工坊

魔音工坊是一个功能全面的 AI 配音平台，只需输入文本即可生成语音输出。它提供多种真人音色可供选择，满足不同场景的配音需求。

3. 百度 AI 开放平台

百度语音合成是百度提供的一项基于深度学习技术的语音合成服务，旨在将文本内容转换成自然、流畅、富有表现力的语音。该服务广泛应用于智能客服、语音导航、声控助手、语音播报、智能硬件等场景。

4.3.5 AIGC 在视频领域的应用

AIGC 技术在视频创作领域的应用正日益广泛，极大地提高了创作效率和用户体验。AIGC 可以根据用户提供的文本或图像自动生成视频，尤其适合短片制作、社交媒体内容和广告视频。AI 工具能够自动分析拍摄素材，识别关键场景并进行剪辑，从而节省视频制作者的时间，提高视频流畅度和质量。AIGC 还可以根据用户的观看历史和偏好生成个性化的视频推荐和播放列表，进一步提升用户体验。在字幕生成和翻译方面，AI 可以快速为视频内容添加多语言字幕，使全球受众更易理解；还可以自动为视频内容添加特效和动画，增强视觉吸引力。同时，AIGC 能够创造虚拟角色并将其与现实视频合成，实现诸如虚拟主播和增强现实的应用。AI 能够分析视频内容的表现，提供数据洞察，帮助创作者和品牌优化营销策略和视频内容，从而提高观看率和用户参与度。目前，热门的 AI 音频生成工具有 Sora、可灵、Vidu 等。

1. Sora

Sora 是美国人工智能研究公司 OpenAI 发布的人工智能文生视频大模型，可以根据用户的文本提示创建最长 60 秒的逼真视频。该模型可以深度模拟真实物理世界，能生成具有多个角色、包含特定运动的复杂场景，如图 4-23 所示。

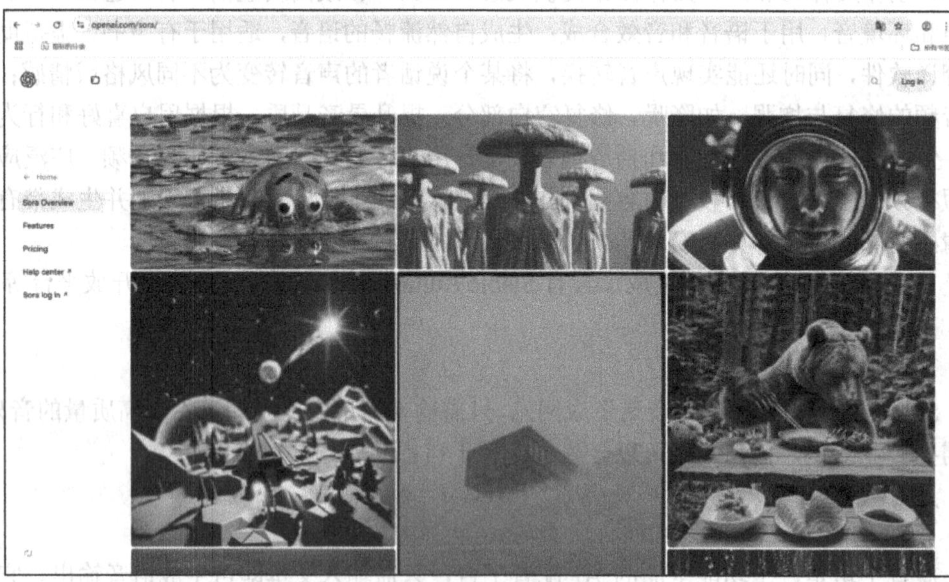

图 4-23 Sora 界面

2. 可灵

可灵是快手 AI 团队自研的视频生成大模型，采用与 Sora 相似的技术路线，效果对标 Sora。生成的视频分辨率高达 1080p，时长最高可达 2 分钟（帧率 30fps），且支持自由的宽高比。

3. Vidu

Vidu 由清华大学人工智能研究院与北京生数科技有限公司联合开发，采用基于扩散模型等前沿技术，结合物理规律理解和语义一致性优化，支持长时长视频生成，填补了国产视频大模型在“长视频生成”领域的空白。接下来我们就以《登鹳雀楼》为例，演示如何利用 AIGC 生成视频。

1）进入 Vidu 官网，选择“文生视频”选项，在文本框中输入“白日依山尽”，可以选择视频风格是“写实”还是“动画”，清晰度设置为“1080P”，宽高比设置为“16∶9”，单击“创作”按钮即可生成相对应的视频，如图 4-24 所示。

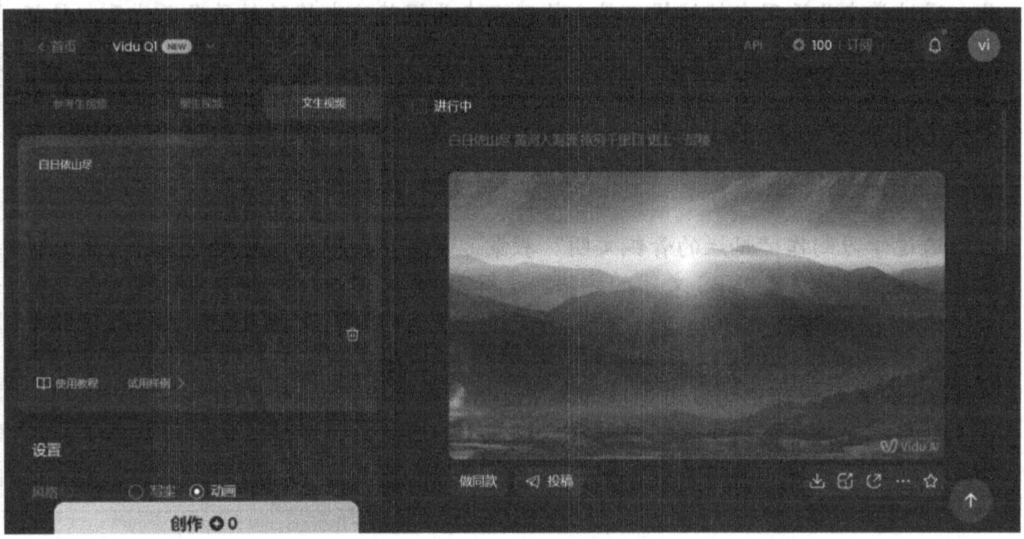

图 4-24　Vidu 文生视频效果

2）按照上面步骤，依次在对话框中输入剩余三句诗词，即可生成相对应的视频。

3）将生成的 4 段视频分别进行保存，保存类型为*.mp4 格式。

4）打开 WPS 视频剪辑软件，将保存的 4 段视频批量导入，添加合适的背景音乐及朗诵音频，将其生成为一个完整的视频文件，一首古诗词的视频就制作完成了。

第5章　文字处理软件——教案设计

问题与情景

作为师范生，在未来的教育工作中，教学资料的高效处理与优质呈现是提升教学质量的关键。在日常教学及办公场景中，教师群体普遍重视教学资料的整理与优化，通过常态化运用文档编辑工具，构建以专业规范为支撑的教学资源体系。教师系统编排教案讲义，精准校对文本内容，灵活调整格式版式，深度优化文档结构，旨在科学提升教学质量，实现高效教学输出。本章将围绕 WPS 文字处理软件在教学场景中的应用展开介绍。

学习目标

通过学习制作“灿烂的青铜文明”教案，了解 WPS 文字处理软件的特点和功能，掌握启动与退出 WPS 文字的方法，了解 WPS 文字处理软件的窗口组成及其视图方式，掌握新建、打开、保存和删除文档的基本步骤，掌握 WPS 文字处理软件的文本编辑和排版方法，掌握各种对象的插入、图文混排、表格的建立与编辑及 WPS AI 在文档创作中的应用等操作方法。通过对 WPS 文字处理软件的实际操作，提高利用信息技术解决实际问题的意识和能力；通过作品创作活动，培养审美情趣和创新能力，在探究的过程中体验学习的成就感。

利用文字处理软件进行文档的创建与编辑已成为人们当前学习和工作的核心技能之一。WPS 文字作为 WPS Office 办公套件的重要组成部分，是专业化的文档编辑与排版工具。WPS 文字能够高效、灵活地完成文本撰写、格式设计及内容优化，具备强大的文档排版、样式管理、多元素整合、智能校对及协同编辑等功能，因此被广泛应用于日常办公、教育科研、商业报告及出版发行等多元领域，是目前主流的文档处理软件。

设置文本的格式及对文本进行图文混合排版是 WPS 文字处理软件的常用功能。下面分任务讲解有关教案设计的案例。

案例背景：李老师是一位历史教师，近期需要准备一份关于“灿烂的青铜文明”的公开课教案。以往他采用手写教案的方式，存在修改不便、格式混乱、难以保存和分享等问题。

本章主要介绍如何运用 WPS 文字处理软件，完成从创建教案文档到排版美化的全流程操作，具体要求包括：规范创建文档、高效编辑内容、专业格式设置、教学可视化。

下面通过任务 5.1～任务 5.3 讲解教案的设计过程。

5.1　创建教案文档

5.1.1　任务要求

1）新建一个 WPS 文字文档，将素材中的内容复制到文档中。

2）将创建的文档以“我的教案.wps”为名保存在 E 盘中。

5.1.2　知识准备

1. 新建文档

（1）利用“文件”菜单新建文档

打开 WPS 文字软件后，在界面左上角可以看到“文件”菜单。单击“文件”菜单，在弹出的下拉菜单中选择“新建”选项。此时，软件会立即为用户创建一个全新的空白文档，用户可以在其中自由地进行输入文字、插入图片、设置格式等操作。

（2）借助“+”按钮新建文档

打开 WPS 文字软件后，文档标签栏右侧有一个醒目的“+”按钮。只需单击这个“+”按钮，同样能够快速新建一个空白文档。

（3）使用 Ctrl+N 组合键新建文档

在 WPS 文字软件处于活动状态时，按 Ctrl+N 组合键，也可以建立一个空白文档。

（4）利用模板新建文档

当用户刚刚启动 WPS 文字软件时，会出现软件的启动界面。在启动界面中，用户可以看到各种推荐的模板和新建文档的选项。这里展示了热门的文档模板类型。直接单击用户需要的模板类型，软件会自动新建一个基于该模板的文档。用户可以在这个模板基础上，修改文字内容、调整格式，快速生成一份属于自己的个性化文档。

（5）通过桌面快捷方式新建文档

如果用户的计算机桌面上已经创建了 WPS 文字的快捷方式图标，直接双击该图标，即可启动 WPS 文字，并且会默认新建一个空白文档。

（6）利用快捷菜单新建

在计算机桌面的空白区域，右击，在弹出的快捷菜单中选择“新建”→“WPS 文字文档”命令，即可快速在桌面上创建一个新的 WPS 文字文档。创建完成后，该文档会以默认的文件名显示在桌面上，用户可以对其进行重命名，然后双击打开进行编辑。

2. 保存文档

（1）通过“WPS 文字”菜单保存文档

单击软件界面左上角的“文件”菜单，在弹出的下拉菜单中选择“保存”命令。此时，会弹出“另存为”对话框。在“另存为”对话框中，用户需要选择文档要保存到的文件夹路径。

（2）使用 Ctrl＋S 组合键保存文档

在文档编辑过程中，按 Ctrl＋S 组合键，同样会弹出“另存为”对话框，后续操作与通过“WPS 文字”菜单保存文档的操作一致。

（3）保存已有的文档

当对已保存的文档进行了修改后，想要保存最新的修改内容，只需再次单击软件界面左上角的“文件”菜单，在弹出的下拉菜单中选择“保存”命令，或者按 Ctrl＋S 组合键。

（4）另存为新文档

如果在编辑过程中，希望将当前文档保存为一个新的副本，而不覆盖原始文档，可以单击“文件”菜单，在弹出下拉菜单中选择“另存为”命令。随后会弹出“另存为”对话框，在这个对话框中，可以选择新的保存路径、输入新的文件名，也可以根据需要更改保存格式。这样，既保留了原始文档，又生成了一个包含修改内容的新文档。

3. 备份中心

在日常使用 WPS 文字处理软件进行文档编辑时，数据安全至关重要。WPS 文字的备份中心功能，如同一位默默守护的卫士，为文档的数据安全提供有力保障。它能帮助用户应对各种可能导致文档丢失或损坏的意外情况，如计算机故障、软件崩溃、误操作等。

（1）备份中心的进入途径

1）通过“文件”菜单进入。打开 WPS 文字软件并进入文档编辑界面后，单击软件界面左上角的“文件”菜单，在弹出的下拉菜单中选择“选项”命令。此时会弹出“选项”对话框，单击该对话框的左下角的“备份中心”按钮，即可进入备份中心。

2）从 WPS 文字首页搜索进入。在 WPS 文字首页的全局搜索栏中输入“备份中心”，搜索结果中会显示备份中心入口，直接单击该入口就能顺利进入备份中心，如图 5-1 所示。

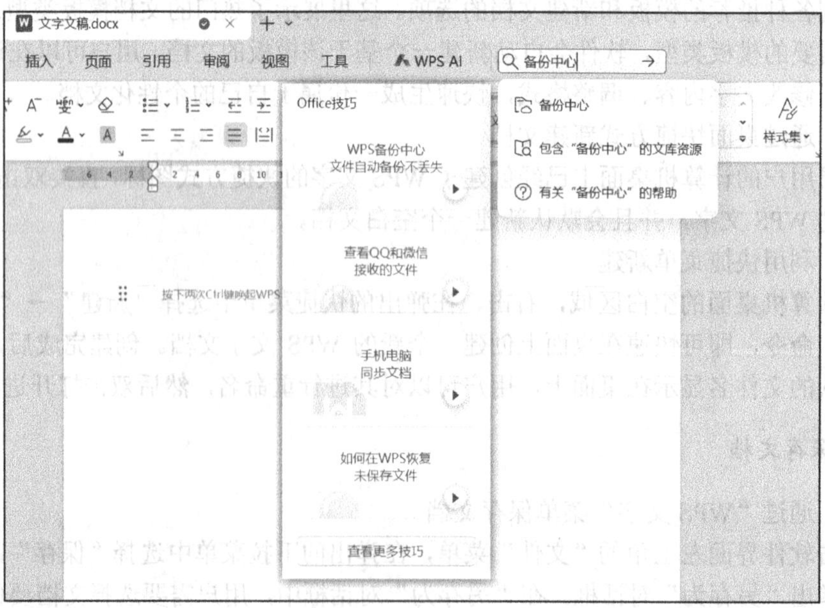

图 5-1　从 WPS 文字首页搜索进入备份中心

（2）本地备份功能

1）备份模式。备份模式包括三种。①智能备份：会根据文档备份所需时长智能调整备份频率。②定时备份：会按照设置的时间段自动进行备份。③增量备份：对文档的变化进行实时备份。

2）备份设置。在备份中心中，单击“本地备份设置”按钮，会弹出“本地备份设置”窗口。在该窗口中，可以灵活调整多项备份设置。除了选择上述不同的备份模式外，还能设置备份时间间隔（仅定时备份模式下可设置具体时间间隔），如将定时备份时间从默认的 10 分钟调整为更短或更长的时间；可以指定备份文件的存储位置，单击“浏览”按钮，在弹出的文件浏览器中选择期望存放备份文件的文件夹。此外，还能设置备份保存的周期，即保留备份文件的时长，如设置只保留最近一周的备份文件，更早的备份将自动删除，以免占用过多磁盘空间。

3）查看和管理本地备份。进入备份中心后，在“本地备份”列表中，可以看到所有按照设置的备份规则生成的本地备份文件，如图 5-2 所示。列表中会详细显示每个备份文件对应的原文档名称、文件大小及备份时间。将鼠标指针移动到所需文档对应的备份记录上，右侧会出现操作按钮，单击“打开全部备份”按钮，可以快速查看该文档所有的备份版本；若想删除某些备份文件，释放磁盘空间，单击“删除备份”按钮即可。

图 5-2　本地备份文件

（3）云端备份功能

1）自动备份到云端。WPS 文字的云端备份功能可以将文件自动备份到云端存储空间。

2）桌面文件同步。单击“桌面文件”按钮，WPS 文字可以实现桌面文件在其他设备上的同步。

3）自定义文件夹同步。单击“自定义文件夹”按钮，设置需要云端同步的本地文件夹。

4）文档云同步。开启“文档云同步”功能后，在 WPS 内打开的文档可以在多端实时同步，如图 5-3 所示。

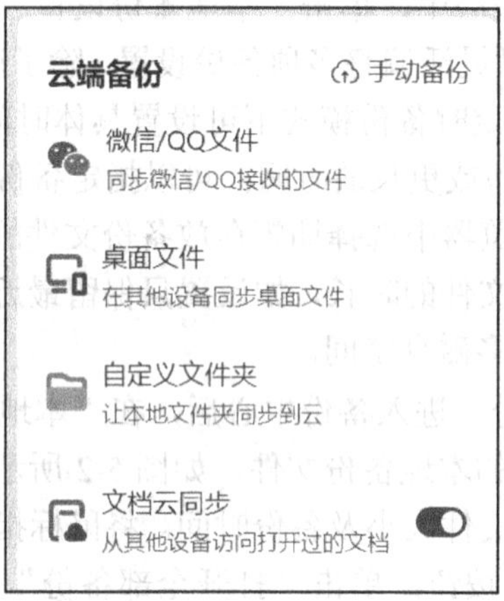

图 5-3　云端备份功能

（4）修复工具

修复工具包括文档修复和数据修复（图 5-4）。

文档修复：当遇到编辑的文档打开后显示乱码，或者根本无法正常打开的情况时，单击“文档修复”按钮，WPS 文字会尝试对损坏的文档进行修复，通过一系列算法和技术手段，尽可能恢复文档的可读性和可用性。

数据恢复：主要用于恢复丢失或误删的文档。WPS 文字会根据备份记录和数据存储情况，尝试找回丢失的文档。它会搜索本地备份和云端备份（若开启了云端备份功能），查找符合条件的文档版本。找到后，可以选择将其恢复到指定位置，重新获取丢失的文档内容。

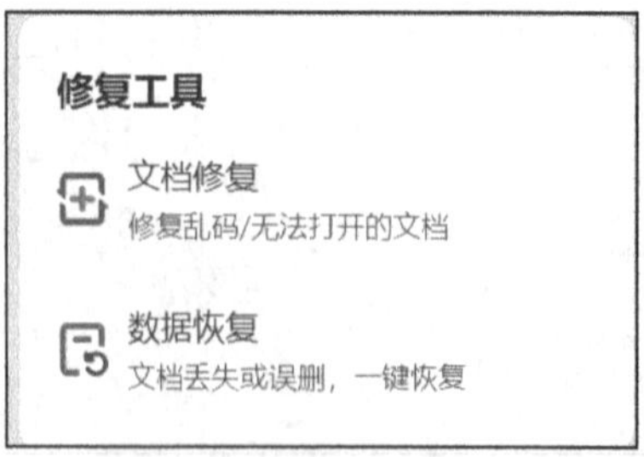

图 5-4　修复工具

4. 关闭文档

（1）通过快捷菜单关闭文档

打开 WPS 文字软件并处于文档编辑界面时，将鼠标移动到文件名上，右击，在弹出的快捷菜单中选择“关闭”命令。若文档此前已保存，执行此操作后，文档将直接关闭，WPS 文字软件可能仍保持运行状态，可继续打开或新建其他文档。若文档存在未保存的修改内容，系统会弹出提示框，询问是否保存对文档的更改。单击“保存”按钮，则会按照原路径保存文档；单击“不保存”按钮，将直接关闭文档，未保存的修改内容会丢失；单击“取消”按钮，则取消关闭操作，返回文档编辑界面。

（2）使用“关闭”按钮关闭文档

文件名右侧的“×”按钮即为“关闭”按钮。直接单击该按钮，同样会出现与上述菜单栏关闭操作类似的提示框（针对有未保存修改的文档）。若文档已保存，单击“关闭”按钮后文档将快速关闭。

（3）使用 Ctrl＋W 组合键关闭文档

在 Windows 系统下，按 Ctrl＋W 组合键，可快速关闭当前正在编辑的文档。

5. 打开文档

（1）通过“文件”菜单打开文档

启动 WPS 文字软件后，在软件界面左上角单击“文件”菜单，在弹出的下拉菜单中选择“打开”命令，随即会弹出“打开”对话框。在“打开”对话框中，可浏览计算机中的磁盘分区、文件夹等，定位到要打开的文档所在位置。选中目标文档，文档名称会在“文件名”文本框中显示，此时单击“打开”按钮，即可在 WPS 文字软件中打开该文档。

（2）利用快速访问工具栏打开文档

单击 WPS 文字软件界面的上方的快速访问工具栏中的“打开”按钮，选择需要打开文档即可。

（3）使用 Ctrl＋O 组合键打开文档

在 Windows 系统下，按 Ctrl＋O 组合键，可快速调出“打开”对话框。

（4）从最近使用的文档中打开文档

WPS 文字软件会记录近期打开过的文档列表，方便快速再次打开这些文档。单击软件界面左上角的“文件”菜单，在弹出的下拉菜单中选择“最近使用的文档”命令，其右侧会显示最近打开过的文档名称列表。若要打开列表中的某个文档，直接单击该文档名称，WPS 文字软件会迅速将其打开。

（5）打开网络文档

在“打开”对话框中，单击左侧导航栏中的“用户的云文档”按钮。若要访问共享文件夹，需要输入共享文件夹所在计算机的网络路径或计算机名称，并根据提示输入相应的用户名和密码。连接到共享文件夹后，在其中找到需要打开的文档，选中并单击“打开”按钮，即可在 WPS 文字软件中打开该网络文档。

6. 选择不同的视图方式

（1）页面视图

页面视图是 WPS 文字的默认视图方式，它能呈现文档打印后的真实效果，包括页面布局、页眉页脚、页码、页边距、分栏等元素。在页面视图下，文档的显示效果与实际打印结果几乎完全一致，用户可以直观地看到文档的整体排版和格式设置。

当用户完成文档的撰写和初步编辑后，使用页面视图可以全面检查文档的排版是否符合要求，如段落间距是否合适、图片和表格的位置是否恰当等。在准备打印文档之前，通过页面视图可以提前查看文档在纸张上的布局，确保打印效果符合预期，避免出现内容溢出页面、页码显示异常等问题。

打开 WPS 文字文档后，默认即为页面视图。若当前不是页面视图，可以选择菜单栏中的“视图”选项卡，在“视图”选项组中单击“页面视图”按钮。

（2）阅读版式视图

阅读版式视图主要是为了方便用户阅读文档而设计的。在该视图下，文档以适合阅读的方式显示，文字排版更加清晰，页面背景通常为浅色，能减少眼睛的疲劳。它会隐藏一些不必要的工具栏和按钮，将文档内容最大化显示，同时还支持自动分页和双页显示等功能，让用户可以像翻阅书籍一样轻松阅读文档。

（3）Web 版式视图

Web 版式视图模拟了文档在网页浏览器中的显示效果，它会根据窗口大小自动调整文档的布局，使文档内容能够自适应窗口宽度。在该视图下，文字会自动换行，段落间距和字体大小等也会进行相应调整，以适应网页浏览的特点。同时，它还支持超链接的显示和单击，方便用户在文档中浏览相关链接。

（4）大纲视图

大纲视图主要用于查看和编辑文档的结构大纲。在大纲视图下，用户可以清晰地看到文档的各级标题和正文内容，并且可以通过拖动标题来调整文档的层次结构。同时，用户还可以对标题进行升级、降级、展开、折叠等操作，方便对文档的整体结构进行规划和调整。

（5）写作模式

写作模式是一种简洁的视图方式，它只显示文档的文本内容，不显示页眉、页脚、页码、图片等格式元素，也不进行复杂的排版显示。在习作模式下，文档的显示速度较快，编辑操作更加流畅，适合快速输入和编辑文本内容。

7. 退出 WPS 文字处理软件

（1）通过“文件”菜单退出

启动 WPS 文字软件并处于软件主界面时，单击界面左上角的“文件”菜单，在弹出的下拉菜单中选择“退出”命令。此时，若有已打开但未保存的文档，系统会弹出提示框，询问是否保存对文档的更改。若单击“保存”按钮，软件将按照文档原路径或指定路径保存文档后退出；若单击“不保存”按钮，文档未保存的修改内容将丢失，软件直接退出；若单击“取消”按钮，则取消退出操作，返回 WPS 文字软件主界面。

（2）利用“关闭”按钮退出

单击 WPS 文字软件主窗口的右上角“×”按钮，后续操作与通过“文件”菜单退出类似。

（3）使用 Alt＋F4 组合键退出

在 Windows 系统下，按 Alt＋F4 组合键，可触发 WPS 文字软件的退出操作。

5.1.3　实施步骤

第 1 步：启动 WPS 文字软件后，单击左上角的“文件”菜单，在弹出的下拉菜单中选择“新建”选项，此时会创建一个空白的 WPS 文字文档。

第 2 步：打开包含要复制内容的素材文件，选中要复制到新建 WPS 文字文档中的内容，右击，在弹出的快捷菜单中选择“复制”命令；切换到新建的 WPS 文字文档界面，将光标定位到文档中要粘贴内容的起始位置。右击，在弹出的快捷菜单中选择“粘贴”命令，即可将复制的素材内容粘贴到新建文档中。

第 3 步：在完成素材内容粘贴到新建文档后，单击“文件”菜单，在弹出的下拉菜单中选择“保存”命令。由于此为新建文档首次保存，会弹出“另存为”对话框，保存路径选择 E 盘，文件名为“我的教案”，保存类型为.wps 格式。

5.2　设置教案格式

5.2.1　任务要求

1）打开“我的教案.wps”文件，选择文本练习：选中教案中“我的教案”4 个字；选中教案的第一行；选中教案的最后一段；选择整个教案。

2）将“《灿烂的青铜文明》教案”一行字复制到教案的最后一行，然后删除。

3）将教案中的最后一段移到第一行的前面，然后移回。

4）将教案中所有的“同学”替换为“学生”。

5）设置教案的字体、段落格式。教案内容标题：“黑体”，字号为“小一”，字形为“粗体”，居中；段前、段后各 1 行。教案一级标题：“楷体”，字号为“小二号”，字形为“粗体”，段前、段后各 0.5 行。教案二级标题：“仿宋体”，字号为“小三号”，字形为“粗体”，段前、段后各 4 磅。教案正文：“宋体”，字号为“小四号”，首行缩进 2 字符，1.5 倍行距。

6）设置标题底纹、项目符号、项目编号。一级标题添加灰色底纹，二级标题文本加上项目符号，样式任选。使用格式刷将所有一级标题、二级标题和正文设置为要求的格式。教学目标和教学重难点的正文内容前加项目编号。

7）统计教案字数。

以上任务完成效果如图 5-5 所示。

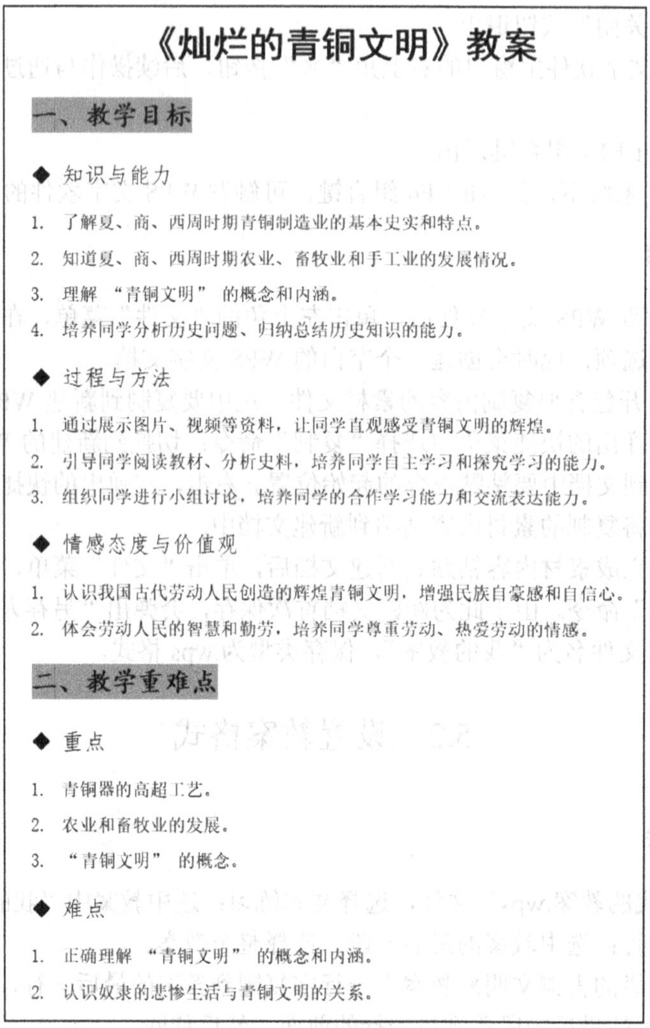

《灿烂的青铜文明》教案

一、教学目标

◆ 知识与能力

1. 了解夏、商、西周时期青铜制造业的基本史实和特点。
2. 知道夏、商、西周时期农业、畜牧业和手工业的发展情况。
3. 理解“青铜文明”的概念和内涵。
4. 培养同学分析历史问题、归纳总结历史知识的能力。

◆ 过程与方法

1. 通过展示图片、视频等资料，让同学直观感受青铜文明的辉煌。
2. 引导同学阅读教材、分析史料，培养同学自主学习和探究学习的能力。
3. 组织同学进行小组讨论，培养同学的合作学习能力和交流表达能力。

◆ 情感态度与价值观

1. 认识我国古代劳动人民创造的辉煌青铜文明，增强民族自豪感和自信心。
2. 体会劳动人民的智慧和勤劳，培养同学尊重劳动、热爱劳动的情感。

二、教学重难点

◆ 重点

1. 青铜器的高超工艺。
2. 农业和畜牧业的发展。
3. “青铜文明”的概念。

◆ 难点

1. 正确理解“青铜文明”的概念和内涵。
2. 认识奴隶的悲惨生活与青铜文明的关系。

图 5-5 效果图

5.2.2 知识准备

1. 文本输入

启动 WPS 文字软件，新建或打开一个文档后，会看到一个空白的编辑区域，闪烁的光标所在之处便是文本输入的起始位置。可直接通过键盘输入各种字符，包括汉字、字母、数字、标点符号等。在输入过程中，WPS 文字具备自动换行功能，当输入的文本到达页面右侧边界时，会自动切换到下一行继续输入，无须手动按 Enter 键换行，只有在需要开始新段落时才按 Enter 键。

2. 文本选择

拖动鼠标选中：将鼠标指针移至要选中的文本起始位置，按住鼠标左键不放，然后拖动鼠标，直至覆盖要选中的全部文本，松开鼠标左键，此时被选中的文本会以灰底黑字的高亮形式显示。

选中一个词语：在文档中，双击某个词语，即可快速选中该词语。

选中一行文本：将鼠标指针移至文档左侧的空白区域（即文本选定区），当鼠标指针变为向右倾斜的箭头时，单击，即可选中鼠标指针所指向的整行文本。

选中一个段落：在文本选定区双击，可选中鼠标指针所指向的整个段落；或者在段落内任意位置连续单击 3 次，也能选中该段落。

选中整篇文档：在文本选定区，单击 3 次，即可快速选中整篇文档内容；也可按 Ctrl＋A 组合键实现同样的效果。

使用 Shift 键扩展选中范围：先将光标定位到要选中内容的起始位置，然后按住 Shift 键，再将鼠标指针移至要选中内容的结束位置，单击，此时从起始位置到结束位置之间的所有文本都会被选中。

使用 Ctrl 键选中不连续文本：按住 Ctrl 键，用鼠标依次单击要选中的不同部分文本，可选中多个不连续的文本区域。

3. 文本修改

（1）删除文本

选中要删除的文本内容，按 Delete 键，即可删除选中的文本；若要删除光标左侧的字符，可按 Backspace 键。

（2）插入文本

将光标定位到要插入文本的位置，直接输入新的内容，新输入的文本会插入光标所在位置，其后的文本依次后移。

4. 文本移动与复制

（1）使用鼠标拖动

选中要移动的文本，将鼠标指针移至选中的文本区域内，按住鼠标左键拖动文本到目标位置，松开鼠标左键，文本即被移动到新的位置。

（2）通过剪切与粘贴

选中要移动的文本，选择菜单栏中的“开始”选项卡，单击“剪切”按钮或按 Ctrl＋X 组合键，此时选中的文本被剪切到剪贴板中，原位置的文本消失。将光标定位到目标位置，再单击“粘贴”按钮，或按 Ctrl＋V 组合键，文本就会被粘贴到目标位置，完成移动操作。

（3）使用鼠标拖动并复制

选中要复制的文本，按住 Ctrl 键，将鼠标指针移至选中的文本区域内，当鼠标指针变为带加号的箭头时，按住鼠标左键拖动文本到目标位置，松开鼠标左键，即可在目标位置复制出一份与原文本相同的内容。

（4）通过复制与粘贴

选中要复制的文本，单击“开始”选项卡中的“复制”按钮或按 Ctrl＋C 组合键，将文本复制到剪贴板。将光标定位到需要粘贴文本的位置，单击“粘贴”按钮或按 Ctrl＋V 组合键，即可将剪贴板中的文本粘贴到目标位置，实现文本复制。

5. 查找与替换

（1）查找文本

单击“开始”选项卡中的“查找替换”按钮或按 Ctrl＋F 组合键，会弹出“查找和替换”对话框，且默认显示“查找”选项卡。在“查找内容”文本框中输入要查找的文字内容。例如，要查找文档中所有出现的“计算机”一词，就在文本框中输入“计算机”。单击“查找下一处”按钮，WPS 文字会在文档中从当前光标位置开始向下查找，找到第一个匹配的内容后，该内容会以高亮形式显示。继续单击“查找下一处”按钮，可依次查找文档中所有该文本的位置。若要从文档开头开始查找，可在打开对话框后，将光标定位到文档开头再进行查找操作。

（2）替换文本

在“查找和替换”对话框中，切换到“替换”选项卡，也可按 Ctrl＋H 组合键直接打开“替换”选项卡。在“查找内容”文本框中输入要被替换的文本，在“替换为”文本框中输入替换后的新文本。例如，要将文档中所有的“电脑”替换为“计算机”，就在“查找内容”文本框中输入“电脑”，在“替换为”文本框中输入“计算机”。单击“替换”按钮，WPS 文字会将当前查找到的一处“电脑”替换为“计算机”；单击“全部替换”按钮，WPS 文字会自动查找文档中所有的“电脑”并替换为“计算机”。

6. 字体格式设置

1）设置字体格式。选中要设置字体格式的文本，选择“开始”选项卡，在“字体”选项组中可进行多种字体格式设置。

2）选择字体。在“字体”下拉列表中，可选择不同的字体类型，如宋体、黑体、楷体等。

3）调整字号。在“字号”下拉列表中，可选择合适的字号大小，数字越大，字体越大；也可直接在字号输入框中输入具体的字号数值。

4）设置字体样式。单击“加粗”“倾斜”“下划线”按钮，可使选中的文本呈现相应的样式效果；单击“字体颜色”下拉按钮，可在弹出的下拉列表中选择文本的颜色；单击“字符底纹”“字符边框”按钮，可为文本添加底纹和边框效果。

7. 段落格式设置

段落格式设置可调整段落的外观和布局。将光标定位到要设置格式的段落内，或选中多个段落。单击“开始”选项卡中的“段落”选项组右下角的对话框启动器，会弹出“段落”对话框，如图 5-6 所示。

1）设置缩进。在“缩进”组中，可设置段落的左缩进、右缩进及特殊缩进，如首行缩进或悬挂缩进。

2）设置行距：在“行距”下拉列表中，可选择“单倍行距”“1.5 倍行距”“2 倍行

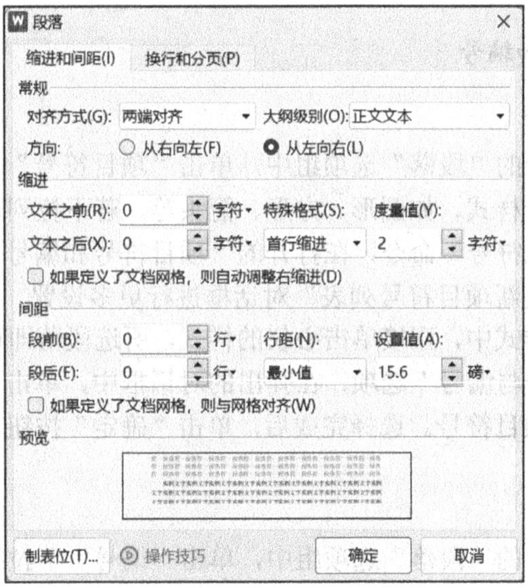

图 5-6　“段落”对话框

距”等常规行距选项；也可选择“固定值”选项，然后在“设置值”文本框中输入具体的行距数值，精确设置行距。

3）设置段落对齐方式：“开始”选项卡的“段落”选项组中，提供了左对齐、居中对齐、右对齐、两端对齐和分散对齐 5 种对齐方式按钮。标题一般采用居中对齐方式，正文多采用两端对齐方式。

4）设置段间距。在“段落”对话框的“间距”组，可设置段前间距和段后间距，用于调整段落与段落之间的垂直距离。

8. 给段落添加边框和底纹

（1）添加段落边框

在“开始”选项卡的“段落”选项组中，单击“边框”下拉按钮，此时会弹出边框样式下拉列表，如“所有边框”“外侧边框”“无框线”等。若下拉列表中的预设样式不能满足需求，可选择“边框与底纹”命令，打开“边框和底纹”对话框。

在“边框和底纹”对话框的“边框”选项卡中，可对边框的样式、颜色、宽度等进行详细设置。在“线型”列表框中，选择边框线条样式，如实线、虚线、双线等；在“颜色”下拉列表中，选择适合的边框颜色；在“宽度”下拉列表中，确定边框线条的粗细；在“应用于”下拉列表中，选择“段落”选项，确保边框应用于所选段落。设置完成后，单击“确定”按钮，所选段落即可添加上设定的边框。

（2）添加段落底纹

在“开始”选项卡的“段落”选项组中，单击“底纹颜色”下拉按钮，会出现多种预设底纹颜色。若需要更多颜色或图案，选择“其他填充颜色”命令，打开“颜色”对话框，可在“标准”选项卡中选择适合的颜色，也可以在“自定义”选项卡中精准设置适合的颜色。

9. 设置项目符号和编号

（1）添加项目符号

在“开始”选项卡的“段落”选项组中，单击“项目符号”下拉按钮。此时，会弹出多种预设的项目符号样式，如圆形、方形、箭头等。若下拉列表中的样式无法满足需求，选择“自定义项目符号”命令，在打开的“项目符号和编号”对话框中单击“自定义”按钮，打开“定义新项目符号列表”对话框进行更多设置。

在预设项目符号样式中，直接单击心仪的样式，所选段落即可添加上对应的项目符号。若选择“项目符号与编号”选项，在弹出的对话框中，单击“符号”按钮，可从众多符号中选择所需的项目符号。选择完成后，单击“确定”按钮，所选段落便会显示自定义的项目符号。

（2）添加编号

在“开始”选项卡的“段落”选项组中，单击“编号”下拉按钮，会呈现多种预设编号格式，如 1.、2.、3.，A.、B.、C.等。若需要更多编号样式，选择“自定义编号”命令，打开“项目符号和编号”对话框。在预设编号格式中选择合适的样式，如罗马数字、中文数字等，所选段落即自动添加上相应编号。在“编号格式”文本框中，可在已有编号样式基础上，添加前缀或后缀，自定义编号格式。设置完成后，单击“确定”按钮，所选段落便会按照设定格式添加编号。

10. 文档字数统计

（1）通过“审阅”选项卡统计

启动 WPS 文字软件并打开目标文档，选择“审阅”选项卡，单击“字数统计”按钮。此时，系统会弹出“字数统计”对话框，该对话框中会详细罗列文档的字数、字符数（分不计空格和计空格两种统计结果）、段落数及行数等关键信息。

（2）选取特定文本区域

若仅需统计文档中部分内容的字数，如某个段落、连续的几个段落或者特定的文字片段，则可在文档编辑界面，完成特定文本区域的选取后，单击“审阅”选项卡中的“字数统计”按钮。此时弹出的“字数统计”对话框中呈现的数据，即为所选特定范围文本的字数、字符数、段落数（若仅选一段则为 1，选多段则显示实际段落数）及行数等。

5.2.3 实施步骤

第 1 步：将光标定位于“我的教案”4 个字的起始位置，按住鼠标左键不放，然后向右拖动鼠标，直至覆盖“我的教案”这 4 个字，松开鼠标左键，此时“我的教案”4 个字将以灰底黑字的高亮形式显示，表示已被选中。

第 2 步：将鼠标指针移至文档左侧的空白区域（文本选定区），当鼠标指针变为向右倾斜的箭头时，将该箭头移至第一行文本对应的位置，单击，此时教案的第一行文本将被选中，呈高亮显示。

第 3 步：将鼠标指针移至文档左侧的空白区域，当鼠标指针变为向右倾斜的箭头时，将鼠标指针移至文档最后一段对应的位置，双击，即可选中教案的最后一段。或者在文档最后一段内任意位置连续单击三次，也能选中该段落，被选中的段落将以高亮形式呈现。

第 4 步：将鼠标指针移至文档左侧的空白区域，当鼠标指针变为向右倾斜的箭头后，三击，即可快速选中整个教案内容。也可按 Ctrl＋A 组合键来实现对整个教案内容的选择，选中后的文档内容将全部高亮显示。

第 5 步：将光标定位于“《灿烂的青铜文明》教案”一行字的起始位置，按住鼠标左键并拖动，直至选中整行文字，使其呈高亮显示，右击，在弹出的快捷菜单中选择“复制”命令，也可按 Ctrl＋C 组合键进行复制操作，此时该行文字被复制到系统剪贴板中；将光标移至教案的最后一行末尾处，右击，在弹出的快捷菜单中选择“粘贴”命令，即可将该行文字复制至文档末尾；再次选中该行文字后，按 Delete 键，即可删除该行文字。

第 6 步：选中最后一段，右击，在弹出的快捷菜单中选择“剪切”命令。也可按 Ctrl＋X 组合键进行剪切操作；将光标移至文档第一行的起始位置，右击，在弹出的快捷菜单中选择“粘贴”命令。按 Ctrl＋Z 组合键撤销刚才的“剪切”和“粘贴”操作，将最后一段移回。

第 7 步：单击“开始”选项卡中的“查找替换”按钮，在弹出的下拉列表中选择“替换”命令，在打开的“查找和替换”对话框中选择“替换”选项卡。在“查找内容”文本框中输入“同学”，在“替换为”文本框中输入“学生”。单击“全部替换”按钮，WPS 文字软件会自动在整个文档中查找所有的“同学”文本，并将其替换为“学生”。替换完成后，软件会弹出提示框，告知替换的数量。单击“确定”按钮，关闭提示框。此时，文档中所有的“同学”文本已被成功替换为“学生”。

第 8 步：选中标题，单击“开始”选项卡，在“字体”选项组的“字体”下拉列表中，选择“黑体”，在“字体”选项组的“字号”下拉列表中，选择“小一”，在“字体”选项组中，单击“加粗”按钮；在“段落”选项组中，单击“居中对齐”按钮，使标题在页面中居中显示，单击“段落”选项组右下角的对话框启动框，打开“段落”对话框，在“间距”组的“段前”数值框中，选择或输入“1 行”；在“段后”数值框中，选择或输入“1 行”，设置完成后，单击“确定”按钮。

第 9 步：选中第一个一级标题，设置字体为“楷体”，设置字号为“小二”，设置字形为粗体，设置段前、段后间距为“0.5 行”。

第 10 步：选中第一个二级标题，设置字体为“仿宋”，设置字号为“小三”，设置字形为粗体，设置段前、段后间距 “4 磅”(输入 4 磅)。

第 11 步：选中部分正文内容，设置字体为“宋体”，设置字号 “小四”；单击“段落”选项组右下角的对话框启动框，打开“段落”对话框，在“缩进”组的“特殊格式”下拉列表中，选择“首行缩进”选项，并在右侧的“磅值”数值框中，选择或输入“2 字符”；在“段落”对话框的“行距”下拉列表中，选择“1.5 倍行距”选项。设置完成后，单击“确定”按钮。

第 12 步：选中已设置好格式的正文段落，双击“开始”选项卡中的“格式刷”按钮，然后用鼠标指针依次拖动选中其他未设置格式的正文段落，将设置的格式应用到整个教案的正文部分。设置完成后，再次单击“格式刷”按钮或按 Esc 键，退出格式刷状态。

第 13 步：选中第一个一级标题，选择“开始”选项卡，在“段落”选项组中，单击“边框”下拉按钮。在弹出的“边框和底纹”对话框中，切换到“底纹”选项卡。在“填充”组中，选择灰色，在“应用于”下拉列表中，选择“段落”选项。设置完成后，单击“确定”按钮。

第 14 步：选中第一个二级标题，选择“开始”选项卡，在“段落”选项组中，单击“项目符号”下拉按钮，在弹出的项目符号样式列表中，选择一种样式。此时，选中的二级标题前会出现所选样式的项目符号。

第 15 步：选中已设置好格式的第一个一级标题，双击“开始”选项卡中的“格式刷”按钮，然后依次单击其他一级标题，将格式应用到所有一级标题上。设置完成后，再次单击“格式刷”按钮或按 Esc 键，退出格式刷状态。

第 16 步：用同样的方法将设置好的第一个二级标题的格式应用到其他二级标题上。

第 17 步：选中教学目标和教学重难点的正文内容，选择“开始”选项卡，在“段落”选项组中，单击“编号”下拉按钮，在弹出的编号样式列表中，选择一种合适的编号样式（如 1.、2.、3.等）。

第 18 步：选择“审阅”选项卡，在“校对”选项组中，单击“字数统计”按钮，此时会弹出“字数统计”对话框，对话框中会显示文档字数。

5.3 美化教案版面

5.3.1 任务要求

1）将教案的标题设置为艺术字，样式自定，适当调整艺术字的大小和位置，效果如图 5-7 所示。

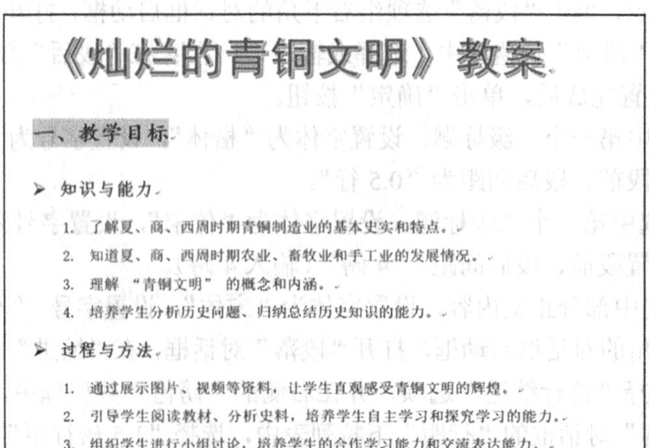
《灿烂的青铜文明》教案

一、教学目标

➢ 知识与能力

1. 了解夏、商、西周时期青铜制造业的基本史实和特点。
2. 知道夏、商、西周时期农业、畜牧业和手工业的发展情况。
3. 理解“青铜文明”的概念和内涵。
4. 培养学生分析历史问题、归纳总结历史知识的能力。

➢ 过程与方法

1. 通过展示图片、视频等资料，让学生直观感受青铜文明的辉煌。
2. 引导学生阅读教材、分析史料，培养学生自主学习和探究学习的能力。
3. 组织学生进行小组讨论，培养学生的合作学习能力和交流表达能力。

图 5-7　标题设置效果图

2）在“讲授新课”下插入 3 列 4 行表格，将素材内容复制到表格相应单元格中，调整表格行高和列宽，并进行格式设置。

表格标题设置为黑体、小四、加粗、居中、灰色底纹；表格文本设置为宋体、小四、无首行缩进、段前段后为 1 行、单倍行距、水平左对齐、垂直居中（图 5-8）。

教学内容	时间	教学过程
青铜器的高超工艺	10 分钟	介绍青铜器的发展历程，从夏朝的初步发展到商朝的繁荣再到西周的种类更加丰富。 展示后母戊鼎、四羊方尊等青铜器的图片，分析其特点，如规模宏大、造型精美、工艺高超等。 讲解青铜器的制作方法，如泥范铸造法。
农业和畜牧业的发展	10 分钟	引导学生阅读教材，了解夏、商、西周时期农业和畜牧业的发展情况。 分析农业发展的表现，如农作物品种增多、农业生产技术提高等。 介绍畜牧业的发展，如家畜种类增多、饲养规模扩大等。
“青铜文明”的概念	10 分钟	提出问题：“什么是青铜文明？仅仅是指青铜器的高超工艺吗？”引导学生思考。 讲解“青铜文明”的概念，它不仅包括青铜器的高超工艺，还包括农业、畜牧业、手工业和商业的繁荣。 分析“青铜文明”出现的原因，如社会稳定、生产力的发展等。
奴隶的悲惨生活	5 分钟	展示一些反映奴隶悲惨生活的史料和图片，如奴隶殉葬、奴隶劳作等。 引导学生思考奴隶的悲惨生活与青铜文明的关系，认识到青铜文明是建立在奴隶的辛勤劳动和悲惨命运之上的。

图 5-8　表格效果图

熟悉插入行、插入列、删除行、删除列等表格操作。

3）在教案中插入相关的图片，并调整图片的大小和位置，效果如图 5-9 所示。熟悉图片的裁剪功能和调整大小等操作。

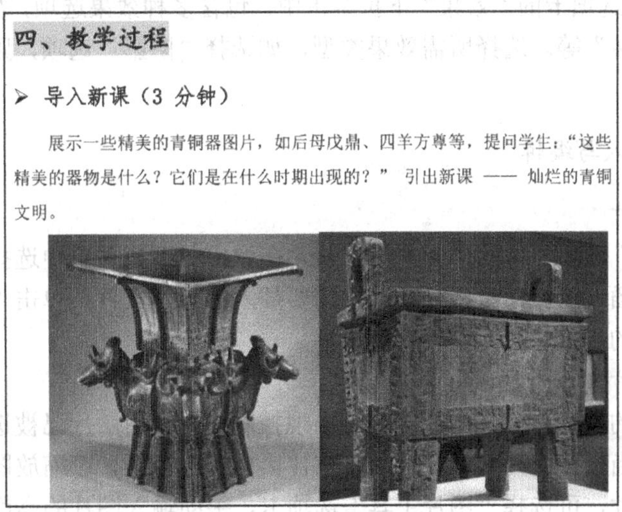

图 5-9　插入图片效果图

4）为教案插入页眉页脚。页眉为《灿烂的青铜文明》教案，页脚为第×页。

5.3.2 知识准备

1. 艺术字的插入与编辑

（1）艺术字的插入操作

单击“插入”选项卡中的“艺术字”按钮，弹出艺术字样式库，库中展示了多种预设的艺术字样式，涵盖不同字体效果、颜色搭配与变形设计。在艺术字样式库中，浏览并选择符合文档风格与需求的艺术字样式。单击该样式后，文档中会出现一个带有占位符“请在此放置您的文字”的艺术字文本框。在该文本框内，直接输入需要展示为艺术字的文字内容。

（2）更改艺术字字体

单击已插入的艺术字，此时艺术字周围会出现控制点，表明艺术字已被选中，单击“文本工具”选项卡中的“字体”下拉按钮，从众多字体选项中挑选合适的字体。更改字体后，艺术字的字形会相应改变，以呈现所选字体的独特风格。

（3）调整艺术字颜色

单击“绘图工具”选项卡中“艺术字样式”选项组中的“填充”下拉按钮，可以调整艺术字颜色。若只需更改艺术字的填充颜色，可从预设颜色中直接选择；若需要更多颜色选项，选择“其他字体颜色”命令，打开“颜色”对话框，在对话框中可通过多种方式选择颜色，如在“自定义”选项卡中精确调配所需颜色。

若要设置艺术字的轮廓颜色，单击“绘图工具”选项卡中“艺术字样式”选项组中的“轮廓”下拉按钮，同样可从预设颜色中选择或选择“其他轮廓颜色”命令，为艺术字添加独特的轮廓效果。

（4）设置艺术字效果

“绘图工具”选项卡的“效果”下拉菜单中，包含多种效果选项，如“阴影”“倒影”“发光”“三维旋转”等。选择所需效果类型，如选择“阴影”选项，则可为艺术字设置阴影效果。

2. 图片的插入与编辑

（1）插入图片

单击“插入”选项卡中的“图片”按钮，在弹出的下拉菜单中选择“本地图片”命令。随即弹出“插入图片”对话框，选中需要插入的图片文件，单击“打开”按钮，图片即被插入文档的指定位置。

（2）调整图片大小

单击已插入的图片，此时图片周围会出现控制点，表明图片已被选中。将鼠标指针移至控制点上，当指针变为双向箭头时，按住鼠标左键拖动，可缩放图片大小。若需要精确设置图片尺寸，可选择“图片工具”选项卡，手动输入图片的高度和宽度数值，可精确调整图片大小。

（3）裁剪图片

单击“图片工具”选项卡中的“裁剪”按钮，此时图片边缘会出现裁剪控制点，拖动裁剪控制点，确定要保留的图片区域，裁剪掉不需要的部分。

3. 页眉页脚的插入与编辑

（1）进入页眉页脚编辑状态

单击“插入”选项卡中的“页眉页脚”按钮，文档即进入页眉页脚编辑状态，此时文档顶部会出现页眉编辑区域，文档底部会出现页脚编辑区域，同时会出现“页眉页脚”选项卡。

（2）修改文字内容

若要修改已有的页眉页脚文字内容，可双击页眉或页脚区域，再次进入页眉页脚编辑状态。在页眉页脚编辑区域中，选中需要修改的文字，然后直接输入新的文字内容进行替换。

（3）设置页眉页脚格式

在页眉页脚编辑状态下，选中需要设置格式的文字、页码或其他元素，利用“开始”选项卡中的“字体”工具，可设置文字的字体、字号、颜色、加粗、倾斜、下划线等格式；利用“段落”工具，可设置文字的对齐方式、缩进等段落格式。

（4）插入特殊元素

在页眉页脚编辑区域中，将光标定位至需要插入特殊元素的位置。单击“页眉页脚”选项卡中的“日期和时间”按钮，可在弹出的“日期和时间”对话框中选择当前日期和时间的显示格式，单击“确定”按钮，当前日期和时间即插入页脚光标位置；若要插入文档属性信息，如文档作者、文档标题等，单击“域”按钮，选择相应的文档属性字段，如“Author”（作者）、“Title”（标题）等，单击“确定”按钮，即可将对应的文档属性信息插入页眉页脚中。

4. 页码的插入与编辑

（1）页码的插入操作

单击“插入”选项卡中的“页码”按钮，会弹出“预设样式”下拉列表，如图 5-10 所示。在该下拉菜单中，可选择页码的插入位置，如页眉左侧、页眉右侧、页眉中间、页脚左侧、页脚右侧、页脚中间等。例如，想在页脚中间以数字 1,2,3 的格式插入页码，选择对应的选项后，文档的每一页相应位置即自动插入页码。

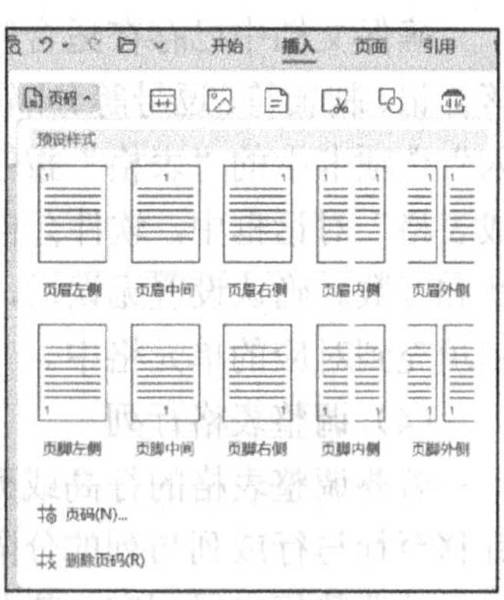

图 5-10　“预设样式”下拉列表

（2）设置页码格式

若要更改已插入页码的格式，单击“插入”选项卡中的“页码”按钮，在“预设样式”下拉列表中选择“页码”选项，弹出“页码”对话框，如图 5-11 所示。在“页码”对话框中，“样式”下拉列表框提供多种页码编

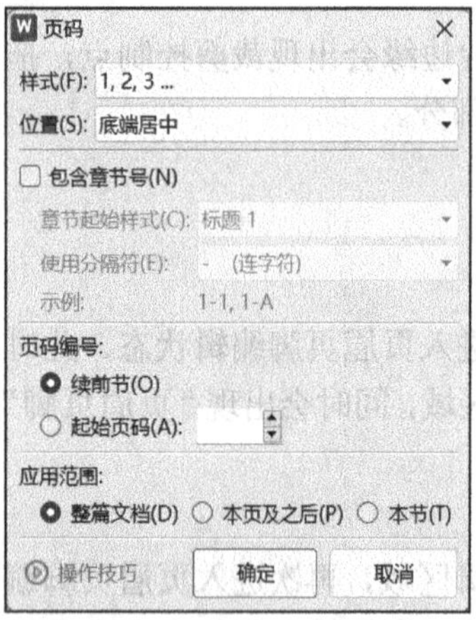

图 5-11 “页码”对话框

号样式，可根据文档需求选择合适的样式，如从阿拉伯数字切换为大写英文字母编号。同时，若文档分章节排版，可在“页码编号”组选中“续前节”或“起始页码”单选按钮。选择“续前节”单选按钮，页码会按照上一节的页码顺序连续编号；选中“起始页码”单选按钮，可自定义当前节的起始页码。

（3）调整页码位置与对齐方式

若要调整页码在页面中的位置或对齐方式，需要进入页眉页脚编辑状态，选中页码所在的文本框或段落，利用“开始”选项卡中的“段落”工具，调整页码所在段落的对齐方式，如左对齐、居中对齐、右对齐等，改变页码在页眉或页脚区域的水平位置。若要调整页码的垂直位置，可在“页眉页脚”选项卡中，通过调整“页眉上边距”或“页脚下边距”的数值，改变页码与页面边缘的垂直距离。

5. 表格的插入与编辑

（1）快速插入表格

单击“插入”选项卡“常用对象”选项组中的“表格”按钮，会弹出一个表格选择框，以可视化的方式呈现多种表格行列组合。在表格选择框中，通过鼠标拖动，选择所需表格的行数和列数。选中后，文档中即自动插入相应尺寸的表格。

（2）绘制表格

单击“插入”选项卡的“表格”按钮，在弹出的下拉列表中选择“绘制表格”命令。此时，鼠标指针变为铅笔形状，进入表格绘制状态。按住鼠标左键，在文档中拖动鼠标，绘制出表格的外边框。松开鼠标后，可继续使用铅笔形状的指针在边框内绘制横线、竖线和斜线，构建表格的行、列及单元格结构。绘制完成后，按 Esc 键退出表格绘制状态，一个自定义结构的表格即绘制完成。

（3）从文本转换为表格

确保文档中已存在适合转换为表格的文本内容，且文本具有一定的结构，如使用段落标记、制表符、逗号等分隔不同的数据项。选中需要转换为表格的文本内容，单击“插入”选项卡中的“表格”按钮，选择“文本转换成表格”命令，在弹出的“将文字转换成表格”对话框中，软件会自动检测文本中的分隔符号，并根据分隔情况设置表格的列数和行数。确认设置无误后，单击“确定”按钮，所选文本即转换为表格形式，数据分别填充到对应的单元格中。

（4）调整表格行列

若要调整表格的行高或列宽，先选中需要调整的行或列。选中行或列后，将鼠标指针移至行与行或列与列的分隔线上，当指针变为双向箭头时，按住鼠标左键拖动分隔线，可手动调整行高或列宽。若要精确设置行高或列宽，单击“表格工具”选项卡中的“表格属性”按钮，在弹出的“表格属性”对话框中，选择“行”或“列”选项卡，手动输入行高或列宽的数值，精确调整表格的行高或列宽。

若要在表格中插入新的行或列，先将光标定位在某个单元格中，该单元格所在位置即为新行或新列的插入位置。在“表格工具”选项卡中，单击“插入”按钮，在弹出的下拉列表中选择“在上方插入”“在下方插入”“在左侧插入”“在右侧插入”命令，即可在相应位置插入一行或一列。若要删除表格中的行或列，选中需要删除的行或列后，在“表格工具”选项卡中，单击“删除”按钮，选择“行”或“列”命令，即可删除所选行或列。

（5）合并与拆分单元格

若要将多个相邻单元格合并为一个单元格，先选中需要合并的多个相邻单元格，单击“表格工具”选项卡中的“合并单元格”按钮，所选单元格即合并为一个单元格，原单元格中的内容会合并显示在新单元格中。

若要将一个单元格拆分为多个单元格，如在表格中需要细分某个类别下的子类别。将光标定位在需要拆分的单元格中，单击“表格工具”选项卡中的“拆分单元格”按钮，在弹出的“拆分单元格”对话框中，设置要拆分的行数和列数，单击“确定”按钮，该单元格即按设定拆分为多个单元格。

（6）表格跨页处理

当表格较长，需要跨页显示时，为方便阅读，可设置表格在每一页自动重复标题行。选中表格的标题行（通常是第一行），单击“表格工具”选项卡中的“表格属性”按钮，在弹出的“表格属性”对话框中，选择“行”选项卡，选中“在各页顶端以标题行形式重复出现”复选框，单击“确定”按钮，如图 5-12 所示。这样，表格跨页时，每一页都会显示标题行，使读者在翻阅文档时能清楚了解表格各列的含义。

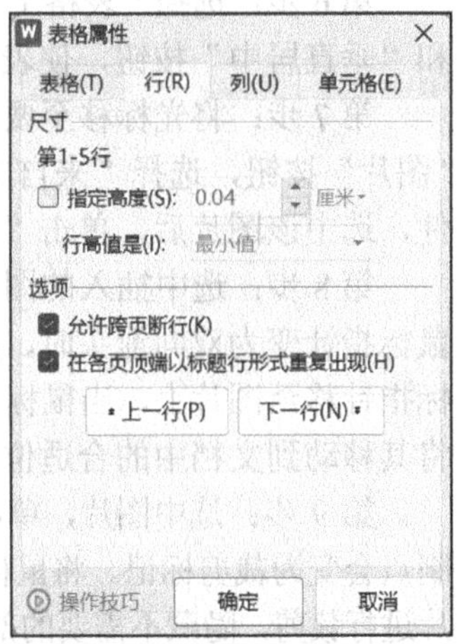

图 5-12　自动重复标题行

若表格跨页时出现内容截断、布局不协调等问题，可在“表格属性”对话框的“表格”选项卡中，调整表格的对齐方式、文字环绕方式等参数，优化表格在页面中的布局。同时，可适当调整行高、列宽，确保表格内容完整显示且跨页布局合理。

5.3.3　实施步骤

第 1 步：选中教案标题。单击“插入”选项卡中的“艺术字”按钮，从打开的“艺术字预设”列表中选择一种符合需求的艺术字样式，所选标题内容即转换为相应样式的艺术字。选中已转换为艺术字的标题，艺术字周围会出现控制点。将鼠标指针移至控制点上，当鼠标指针变为双向箭头时，按住鼠标左键拖动控制点，可调整艺术字的高度或宽度。若要等比例调整艺术字大小，在拖动控制点的同时，按住 Shift 键即可。将鼠标指针移至艺术字上，当鼠标指针变为带十字箭头的形状时，按住鼠标左键拖动艺术字，可将其移动到文档中的合适位置。也可通过单击“绘图工具”选项卡（选中艺术字后自动出现）“排列”选项组中的“对齐”“分布”等按钮来精确调整艺术字在页面中的位置。

第 2 步：在文档中找到“讲授新课”段落，将光标移至该段落下方，即要插入表格的位置。单击“插入”选项卡“常用对象”选项组中的“表格”按钮，在弹出的下拉列表中，通过鼠标拖动选择“3 列 4 行”的表格样式，即可在光标位置插入一个 3 列 4 行的空白表格。

第 3 步：首先输入表格的标题；其次将素材内容参照图 5-8 复制到表格相应的单元格中；最后将文档中的相应内容删除。

第 4 步：拖动鼠标选中表格标题文字，设置字体为“黑体”，设置“字号”为“小四”，并单击“加粗”按钮；在“段落”选项组中，单击“居中对齐”按钮，使表格标题在页面中居中显示；单击“开始”选项卡中的“边框和底纹”下拉按钮，选择“底纹”命令。在弹出的“边框和底纹”对话框中，切换到“底纹”选项卡。在“填充”组中，选择灰色，单击“确定”按钮。

第 5 步：选中表格文本，设置字体为“宋体”，设置字号为“小四”；单击“段落”选项组右下角的对话框启动器，弹出“段落”对话框。在“缩进”组，设置“特殊格式”为“无”；在“间距”组，设置“段前”和“段后”均为“1 行”，“行距”设置为“单倍行距”，单击“确定”按钮。

第 6 步：选择“表格工具”选项卡，在“对齐方式”选项组中，单击“水平左对齐”和“垂直居中”按钮，使表格文本在水平方向左对齐，在垂直方向居中对齐。

第 7 步：将光标移至要“导入新课”的第一段位置之后，单击“插入”选项卡中的“图片”按钮，选择“来自文件”命令，浏览计算机中的文件夹，找到要插入的图片文件，选中该图片后，单击“打开”按钮，图片即插入文档中的光标位置。

第 8 步：选中插入的图片，图片周围会出现控制点。将鼠标指针移至控制点上，当鼠标指针变为双向箭头时，按住鼠标左键拖动控制点，可调整图片的高度或宽度。将鼠标指针移至图片上，当鼠标指针变为带十字箭头的形状时，按住鼠标左键拖动图片，可将其移动到文档中的合适位置。

第 9 步：选中图片，单击“图片工具”选项卡中的“裁剪”按钮，此时图片周围的控制点会变为裁剪标记。将鼠标指针移至裁剪标记上，按住鼠标左键拖动裁剪标记，可对图片进行裁剪，隐藏不需要的部分。裁剪完成后，按 Enter 键或再次单击“裁剪”按钮确认裁剪操作。若对裁剪结果不满意，在未进行其他操作前，可按 Ctrl＋Z 组合键撤销裁剪操作。

第 10 步：单击“插入”选项卡中的“页眉页脚”按钮，文档随即进入页眉编辑状态，正文部分会以虚化形式显示，同时出现“页眉页脚”选项卡，输入“《灿烂的青铜文明》教案”。输入完成后，可对输入的页眉文字进行格式设置，如字体、字号、颜色等。

第 11 步：单击“页眉页脚切换”按钮，进入页脚编辑状态，在页脚编辑区域内，先输入“第”字。接着，单击“页眉页脚工具”选项卡中的“页码”按钮，在弹出的下拉列表中，选择“页脚中间”。此时，在输入“第”字的后面会自动插入当前页的页码数字。最后，输入“页”字。这样，页脚内容“第？页”中的“？”位置就会根据页面实际情况显示对应的页码。

第 12 步：完成页脚内容输入、页码插入及格式设置（若有）后，单击“页眉页脚”选项卡中的“关闭”按钮，或者双击文档正文区域，即可退出页脚编辑状态，回到文档正文编辑状态。

5.4 WPS AI 在文档创作中的应用

WPS AI 选项卡集成了前沿的人工智能技术，为用户在文档处理流程中带来了全方位的智能辅助。从构思阶段的灵感启发，到创作时的内容生成与优化，再到知识查询及文档精华提炼，WPS AI 选项卡的一系列功能贯穿于文档处理的各个关键环节，旨在大幅提升用户的写作效率、优化文档质量。无论是应对日常办公中的文案撰写、学术领域的论文创作，还是创意产业的内容构思，WPS AI 都能提供高效且精准的支持。

5.4.1 WPS AI 帮我写

1. 功能概述

“帮我写”是 WPS AI 的辅助写作功能之一，它利用深度学习和自然语言处理技术，能够理解用户输入的指令或主题，帮助用户快速生成文章、报告等各种类型的文本，提高写作效率和质量。用户可以通过简单的输入或选择，获得符合需求的文本建议，再根据个人需要进行修改和完善。“帮我写”广泛应用于内容创作、办公、教育等多个领域，为用户提供便捷、高效的写作支持。

2. 功能入口

单击“WPS AI”选项卡中的“帮我写”按钮，即可唤起“AI 帮我写”功能区，如图 5-13 所示。另外，在文档编辑状态下，按两次 Ctrl 键，能快捷弹出 WPS AI 对话框，同样可进入“AI 帮我写”功能操作界面。

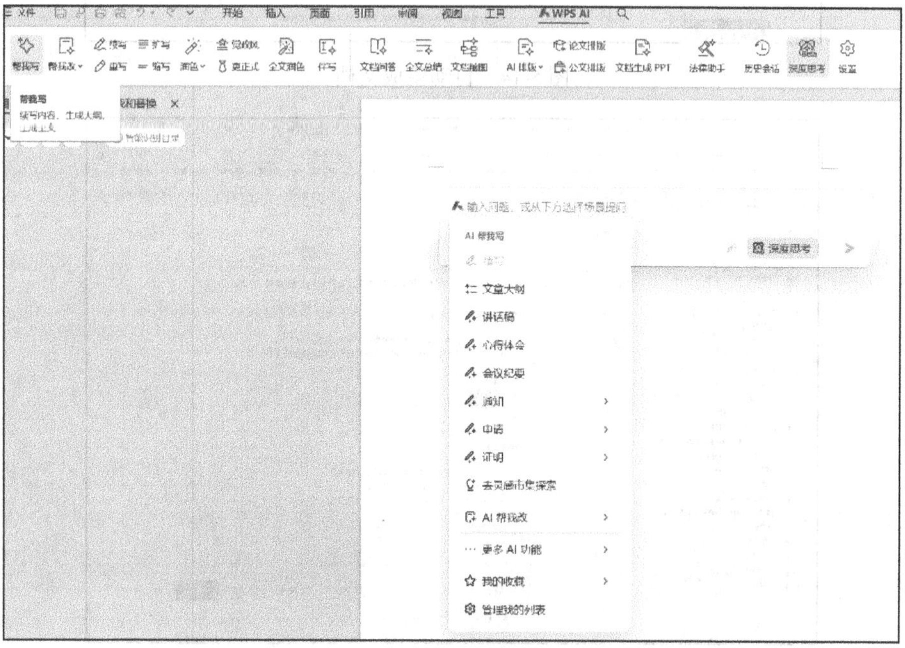

图 5-13　帮我写

3. 操作流程

在“AI 帮我写”对话框中，输入与所需文档相关的主题。例如，若要创作一篇关于“中学历史课《灿烂的青铜文明》的教学教案”，则输入“中学历史课《灿烂的青铜文明》教学教案”。输入完成后，单击“深度思考”按钮，再单击“发送”按钮➤，WPS AI 将依据其内部的教育文档模型与海量数据，迅速分析并在输出区域呈现生成结果，生成一份包含教学目标、教学重难点、教学方法、教学过程（导入、知识讲解、课堂讨论、总结归纳、课后作业布置等环节）的教学教案，如图 5-14 所示。单击“保留”按钮，即可将生成的内容复制到新的文档中，如图 5-15 所示。

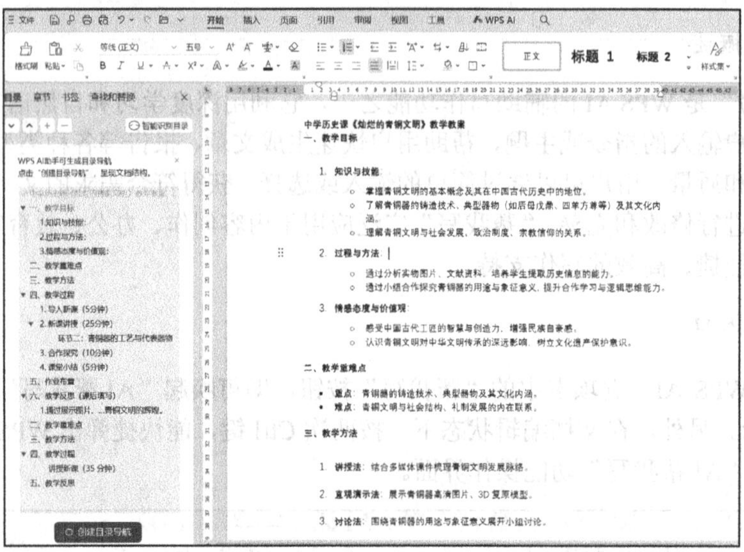

图 5-14　自动生成文档

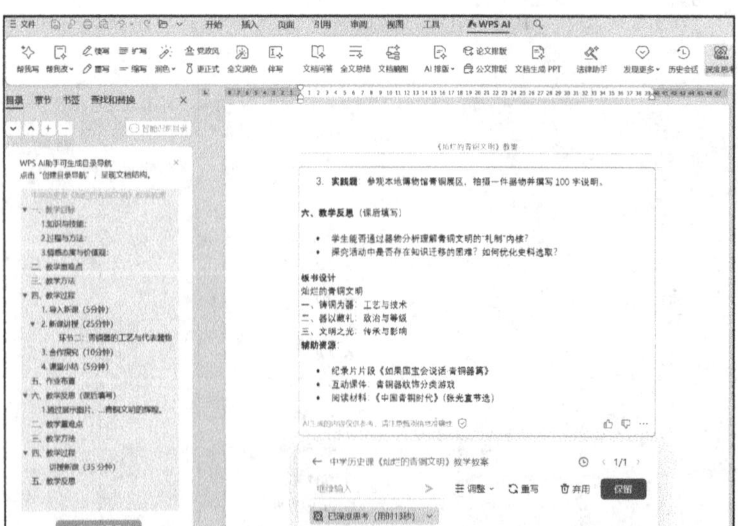

图 5-15　“保留”功能

5.4.2　WPS AI 帮我改

1. 功能概述

在 WPS 的文字处理、智能文档编辑及演示文稿制作场景中，WPS AI 帮我改功能是利用人工智能技术，对输入的文本进行全方位分析，能够实现文本润色，使表述更精准、流畅；还可依据不同需求调整文本文风，满足多种风格要求；同时，能够调控文章长度，无论是扩写以丰富内容细节，还是缩写以精简语言，都能高效完成，为教育工作者与学生在各类文档创作、编辑过程中提供支持。

2. 功能入口

打开 WPS 文字、智能文档或演示文稿软件，单击“WPS AI”选项卡中的“帮我改”按钮，在弹出的下拉列表中选择相应命令，即可唤起“AI 帮我改”功能区域。

3. 操作流程

（1）快速润色

在文档中选中需要润色的文本内容，可选择单个语句、整段文字甚至多个段落。单击“WPS AI”选项卡中的“帮我改”按钮，选择“润色”→“快速润色”命令。此时，WPS AI 自动对选中文本进行语义和语法分析，识别出文本中存在的表达不精准、语句不通顺、词汇使用单一等问题。基于分析结果，快速生成润色后的文本内容，并展示在特定区域，如图 5-16 所示。

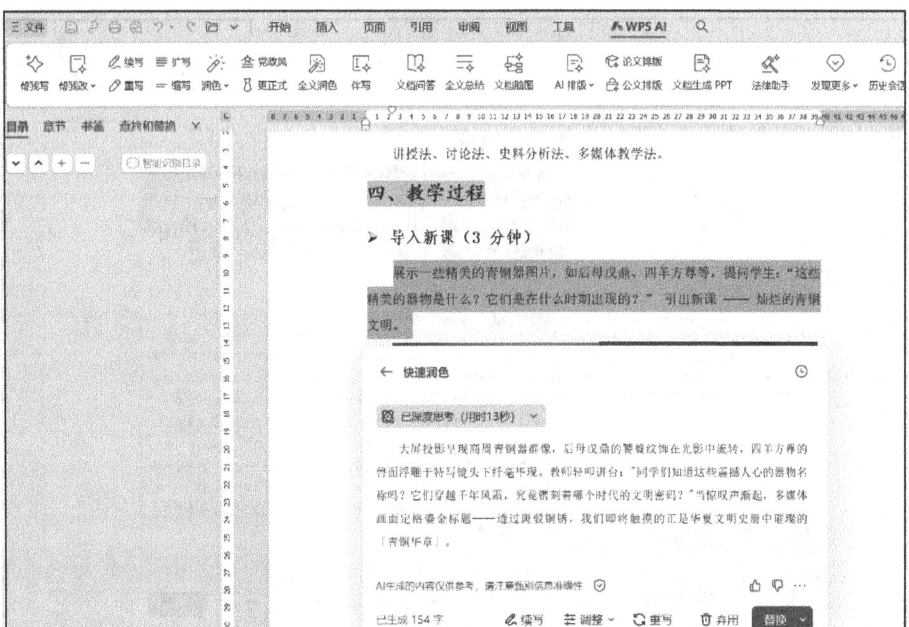

图 5-16　快速润色效果

（2）风格切换，适配需求

“帮我改”下拉列表中，提供“更正式”“更活泼”“党政风”“口语化”等多种风格命令，如图 5-17 所示。根据文档的使用场景和表达需求，选择相应的风格命令，即可对文档的风格进行切换。

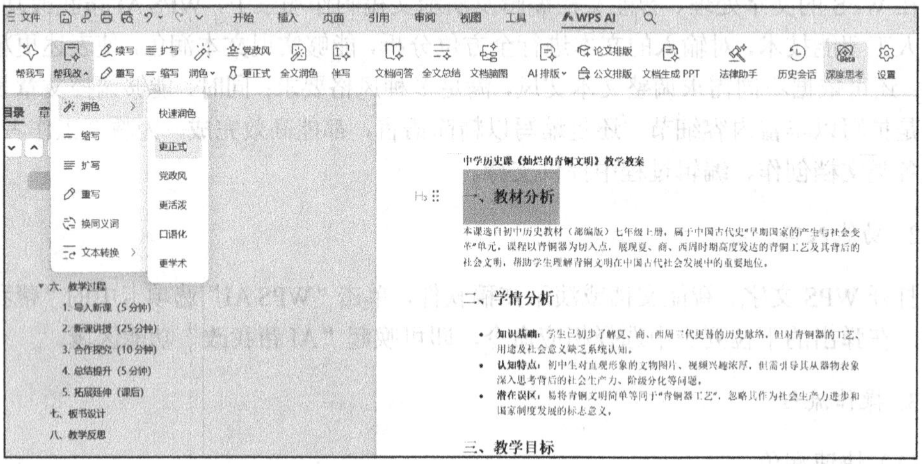

图 5-17 风格切换

（3）扩写操作与效果

若需要对文本进行扩写，丰富内容细节，选中文本后，可选择“帮我改”→“扩写”命令或单击“扩写”按钮。WPS AI 会根据文本的主题和语境，自动补充相关信息，实现由词扩句、由句扩段、由段生文，如图 5-18 所示。

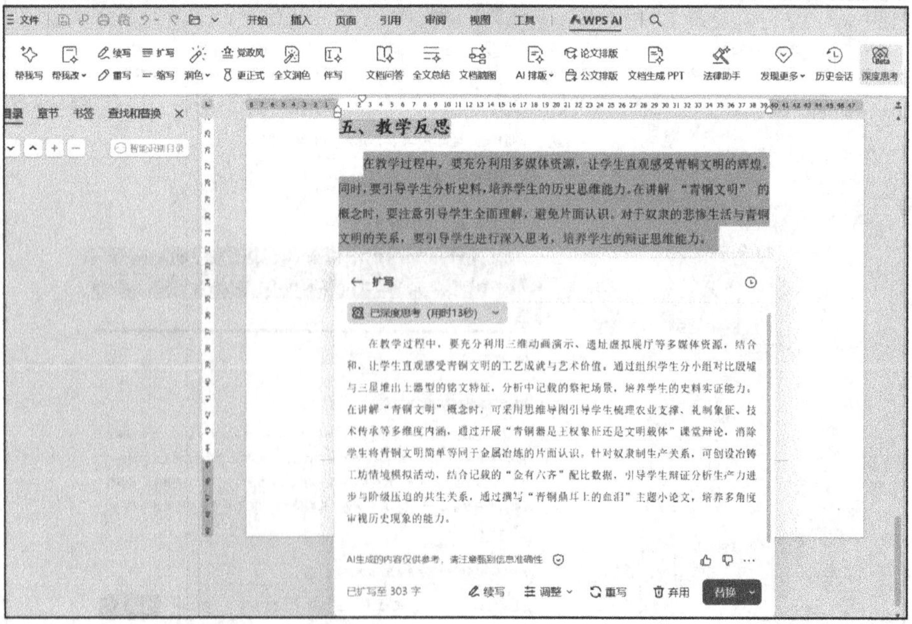

图 5-18 扩写效果

（4）缩写操作与效果

当文本内容过长，需要精简语言时，选中需要缩写的文本，选择“帮我改”→“缩写”命令。WPS AI 会对选中文本进行分析，去除冗余信息，保留关键内容，实现快速缩写且不丢失文意，如图 5-19 所示。

图 5-19　缩写效果

5.4.3　WPS AI 伴写

1. 功能概述

WPS 文字中的 WPS AI 伴写功能能够实时分析文档已输入内容，主动提供后续内容的续写建议，极大地缓解写作过程中的思路卡顿，助力教师与学生顺畅推进写作进程。无论是日常教学资料撰写、学术论文创作，还是学生作文、报告等写作任务，都能从中受益，提升写作效率与质量。

2. 功能入口

打开 WPS 文字，单击“WPS AI”选项卡中的“伴写”按钮，即可唤起“AI 伴写”对话框，开启智能伴写辅助。

3. 操作流程

（1）实时理解前文，自动续写

在文档编辑过程中，正常输入文本内容。例如，在撰写一篇关于“校园文化建设”的文章时，输入“校园文化建设对于学校的发展具有重要意义，它不仅能够营造良好的学习氛围”，按 Alt+↓组合键，WPS AI 伴写功能迅速响应，在输入光标后以浅灰色文字续写，如图 5-20 所示。若对续写内容满意，可按 Tab 键或使用鼠标单击，该内容将自动融入文档，接续写作思路。若对当前续写内容不满意，无须切换页面，直接按 Alt+↓组合键，即可查看更多续写建议，从中获取更多灵感，持续推进写作。

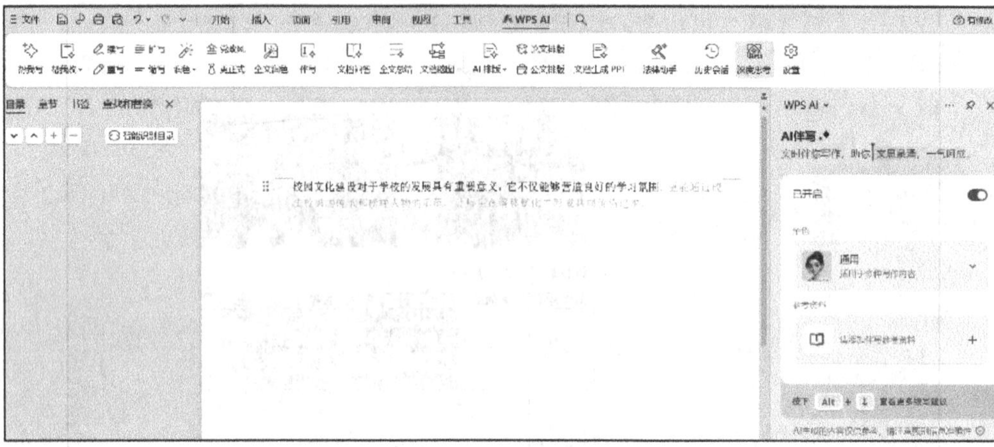

图 5-20 “AI 伴写”功能

（2）多角色辅助不同领域创作

在唤起 AI 伴写功能后，在“AI 伴写”对话框中可进行设置角色。单击“角色”下拉按钮，在弹出的下拉列表中可以看到通用角色及各类专业角色，如图 5-21 所示。根据当前写作任务所属领域和需求，选择相应角色，选择完成后，AI 伴写将依据所选角色特性，为文档续写提供贴合该领域的内容建议。

图 5-21 多角色辅助不同领域创作

5.4.4 WPS AI 排版

1．功能概述

AI 排版是融合了人工智能技术与排版领域专业知识的应用。它依托语义识别、机器学习等技术，能够识别文本内容的结构与逻辑关系，自动完成对各类文档的排版工作。在处理学位论文时，AI 排版可按照不同学校的格式要求，智能调整字体、字号、段落间距、页码设置、参考文献格式等，快速生成规范的论文排版；在处理公文时，它能依据 18 种不同的公文模式，准确设置标题、正文、发文机关等格式，确保公文符合标准规范；在处理普通文档时，它可根据文本内容的性质，如报告、宣传文案等，自动优化排版布局，实现图文混排、段落缩进、对齐方式等的智能调整，大幅提升排版效率与质量，让文档在保持专业性的同时，兼具美观与易读性，为用户节省大量的时间和精力。AI 排版包括学位论文排版、党政公文排版、合同协议排版、招投标文书排版、通用文档排版等多种类型。

2. 功能入口

单击“WPS AI”选项卡中的“AI 排版”下拉按钮，在弹出的下拉列表中选择“更多类型排版”命令，即可打开“AI 排版”窗格，如图 5-22 和图 5-23 所示，用户可根据需求，在窗格中选择适当的排版类型。

图 5-22　“AI 排版”功能入口

图 5-23　“AI 排版”窗格

3. 操作流程

（1）选择文档类型

在“AI 排版”对话框中，根据待排版文档的实际类型，选择相应命令。例如，若要排版一篇学校论文，选择“学位论文”命令。

（2）细化排版设置

选择“学位论文”选项后，进一步选择具体学校，可快速定位该校论文格式，单击“开始排版”按钮，如图 5-24 所示。

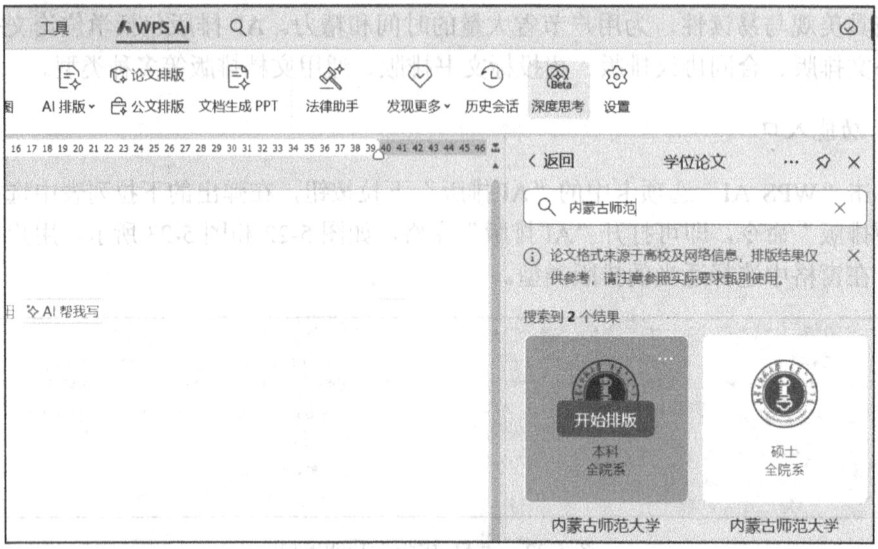

图 5-24　选择学校

选择“党政公文”选项后，右侧自动弹出“选择文种”按钮，单击该按钮后，在文种选项区选择合适的文种，如“报告（短署名）”“通知”等，然后单击“开始排版”按钮。

（3）等待 AI 排版

单击“开始排版”后，AI 将依据所选文档类型的规范和特点，自动对文档进行格式排版。此过程通常较为迅速，在此期间用户可稍做等待。

（4）应用排版结果

若对排版效果满意，单击“应用到当前”按钮，排版效果将直接应用到当前文档，替换原文格式；若希望保留原文，可单击“应用到当前”下拉按钮，并选择“应用至新文档”命令，即可生成一个带有排版效果的新文档。

5.4.5　WPS AI 全文总结

1. 功能概述

WPS AI 的全文总结的核心功能在于，无论面对篇幅冗长的学术论文、教学资料，还是结构复杂的各类文档，都能通过智能算法对文档内容进行深度分析，迅速提炼出核心要点，帮助用户在短时间内精准把握文章主旨和关键信息，有效减轻阅读负担，提升信息获取效率，在教育教学与学习研究等活动中发挥重要辅助作用。

2. 功能入口

单击“WPS AI”选项卡中的“全文总结”按钮，即可开启对文档内容的智能提炼流程。

3. 操作流程

1）在 WPS 软件中打开需要进行内容提炼的文档，确保文档完整加载。无论是本地存储的文档，还是从云端获取的文件，只要能在 WPS 支持的格式范围内（如.docx、.pdf 等），均可进行操作。

2）单击“WPS AI”选项卡中的“全文总结”按钮，WPS AI 即刻开始工作。智能算法迅速对文档的整体结构、段落逻辑、语义内容等进行全面扫描与分析，如图 5-25 所示。对于长篇文档，算法会识别出关键段落、核心观点表述及重要的数据支撑部分；对于结构复杂的文档，算法能梳理出不同板块的主要内容及相互关系。

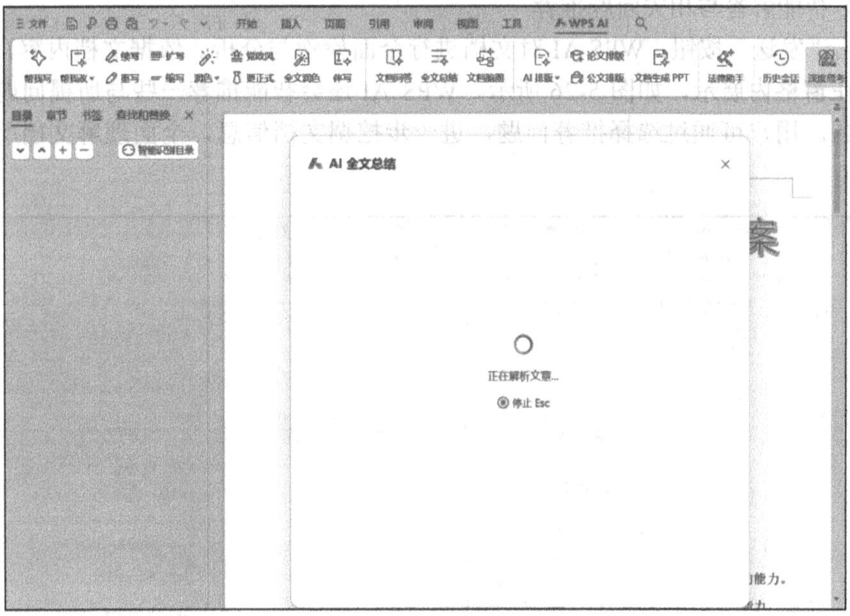

图 5-25　WPS AI 全文总结

3）经过短暂的处理时间，WPS AI 会在特定区域显示总结结果。总结内容通常以要点形式呈现，涵盖文档的核心主题、主要观点、重要结论及关键论据等。用户可直接查看总结内容，快速理解文档核心，也可根据需要将总结内容复制、整理，应用于笔记记录、汇报材料撰写等后续工作中。

5.4.6 WPS AI 文档问答

1. 功能概述

WPS AI 文档问答的核心功能在于，当面对各类文档时，无论是复杂的学术论文、丰富的教学资料，还是专业的行业报告等，能够借助人工智能技术，依据文档内容快速回答相关问题，帮助用户从文档的海量信息中精准定位所需内容，深入理解文档要点，提升文档解读效率与质量，在教育教学、学术研究及日常学习中发挥关键作用。

2. 功能入口

单击“WPS AI”选项卡中的“文档问答”按钮，即可打开“AI 文档问答”窗格，便开启了通过 AI 问答解读文档的流程。

3. 操作流程

（1）提问操作

在打开文档并进入“AI 文档问答”窗格后，在提问输入框内，输入关于文档内容的疑问。问题表述应尽量简洁明了，以便 AI 更精准理解需求。

（2）智能解答与相关问题推荐

单击“发送”按钮，WPS AI 对文档进行全面检索与分析。依据文档内容，生成解答，并在窗格内展示，如图 5-26 所示。WPS AI 还会智能推荐一些与所提问题相关的其他问题。用户可通过选择推荐问题，进一步挖掘文档信息，全面理解文档所涉及的知识点。

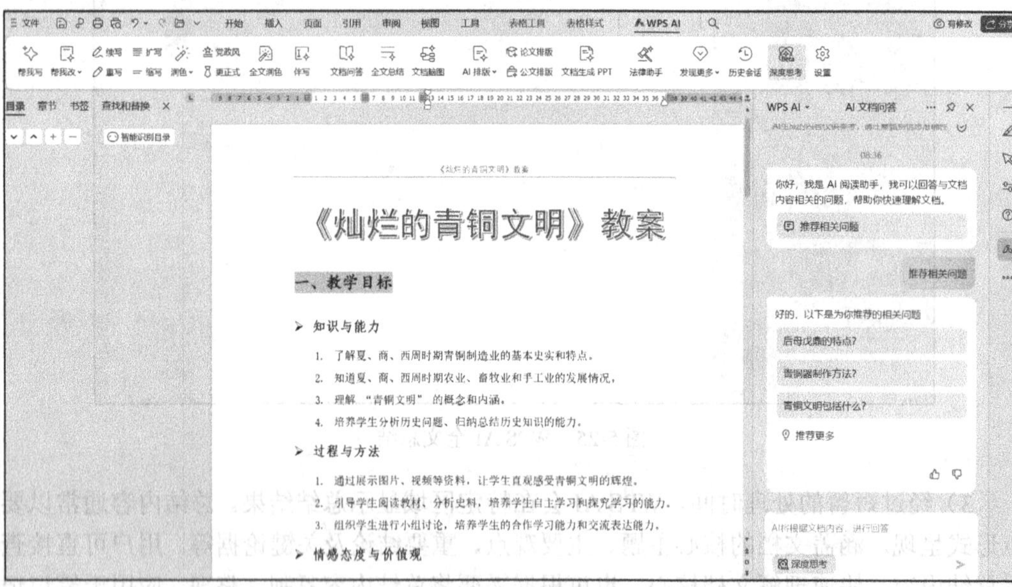

图 5-26　WPS AI 文档问答

（3）回答依据标注

WPS AI 给出的每一个回答，均基于文档原文内容生成，确保回答的准确性与可靠性。在解答内容中，会标注所引用原文的出处，如图 5-27 所示。

（4）原文跳转与深入阅读

若用户希望进一步了解回答所依据的原文详细内容，单击标注的出处，软件将自动跳转到文档对应的页面及段落位置，方便用户继续深入阅读原文，查看上下文语境，验证回答的准确性。

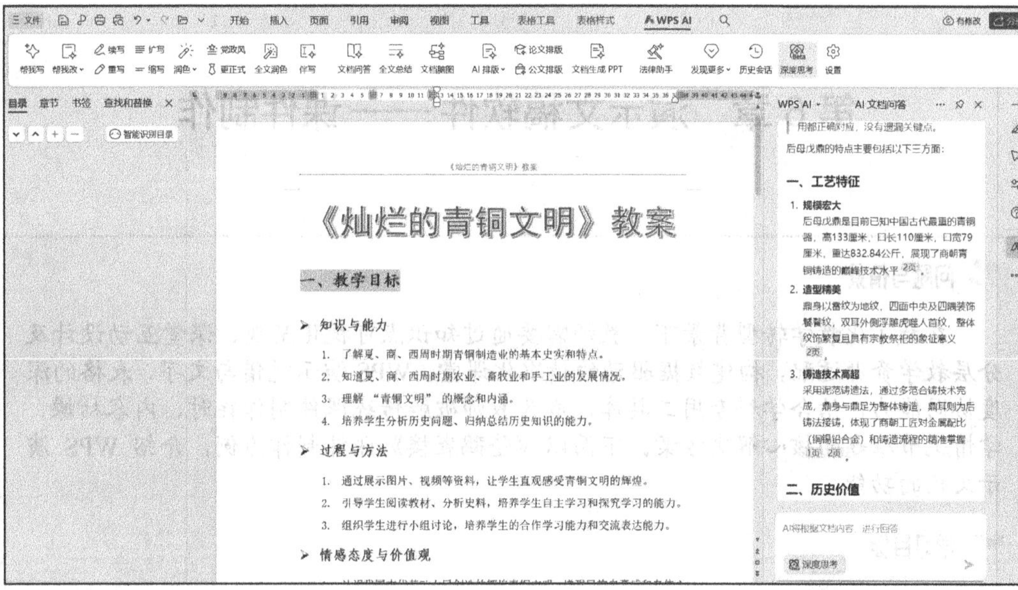

图 5-27　标注所引用原文的出处

第 6 章　演示文稿软件——课件制作

问题与情景

在数字化教学转型背景下，教师需要通过知识点可视化呈现、课堂互动设计及分层教学资源适配，构建数据驱动的精准化课堂。WPS 演示凭借与文字、表格的深度协同能力，结合学科专用工具库，成为教师破解传统课件制作耗时、内容枯燥、学情脱节难题的核心解决方案。下面以《登鹳雀楼》课件制作为例，介绍 WPS 演示文稿的功能。

学习目标

熟悉 WPS 演示文稿软件的界面布局；掌握 WPS 演示文稿中幻灯片的制作，掌握动画设置及幻灯片的切换效果，掌握幻灯片放映方法。通过对幻灯片的实际操作，具备演示文稿的撰写、编辑和格式调整能力；具备使用样式、模板等功能统一和提升演示文稿风格的能力。培养细心、耐心的工作态度和学以致用的实干精神。

WPS 演示作为 WPS Office 办公套件的专业组件，用于制作和播放多媒体演示文稿。WPS 演示文稿的扩展名为.dps。在 WPS 演示文稿中，用户可以通过不同的方式播放幻灯片，实现生动活泼的信息展示效果。WPS 演示文稿软件广泛应用于广告宣传、产品展示、学术交流、演讲汇报、辅助教学等领域。

创建演示文稿、编辑演示文稿、设计演示文稿的外观、设置动态效果及放映演示文稿是 WPS 演示的常用功能。下面分任务讲解有关《登鹳雀楼》课件制作的案例。

案例背景：李老师是一位中学语文教师，主要讲授“古诗词鉴赏”课程。为了给学生带来耳目一新的体验，这次讲解的案例《登鹳雀楼》使用 WPS 演示文稿进行教学创新，具体内容包括：创建演示文稿、丰富演示文稿内容、设计演示文稿外观、设置演示文稿动态效果、放映演示文稿等。

下面通过任务 6.1～任务 6.5 讲解课件的制作过程。

6.1　创建演示文稿

6.1.1　任务要求

1）创建新的演示文稿，将素材中的内容复制到文稿中。

2）将创建的演示文稿命名为“古诗词鉴赏”，并保存为.dps 格式。

6.1.2　知识准备

1. 创建空白演示文稿

打开 WPS Office 应用程序，单击首页的“新建”按钮，选择“Office”文档分类下的“演示”→“空白演示文稿”选项，或挑选合适的模板（如教育、商务等主题模板）创建演示文稿。

创建空白演示文稿时，新建的演示文稿没有任何预设的文本格式、图案和色彩，用户可以完全自定义设计图案、配色方案和文本格式。

2. 创建幻灯片版式

幻灯片版式是指幻灯片的页面布局。WPS 演示文稿为用户提供了“标题幻灯片”“两栏内容”等多种版式，具体版式及其说明如表 6-1 所示。

表 6-1　幻灯片版式及说明

版式类别	说明
标题幻灯片	用于演示的开场，通常包含演示文稿的标题、副标题，以及演讲者的姓名和日期
标题和内容	包含一个标题和一个主要内容区域，可以添加文本、图像或图表
节标题	用于区分演示文稿中的不同部分或章节，帮助观众理解演讲结构
两栏内容	用于展示两组并列信息，适合比较或对比分析
比较	用于并排对比两种或多种事物，适合在演示中强调相似之处和差异
仅标题	用于需要强调标题的情况下，通常用于过渡或突出的主题
空白	用于自定义的幻灯片，可以根据需要添加任何内容和设计
图片与标题	用于展示图片的同时，提供与之相关的标题或简短说明，适合强调视觉内容
竖排标题与文本	用于特殊展示效果，增强内容的独特性
内容	可以专注于详细信息或说明，常用于呈现较长的段落或多个项目
末尾幻灯片	用于演示的结尾，总结演示的主要内容，提出结论，或者引导观众进一步思考

普通视图下，在幻灯片中看到的虚线框就是占位符框。框内会有“单击此处添加标题”或“单击此处添加文本”等提示文字。单击占位符框内任意处，提示文字会自动消失，便可在框内输入要编辑的内容。如果没有占位符但仍需要输入文字，则需要提前插入文本框充当占位符。

3. 更改幻灯片版式

如果要对现有的幻灯片版式进行更改，可按下列步骤操作。

1）选中要更改版式的幻灯片。

2）单击“开始”→“版式”下拉按钮，在弹出的下拉列表中选择所需的版式，即可更改幻灯片的版式。

4. 设置文本格式

设置文本格式可通过“开始”选项卡中的“字体”和“段落”选项组中的命令实现，操作方法与 WPS 文字操作方法类似，这里不做详细介绍。

6.1.3 实施步骤

第 1 步：创建第 1 张幻灯片（新创建的幻灯片版式默认的是“标题幻灯片”版式），单击标题占位符“空白演示”，输入文字“古诗词鉴赏”，字体为“微软雅黑”，字号为 88 磅，加粗。

第 2 步：在副标题处输入“《登鹳雀楼》 唐　王之涣”，字体为“楷体”，字号为 36 磅。此时第 1 张幻灯片制作完成，如图 6-1 所示。

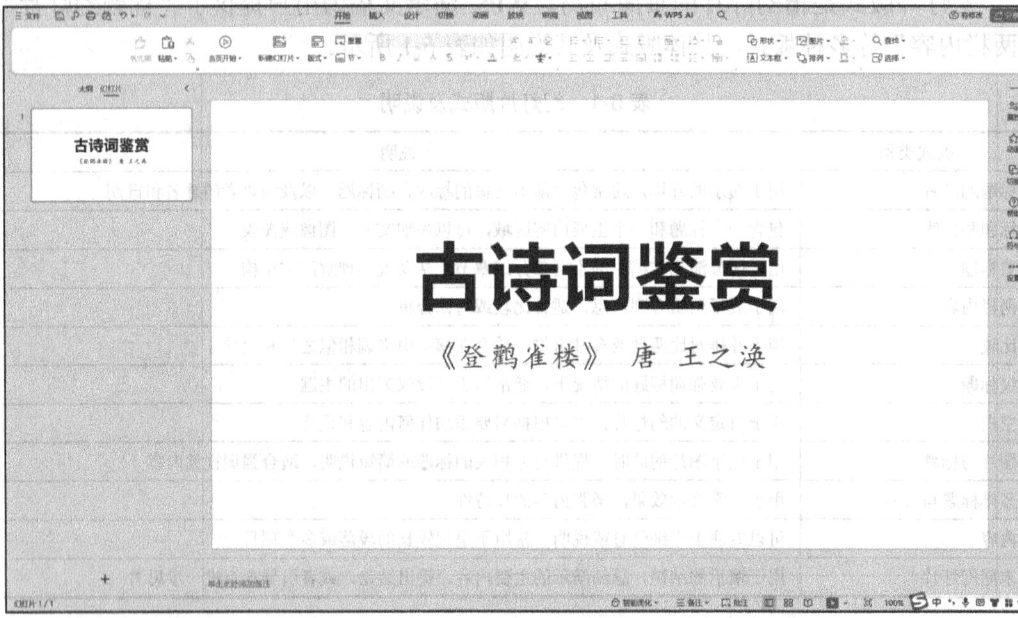

图 6-1　第 1 张幻灯片

第 3 步：选择“文件”→“保存”命令或单击快速访问工具栏上的“保存”按钮；也可以使用选择“另存为”命令，在弹出的“另存为”对话框中设置文件名为“古诗词鉴赏”，保存文件类型为.dps 并选择保存位置。这样我们就创建了一个名为“古诗词鉴赏”的演示文稿。

6.2　丰富演示文稿内容

6.2.1 任务要求

1）打开“古诗词鉴赏”演示文稿，丰富演示文稿文字。

2）为演示文稿插入图片、表格、SmartArt 及音频。

6.2.2 知识准备

1. 插入表格

用户在使用 WPS 演示文稿时，往往需要运用一些数据来增加演示文稿的说服力。此时，用户可以使用表格功能来组织并显示幻灯片中的数据，从而使杂乱无章、单调枯燥的数据更易于理解。单击“插入”→“表格”按钮，在弹出的下拉列表中选择要插入表格的方法，插入表格。在幻灯片中插入表格的操作方法与 WPS 文字操作方法类似，这里不做详细介绍。

2. 编辑表格

（1）调整表格尺寸

将鼠标指针移动到表格的行或列的边界，当指针变成双向箭头时，可以拖动边界调整大小。

（2）编辑表格内容

单击表格中的单元格，开始输入内容。每个单元格都可以单独编辑。如果需要调整单元格的内容，如更改字体、大小、颜色等，可以使用“表格工具”选项卡中的“字体”工具进行操作。

（3）添加或删除行列

添加行或列：右击某一行或列的单元格，在弹出的快捷菜单中，选择“插入”命令，可以选择在“在上/下方插入行”或“在左/右侧插入列”。

删除行或列：右击要删除的行或列，在弹出的快捷菜单中，选择“删除行”或“删除列”命令，就可以删除相应的行或列。

（4）合并或拆分单元格

选择要合并的多个单元格，右击，在弹出的快捷菜单中，选择“合并单元格”命令。若要拆分已合并的单元格，选中要拆分的单元格，右击，在弹出的快捷菜单中，选择“拆分单元格”命令，按提示选择拆分的行数或列数。

3. 更改表格样式

在 WPS 演示中，美化和格式化表格样式可以提升幻灯片的视觉效果。选中表格后，在工具栏中会出现“表格样式”选项卡。在“表格样式”选项卡中可以快速套用内置的表格样式，如更改表头样式、边框样式、填充颜色等。

清除表格样式：如果想将已应用的表格样式清除，单击“清除表格样式”按钮，即清除应用于表格上的所有样式，恢复至初始状态。

4. 插入图片

在 WPS 演示文稿中，允许在幻灯片中插入外部图片。单击“插入”→“图片”→

“本地图片”命令，弹出“插入图片”对话框，从中选择需要插入的图片，双击图片或选中图片，单击“打开”按钮，即可将图片插入文件。图片插入幻灯片后可以对其进行编辑，如利用鼠标调整图片的大小和位置、使用“图片工具”选项卡中的按钮和命令进行图片设置等，具体操作方法与 WPS 文字相同。

5. 截屏

单击“插入”→“截屏”下拉按钮，选择“屏幕截图”命令，拖动鼠标框选目标区域，单击“完成截图”按钮，截图将自动插入当前幻灯片中。

6. 插入形状

（1）插入形状的方法

WPS 演示文稿提供了强大的绘图工具，包括线条、矩形、基本形状、箭头、公式形状、流程图、星与旗帜、标注及动作按钮等。用户可以使用绘图工具绘制各种线条、箭头和流程图等。单击“插入”→“形状”按钮，在弹出的下拉列表中选择所需形状，此时光标呈十字形状，按住鼠标并拖动，到合适大小时释放，即可绘制出形状。按住 Shift 键的同时按住鼠标左键进行拖动，可以绘制等比例缩放的形状。选中绘制好的图形，在“绘图工具”选项卡中可以根据需要设置图形的形状、填充、效果等。

（2）调整形状的方法

当幻灯片中存在多个图形且互相重叠时，可以通过组合形状和调整叠放顺序来优化显示效果。将多个相关的形状组合成一个整体，方便统一移动和缩放，操作方法是选中多个形状，右击，在弹出的快捷菜单中选择“组合”命令或在“绘图工具”选项卡中单击“组合”按钮，在下拉列表中选择“组合”命令。如需取消组合，则选中已组合的形状，右击，在弹出的快捷菜单中选择“取消组合”命令或在“绘图工具”选项卡中单击“取消组合”按钮，在下拉列表中选择“取消组合”命令。若多个图形或图片重叠，可以通过调整叠放顺序来控制显示，选中需要调整的图形，在“绘图工具”选项卡的“组合”选项组或通过快捷菜单，选择“置于顶层”或“置于底层”命令来实现，如图 6-2 所示。

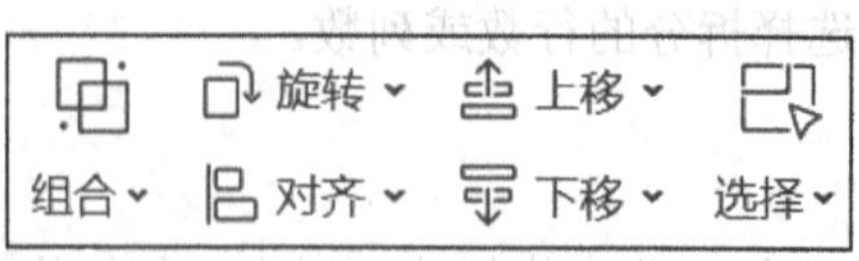

图 6-2 “组合”选项组

7. 插入 SmartArt

（1）插入 SmartArt 的方法

在制作演示文稿中，往往需要利用流程图、层次结构及列表来显示幻灯片的内容。WPS 为用户提供了列表、流程、循环等 8 类 SmartArt 图形。单击“插入”→“SmartArt”按钮，弹出“选择 SmartArt 图形”对话框，在左侧列表中选择图形类别，在右侧列表框中选择一种图形样式，单击“确定”按钮，所选图形即被插入当前幻灯片中。

（2）编辑 SmartArt 的方法

若默认 SmartArt 图形个数或布局不满足需求，选中 SmartArt 图形，在弹出的“设计”选项卡中，单击“添加项目”“升/降级”“布局”“前/后移”等按钮编辑图形布局，如图 6-3 所示。在支持带项目符号文本的形状中添加项目符号，并利用“形状样式”列表选择不同的预设效果应用于形状上。

图 6-3　“设计”选项卡

8. 插入文本框

在幻灯片中，占位符框其实是一个特殊的文本框，它出现在幻灯片中的固定位置，包含预设的文本格式。在编辑幻灯片时，用户除了可以利用鼠标拖动调整占位符框的位置和大小，还可以在幻灯片中绘制文本框，然后在其中输入与编辑文字，以满足不同的幻灯片设计需求。操作步骤如下：单击“插入”→“文本框”按钮，在弹出的下拉列表中根据需要选择“横向文本框”或“竖向文本框”，此时光标呈“+”形状，在幻灯片中按住鼠标左键并拖动，到适当位置释放鼠标左键，即可绘制一个文本框。可以使用“文本工具”选项卡中的命令对文本框进行设置。此外，WPS 演示文稿中的文本框上方有一个灰色旋转按钮，按住并拖动它可以将文本框自由旋转。

9. 插入艺术字

艺术字是一种装饰性文字，可以用来增加字体的可视性和美观性。单击“插入”→“艺术字”按钮，可以打开艺术字样式列表，在其中选择所需的艺术字样式。在 WPS 演示文稿中，插入艺术字后，可以利用弹出的“文本工具”选项卡中的各项命令对其进行设置，具体操作方法与 WPS 文字相同。

10. 插入视频

（1）插入视频的方法

在幻灯片中插入视频可以增强幻灯片的表现力。WPS 支持插入多种视频文件格式，主要包括 AVI、ASF、MPEG、MOV、MP4、WMV 等。插入的视频文件可以像图片一样随意调整大小和位置，嵌入方式及说明如表 6-2 所示。

表 6-2　视频嵌入方式及说明

嵌入方式	说明
嵌入视频	以嵌入方式插入视频，文档占用存储空间变大，可以在分享或传输文档后正常播放
链接到视频	以关联本地路径或云端链接的方式插入视频，需要在不同设备上播放时，建议选择这种方式
屏幕录制	使用屏幕录制功能来捕捉计算机屏幕上的操作过程，方便制作教程或演示内容

（2）编辑视频的方法

WPS 演示可以对视频进行编辑。裁剪视频功能允许用户通过调整绿色（开始时间）和红色（结束时间）滑块来截取视频片段。音量调节提供高、中、低和静音等预设选项。全屏播放可将视频放大至全屏显示。播放方式包括视频循环播放或播放完返回开头。视频封面支持选择预设样式或从文件中自定义，并通过“更多设置”进行修改美化。重置视频功能可将视频恢复到初始状态，包括大小、位置和播放设置，如图 6-4 所示。

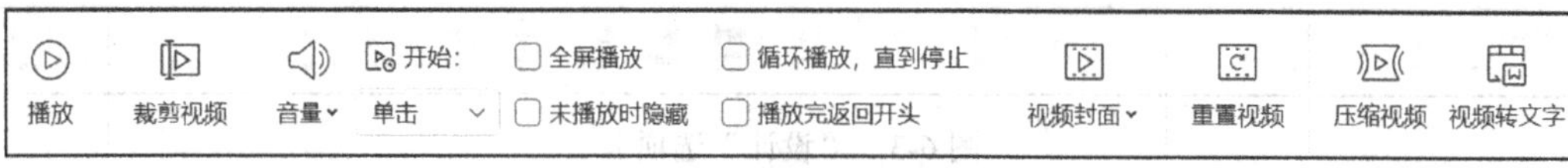

图 6-4 “视频工具”选项卡

11. 插入音频

（1）插入音频的方法

在幻灯片中插入音频主要用来营造氛围，增加演示文稿的感染力。常见的音频格式有 MP3、WAV 等。单击“插入”→“音频”→“嵌入音频”命令，在“插入音频”对话框中找到并选中要插入的声音文件，单击“打开”按钮，将音频文件插入文档中，这时幻灯片中出现声音图标，如图 6-5 所示。通过控件可以设置音量、向前/向后移动，还可以将音频转换成文字。音频嵌入方式及说明如表 6-3 所示。

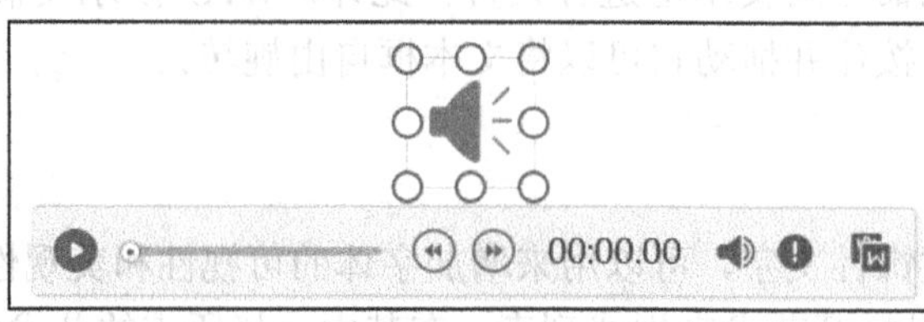

图 6-5 音频控件

表 6-3 音频嵌入方式及说明

嵌入方式	说明
嵌入音频	以嵌入方式插入音频，文档占用存储空间变大，可以在分享或传输文档后正常播放。通常是和某一特定幻灯片内容相关的音频，可能是音效、旁白等，播放与幻灯片呈现同步
链接到音频	以关联本地路径或云端链接的方式插入音频，需要跨设备播放时，建议选择云端音频
嵌入背景音乐	以嵌入方式插入背景音乐，文档占用存储空间变大，可以在分享或传输文档后正常播放。主要以营造氛围为主要目的，播放整个演示文稿过程中的音乐，可以在多个幻灯片中持续播放，不与单一幻灯片内容直接相关
链接背景音乐	以关联本地路径或云端链接的方式插入背景音乐，需要跨设备播放时，建议选择云端音频

（2）编辑音频的方法

用户可以通过指定开始时间和结束时间实现音频的精确剪裁，还可以为音频添加淡入和淡出效果，提升播放效果。用户可以调节音量以调整声音的大小，设定音频自动播放或单击播放方式。插入的音频默认作用于当前幻灯片，也可以选择跨幻灯片播放，让音频从当前幻灯片持续播放到指定页面停止，还可以设置循环播放，反复播放音频直至手动停止。在放映时，用户可以选择隐藏音频图标，以及播放完毕后返回开头，实现连续播放效果。最重要的是，可以将音频设为背景音乐，让其在幻灯片放映过程中持续循环播放，不会因换页而中断，直至放映结束，从而打造流畅的背景音乐体验。“音频工具”选项卡如图 6-6 所示。

图 6-6　“音频工具”选项卡

12. 插入超链接

超链接功能允许演示文稿在放映时改变播放顺序。用户可为幻灯片上的任何对象（如文本、图形）设置超链接，跳转至幻灯片、其他文件、网页或邮箱。超链接仅在放映视图下生效。

（1）插入超链接的方法

选择要创建超链接的对象，单击“插入”→“超链接”按钮；或右击，在弹出的快捷菜单中选择“超链接”命令。如果要链接到其他应用程序或网页，在弹出的“插入超链接”对话框中选择“原有文件或网页”选项；如果要链接到当前演示文稿中的其他幻灯片，则选择“本文档中的位置”选项，在列表框中选择要链接到的幻灯片，单击“确定”按钮即可完成超链接的设置。

（2）编辑超链接的方法

编辑超链接的方法灵活多样。右击超链接，在弹出的快捷菜单中选择“超链接”→“编辑超链接”命令，即可在弹出的“插入超链接”对话框中重新设置超链接。用户还可以自定义超链接颜色（包括默认颜色和已访问颜色）、设置链接下划线显示与否，并选择将修改应用于当前链接或全部链接。若要移除超链接，只需右击，在弹出的快捷菜单中选择“超链接”→“取消超链接”命令即可。

13. 插入动作

（1）插入动作的方法

在演示文稿中，可以为幻灯片中的对象添加动作，让对象在单击鼠标或鼠标指向该对象时，指向某种特定的操作，如链接到某张幻灯片时播放某声音、运行某程序等。单击“插入”→“动作”按钮，在弹出的“动作设置”对话框中有“鼠标单击”和“鼠标移过”两个选项卡，两者的设置方式和效果相同，区别在于激活动作的方式：前者需要单击鼠标，后者则只需鼠标悬停。

（2）动作按钮

WPS 演示文稿提供预设的动作按钮，用户可以插入这些包含常见动作形状的按钮，并定义超链接，从而调整幻灯片播放顺序。选择插入动作按钮的幻灯片，单击“插入”→“形状”按钮，在弹出的下拉列表的“动作按钮”组中选择用户需要的动作按钮，然后按住鼠标左键拖动即可绘制动作按钮。

6.2.3 实施步骤

第 1 步：打开之前已经新建的名为“古诗词鉴赏”的演示文稿。

第 2 步：为演示文稿新建两张幻灯片。单击“开始”→“新建幻灯片”按钮，还可以按 Ctrl＋M 组合键快速添加一张新幻灯片。也可以在大纲视图下方单击“＋”按钮，在弹出的快捷菜单中，选择“新建空白页”命令。第 2 张幻灯片默认版式为“标题和内容”。在标题处输入“原文欣赏”，字体为“微软雅黑”，字号为 32 磅，左对齐。

第 3 步：在下方文本框中输入“登鹳雀楼”诗词，诗词正文为“微软雅黑”，48 磅；作者为“微软雅黑”，28 磅；设置全文行距为“1.5 倍行距”，并设置对齐方式为“居中对齐”。

第 4 步：拖动鼠标选中诗词题目“登鹳雀楼”，单击“文本工具”→“拼音指南”下拉按钮，在弹出的下拉列表中选择“一键取音”命令，此时在幻灯片中会出现选中文字的拼音注释，用鼠标拖动拼音注释至文字上方，如图 6-7 所示。

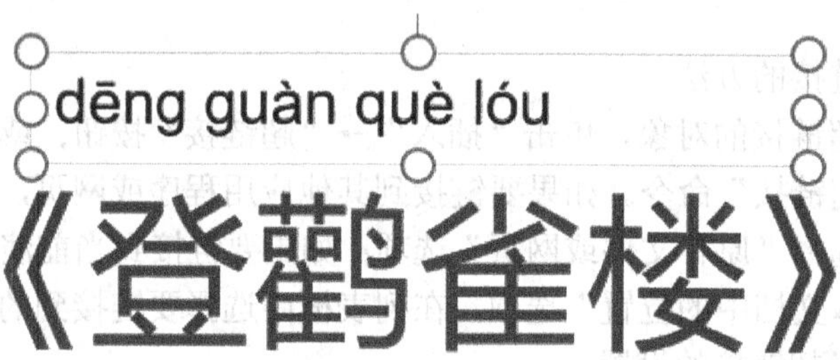

图 6-7　拼音注释

第 5 步：用鼠标拖动拼音文本框的控制按钮调整其大小，使其与目标文字宽度相等；设置拼音字体为“Arial”，字号为 18 磅。

第 6 步：选择对齐方式为“分散对齐”（将段落两端同时进行对齐，并根据需要增加字符间距），效果如图 6-8 所示。

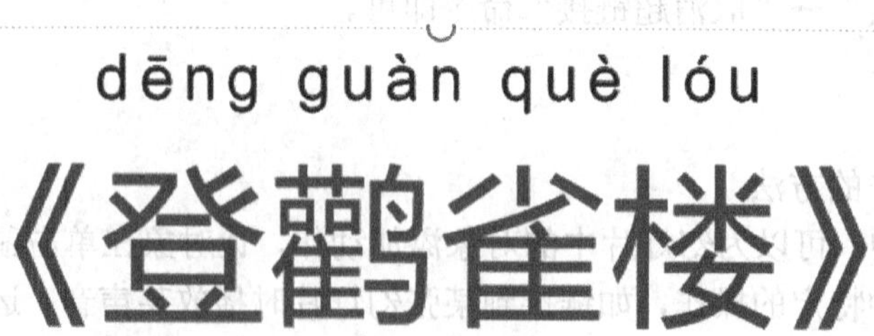

图 6-8　分散对齐

第 7 步：重复以上操作，为所有文字添加拼音注释。

第 8 步：新建第 3 张幻灯片。单击“开始”→“版式”下拉按钮，在弹出的下拉列表中选择“标题和内容”命令，在幻灯片“标题”文本框中输入文字“字词解释”，字体为“微软雅黑”，字号为 32 磅。

第 9 步：单击“插入”→“插入表格”下拉按钮，在弹出的下拉列表中选择“插入表格”命令，在弹出的“插入表格”对话框中设置行数为 6、列数为 3，单击“确定”

按钮，即在该幻灯片中插入了一个 6 行 3 列的表格。

第 10 步：在插入的表格中输入素材文字，通过拖曳适当调整表格大小及位置，设置字体为“微软雅黑”，字号为 18 磅。将第一行设置为“居中对齐”，第一、二列设置为“居中对齐”，其余内容设置为“左对齐”，如图 6-9 所示。

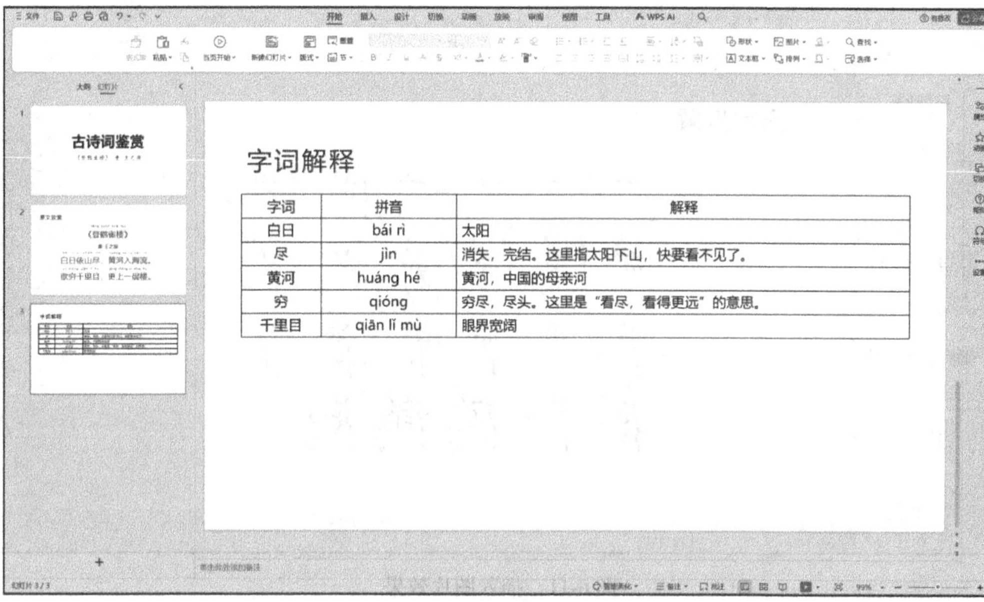

图 6-9　插入表格效果

第 11 步：为演示文稿新建标题为“思维导图”的第 4 张幻灯片。单击“插入”→“SmartArt”按钮，在打开的“选择 SmartArt 图形”对话框中选择“流程”→“基本流程”选项，单击“确定”按钮。

第 12 步：编辑流程图中的文字，并适当调整其大小及对齐方式使其位置合适，效果如图 6-10 所示。

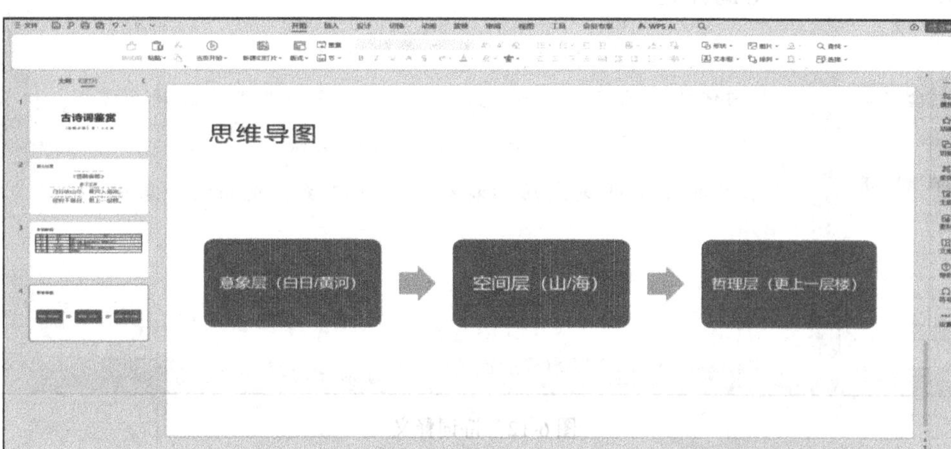

图 6-10　思维导图效果

第 13 步：为演示文稿新建标题为“鹳字拆解”的第 5 张幻灯片。单击“插入”→“图片”下拉按钮，在弹出的下拉列表中选择“本地图片”命令，在打开的“插入图片”对话框中找到素材中的图片，单击“打开”按钮，效果如图 6-11 所示。

图 6-11　插入图片效果

第 14 步：为演示文稿新建标题为“诗词释义”的第 6 张幻灯片。输入诗词及释义文字，字体为“楷体”，字号为 32 磅，1.5 倍行距，如图 6-12 所示。

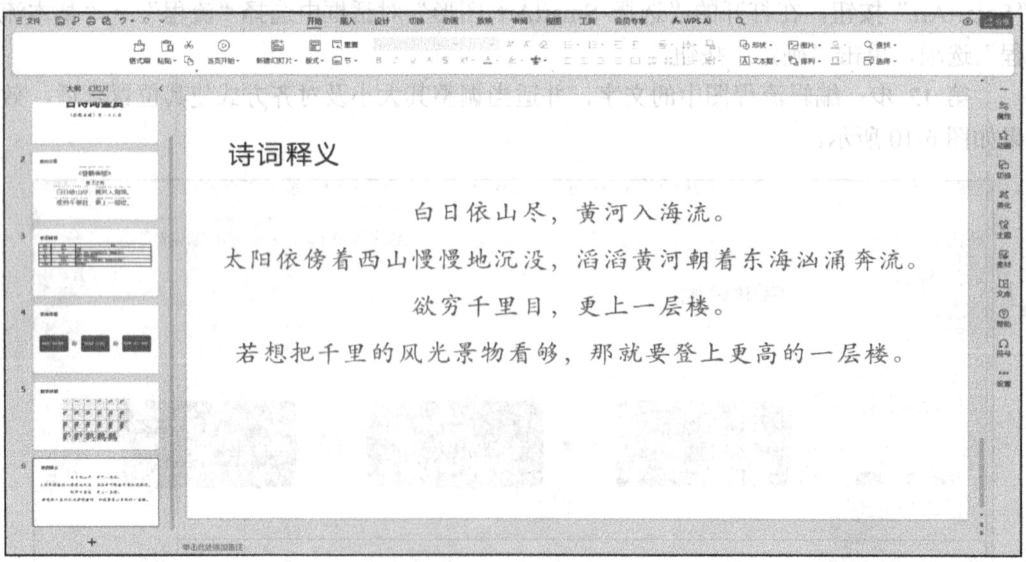

图 6-12　诗词释义

第 15 步：新建幻灯片，单击“开始”→“版式”下拉按钮，在弹出的下拉列表中选择“从版式新建”→“末尾幻灯片”命令，输入文字“谢谢观看”，字体为“楷体”，字号为 60 磅，对齐方式为“居中对齐”。

第 16 步：选择第 2 张幻灯片“原文欣赏”，单击“插入”→“音频”下拉按钮，在弹出的下拉列表中选择“嵌入音频”命令，在弹出的“插入音频”对话框中，选择“背景音乐”音频所在的文件路径，单击“打开”按钮即可。

第 17 步：在音频工具选项卡中，将“淡入/淡出”均设置为 2 秒，开始播放设置为“自动”，选中“当前页播放”单选按钮，选中“放映时隐藏”复选框，如图 6-13 所示。

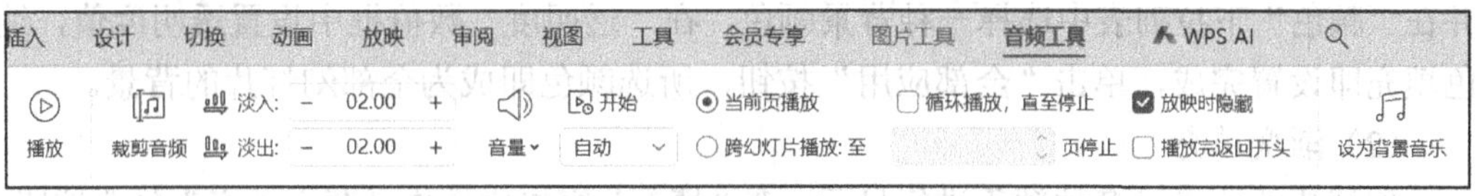

图 6-13　播放设置

6.3　设计演示文稿外观

6.3.1　任务要求

1）为演示文稿添加设计主题。

2）为表格设置表格样式。

3）为 SmartArt 设置样式。

4）设置文字的艺术字效果。

6.3.2　知识准备

要制作一个精美的演示文稿，除了要有丰富的内容和页面对象外，还要具有独特的外观设计风格，以吸引观众的注意力。WPS 演示的外观设计主要通过主题、背景和母版的设置来实现。

1. 主题

WPS 演示为用户提供了丰富的主题。主题包含预定义的背景、格式和配色方案等。在 WPS 中，用户可以将系统提供的主题应用于所有幻灯片，使演示文稿具有统一的外观，也可以应用于所选幻灯片，使演示文稿具有不同的显示风格。此外，用户还可以根据需要自定义主题。

打开演示文稿，选择“设计”选项卡，可以发现在“主题”选项组内显示了部分主题列表，要将主题应用到演示文稿中，可在“设计”选项卡中选择一种主题，默认情况下会将主题应用到所有幻灯片，如果可选的内置主题不能满足需求，可选择外部主题。单击“设计”→“更多主题”按钮，在弹出的“主题方案”窗口中选择合适的主题，即可应用于演示文稿。

2. 背景

用户对当前幻灯片或整个演示文稿设置背景样式，也可以对主题的背景样式进行自定义设置。单击“设计”→“背景”下拉按钮，在弹出的下拉列表中选择“背景填充”命令，即可打开“填空”窗格。

（1）纯色填充

幻灯片的背景以一种颜色进行显示。在“填充”窗格中选中“纯色填充”单选按钮，并在“颜色”下拉列表中选择一种背景颜色，在“透明度”数值框中设置透明度值，纯色填充即设置完成，单击“全部应用”按钮，所选颜色即成为全部幻灯片的背景。

（2）渐变填充

幻灯片的背景以多种颜色进行显示。在“填充”窗格中选中“渐变填充”单选按钮，在弹出的列表中设置渐变填充的各项参数。单击“全部应用”按钮，所选渐变填充效果即成为全部幻灯片的背景。

（3）图片或纹理填充

在“填充”窗格中选中“图片或纹理填充”单选按钮，即可在弹出的列表中设置图片填充或纹理填充的各项参数。单击“全部应用”按钮，所选图片或纹理即成为全部幻灯片的背景。

（4）图案填充

幻灯片的背景以系统提供的一种图案进行显示。在图案列表中选择所需图案，通过“前景”和“背景”下拉列表框可以自定义图案的前景颜色和背景颜色，单击“全部应用”按钮，所选图案即成为全部幻灯片的背景。

3. 母版

（1）打开母版

幻灯片母版是演示文稿中各幻灯片引用的模板页，能够存储幻灯片的所有信息，包括文本和对象在幻灯片上的放置位置、文本和对象的大小、文本样式、背景、颜色主题、效果和动画等。在幻灯片母版视图中可以查看和编辑不同版式的幻灯片页面的内容布局结构、背景效果、内容字体等。单击“设计”→“母版”按钮，打开幻灯片母版。新建的演示文稿中自动应用了一个幻灯片母版，在这个母版中包含了 11 个幻灯片母版版式。一个演示文稿中可以包含多个幻灯片母版，每个母版下又包括多种幻灯片母版版式。

（2）编辑母版

在幻灯片母版视图下，可以看到所有可以输入内容的区域，如标题占位符、副标题占位符及母版下方的页脚占位符。这些占位符的位置及属性，决定了应用该母版的幻灯片的外观属性，当改变了这些占位符的位置、大小及其中文字的外观属性后，所有应用该母版的幻灯片的属性也将随之改变。这样，既能统一演示文稿的外观，又能大大提高工作效率。母版的主要功能与说明如表 6-4 所示。

表 6-4　母版的功能与说明

功能	说明
插入母版	在原有的幻灯片母版基础上新增加一组完整的幻灯片母版
插入版式	插入一个包含幻灯片样式的母版
插入占位符	母版版式中为用户提供了内容、竖排内容、文本、竖排文本、图片、图表、表格、媒体、SmartArt 图形等 9 种占位符，每种占位符的插入方式都相同
主题	更改整个文档的总体设计，包括颜色，字体和效果
颜色	更改当前母版主题颜色
字体	更改当前主题的字体
效果	更改当前主题的效果
删除	删除所选的幻灯片母版
保护母版	保护所选的幻灯片母版，使其在未使用的情况下也能保留在演示文稿中
重命名	重新设置所选幻灯片母版的名称
母版版式	设置在幻灯片母版中包含的占位符元素
背景	对当前幻灯片或整个演示文稿设置背景样式

完成母版的各项设置后，单击“幻灯片母版”→“关闭”按钮，即可退出“幻灯片母版”视图模式。

6.3.3　实施步骤

第 1 步：打开“古诗词鉴赏”演示文稿，为其添加设计主题，单击“设计”→“更多主题”按钮，在打开的“主题方案”窗口中选择“推荐方案”→“免费”→“云水山川中国风”选项；选择“字体”→“华文新魏”选项，右击，在弹出的快捷菜单中选择“应用于所有幻灯片”命令，如图 6-14 所示。添加完成后效果如图 6-15 所示。

图 6-14　设计主题

图 6-15　设计效果

第 2 步：选中第 3 张幻灯片，设置表格样式。选中表格，选择“表格样式”→“主题样式 2-强调 2”选项，效果如图 6-16 所示。

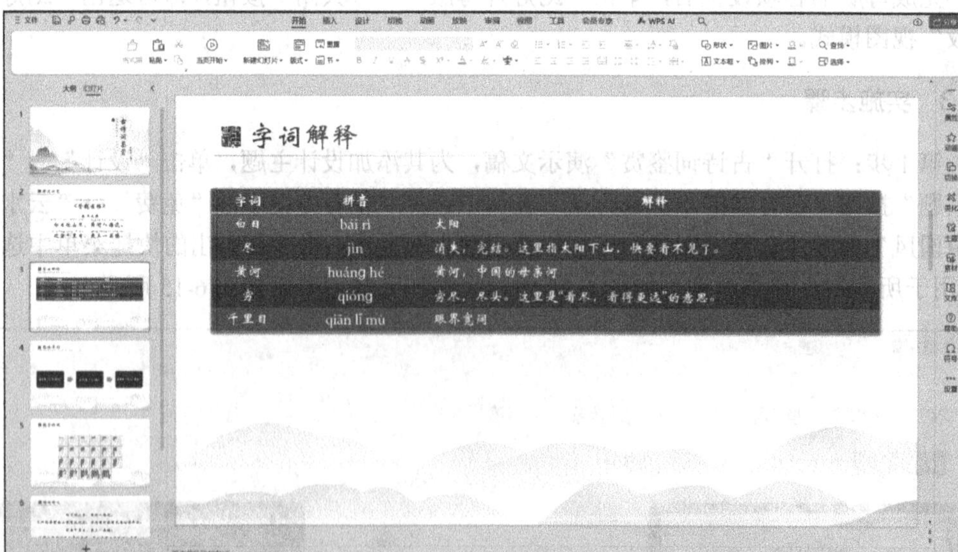

图 6-16　表格样式效果

第 3 步：选择第 4 张幻灯片，设置 SmartArt 样式，选中 SmartArt 图形，单击“设计”→“更改颜色”下拉按钮，在弹出的下拉列表中选择“着色 2（第 4 项）”，效果如图 6-17 所示。

第 4 步：选中第 6 张幻灯片，选中诗词原文文本，选择“文本工具”→“艺术字预设”→“渐变填充-暗淡的灰色，倒影”选项，效果如图 6-18 所示。

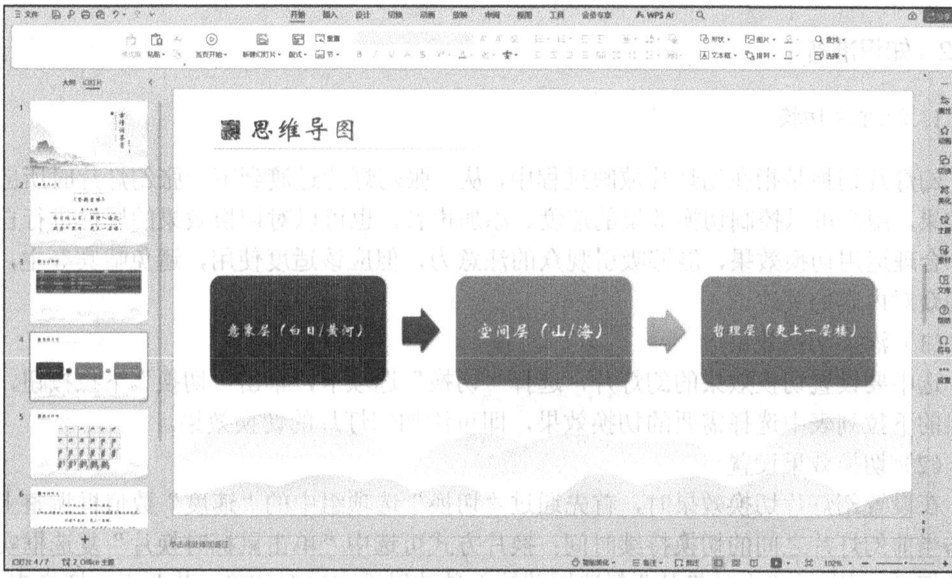

图 6-17　SmartArt 样式效果

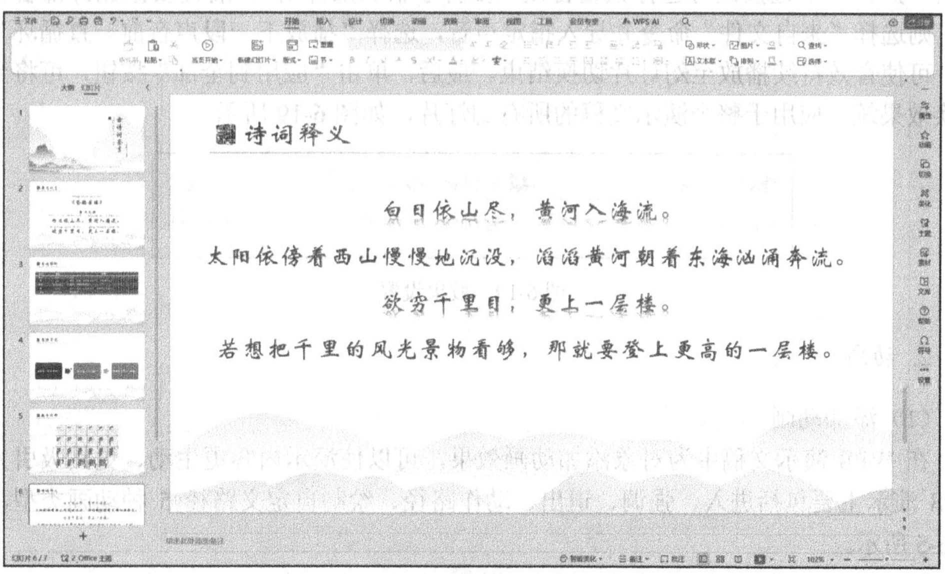

图 6-18　艺术字效果

6.4　演示文稿动态效果

6.4.1　任务要求

1）为幻灯片设置切换效果。

2）为幻灯片中的元素设置动画效果。

6.4.2 知识准备

1. 幻灯片切换

幻灯片切换是指在幻灯片放映过程中，从一张幻灯片过渡到下一张幻灯片时所应用的效果。用户可以控制切换效果的速度、添加声音，也可以对切换效果的属性进行自定义。合理运用切换效果，能够吸引观众的注意力，但应该适度使用，避免喧宾夺主，分散观众对内容的关注。

（1）添加切换效果

选中要设置切换效果的幻灯片，选择“切换”选项卡，单击“切换”下拉按钮，在弹出的下拉列表中选择需要的切换效果，即可添加幻灯片的切换效果。

（2）切换效果设置

在设置幻灯片切换效果时，首先通过“切换”选项组中的“速度”数值框调整上一张与当前幻灯片之间的切换持续时间；换片方式可选中“单击鼠标时换片”复选框实现手动切换，或选中“自动换片”复选框并输入秒数以设定定时切换。若要添加切换声音，单击“声音”下拉按钮可选择预设音效（如打字机、爆炸等），若需要添加外部音频文件，则选择“来自文件”命令并导入指定声音，选择“播放下一段声音前一直循环”命令，可使音效持续播放至幻灯片切换结束。最后，单击“应用到全部”按钮，可将当前切换效果统一应用于整个演示文稿的所有幻灯片，如图 6-19 所示。

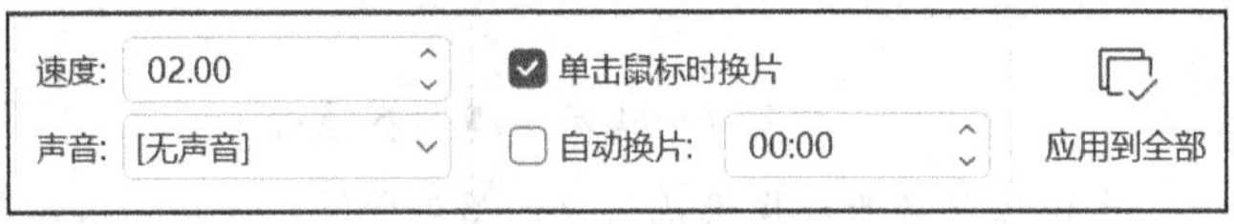

图 6-19 效果设置

2. 动画

（1）添加动画

在 WPS 演示文稿中为对象添加动画效果，可以使演示内容更生动、更具吸引力。WPS 演示主要包括进入、强调、退出、动作路径、绘制自定义路径 5 种动画类型，如表 6-5 所示。

表 6-5 动画类型

动画类型	作用	说明
进入	使文本或对象以某种效果进入	这些效果可以使对象逐渐淡入焦点、从边缘飞入幻灯片或者跳入视图中
强调	为文本或对象添加某种突出显示效果	这些效果包括使对象缩小或放大、更改颜色或沿着其中心旋转等
退出	为文本或对象添加退出效果	这些效果包括使对象飞出幻灯片、从视图中消失或者从幻灯片旋出等
动作路径	使文本或对象按照指定的模式或路径移动	这些效果可以使对象上下移动、左右移动，或者沿着星形或圆形图案移动（与其他效果一起）
绘制自定义路径	使文本或对象按照自定义的模式或路径移动	自定义路径动画可以为演示增加个性化的效果，适合展示动态过程或强调某个重要信息

（2）设置动画属性

添加动画效果后，可以通过单击“预览效果”按钮来验证动画效果。要修改已设置的动画效果，首先选中目标文本或对象，然后在“动画”选项组中重新选择动画效果。动画的播放时机可以通过“开始”下拉列表调整，包括“单击时”播放、“与上一动画同时”播放和“在上一个动画之后”自动播放；“持续”数值框用于调整动画的播放时长，时间越长，动画速度越慢；“延迟”数值框用于设置动画的延迟播放时间。如果需要删除动画，可以直接删除选中的对象、幻灯片或当前文档上的所有动画效果，如图6-20所示。

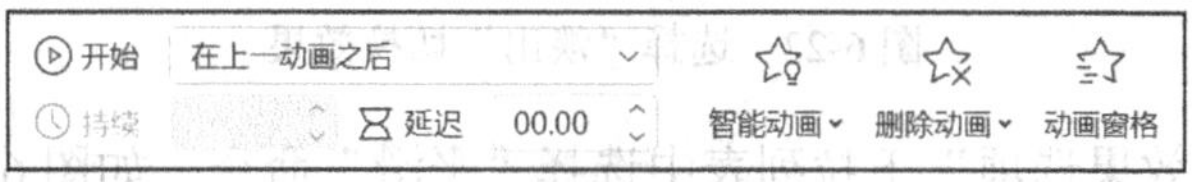

图6-20 动画属性

（3）动画窗格

“动画窗格”可以全面控制动画效果（图6-21）。调整动画播放顺序，既可以直接在“动画窗格”中拖动动画条目，也可以选中要调整的动画后，单击下方的“重新排序”按钮进行调整。设置动画效果时，选中动画并单击右侧的下拉按钮，可以选择“单击时”“与上一动画同时”“在上一动画之后”等方式来控制动画启动方式，以及隐藏或显示高级日程表，或直接删除动画。调整播放时长和延迟时间，需先显示高级日程表，当光标呈双向箭头时，通过拖动时间条的左侧调整开始时间，拖动时间条的右侧调整结束时间。

图6-21 动画窗格

6.4.3 实施步骤

第 1 步：选择“古诗词鉴赏”演示文稿中的全部幻灯片，在“切换”选项卡中选择“淡出”切换效果，如图 6-22 所示。

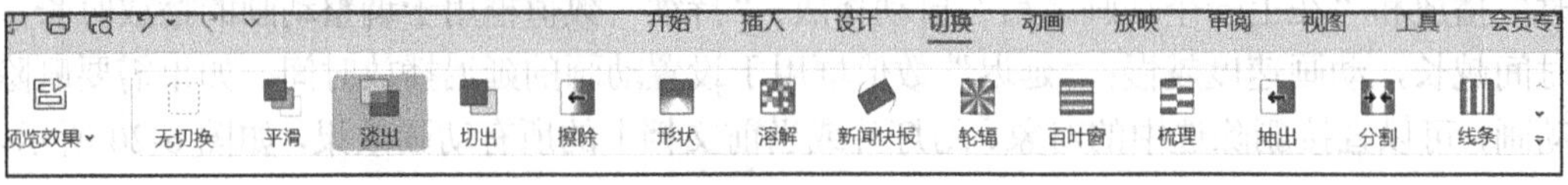

图 6-22　选择“淡出”切换效果

第 2 步：在“效果选项”下拉列表中选择“平滑”命令，如图 6-23 所示。

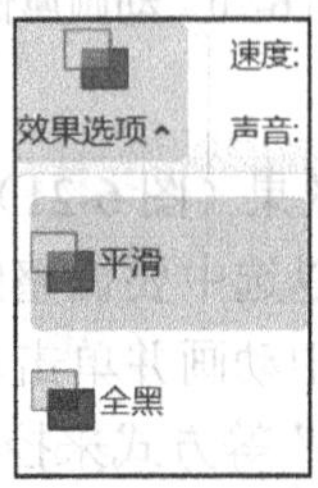

图 6-23　平滑

第 3 步：设置切换速度为“01:00”；设置切换声音为“无声音”；换片方式为“单击鼠标时换片”。单击“应用到全部”按钮，即为当前演示文稿设计了同一种幻灯片切换效果，参数如图 6-24 所示。

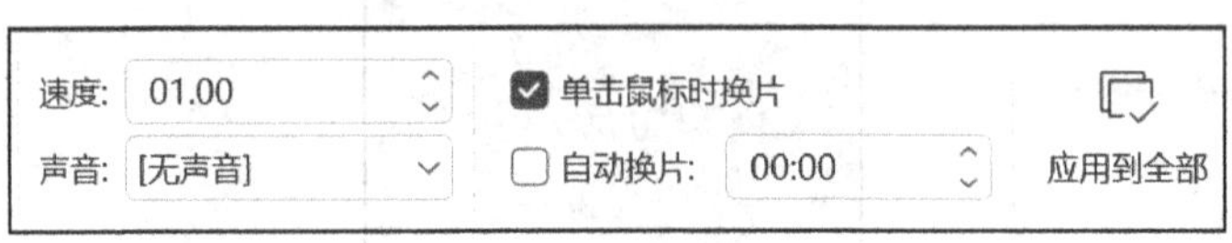

图 6-24　参数设置

第 4 步：选中第 2 张幻灯片中的古诗词，单击“动画”→“出现”按钮，单击“文本属性”下拉按钮，在弹出的下拉列表中选择“按段落播放”命令，如图 6-25 所示。

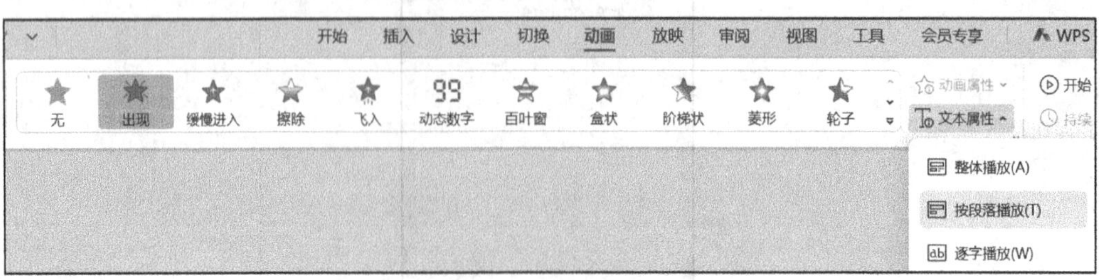

图 6-25　按段落播放

第 5 步：选中第 2 张幻灯片中所有的拼音文本框，单击“动画”→“出现”按钮，单击“文本属性”下拉按钮，在弹出的下拉列表中选择“按段落播放”命令，设置“开始”播放为“在上一动画之后”，如图 6-26 所示。

图 6-26　拼音文本框

第 6 步：选中第 4 张幻灯片中的 SmartArt，单击“动画”→“缓慢进入”按钮，单击“动画属性”下拉按钮，在弹出的下拉列表中选择“自左侧”命令，设置“开始”播放为“单击时”，持续时间为 05:00，如图 6-27 所示。

图 6-27　缓慢进入

6.5　演示文稿放映

6.5.1　任务要求

1）设置幻灯片的放映方式。

2）录制演示文稿。

6.5.2　知识准备

制作完演示文稿后，为了按规律播放演示文稿和适应播放环境，还需要设置放映幻灯片的方式与范围，以及设置幻灯片的排练计时与演讲备注。“放映”选项卡的主要命令和按钮如图 6-28 所示。

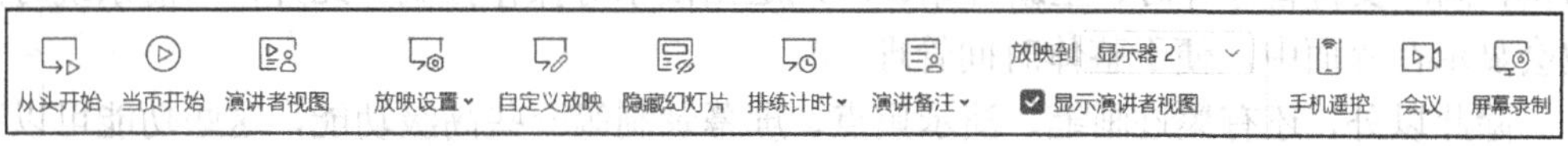

图 6-28　“放映”选项卡

1. 放映方式

WPS 主要为用户提供了“从头开始”“当页开始”“演讲者视图”3 种播放方式。

（1）从头开始

从第一张幻灯片放映到最后一张幻灯片。选中幻灯片，单击“放映”→“从头开始”按钮，用户还可以按 F5 键从头放映幻灯片。

（2）当页开始

从当前幻灯片放映到最后一张幻灯片。选中幻灯片，单击“放映”→“当页开始”按钮，即可从当前的幻灯片开始放映；按 Shift+F5 组合键，也可从当前幻灯片开始放映。

（3）演讲者视图

演讲者视图是一种非常实用的功能，尤其是在进行正式演示时。演讲者视图允许用户在自己的屏幕上查看当前幻灯片、备注、下一张幻灯片及其切换时间等信息，而观众只会看到幻灯片的演示效果，如图 6-29 所示。

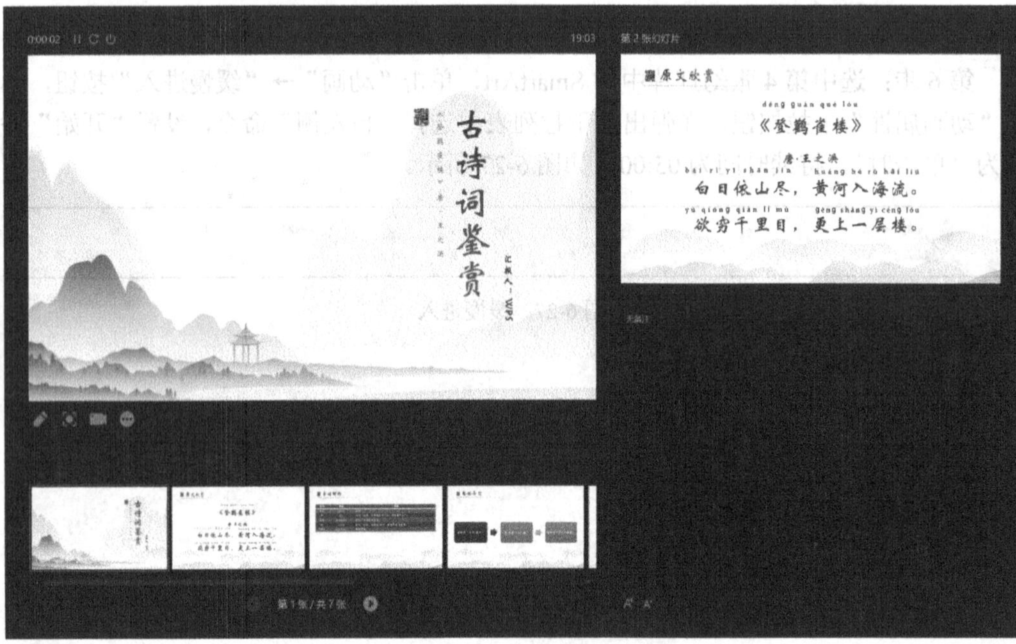

图 6-29　演讲者视图

在演讲者视图中，当前幻灯片即正在展示的内容区域，右侧会显示下一张幻灯片的预览窗口，方便提前预览切换后的内容。演讲备注区域可同步查看预设的演讲笔记，辅助讲解。演讲者视图还集成计时器功能，实时显示演讲已用时长，帮助演讲者精准把控节奏；同时支持暂停计时、重新开始计时或退出演示等操作控制。此外，当前系统时间也会显示在界面中，便于整体时间管理。

除此以外，还有墨迹画笔、演示焦点、屏幕录制等一些高级功能，这些功能可以帮助演讲者更清晰地展示演示文稿。

2. 放映设置

单击“放映设置”→“放映设置”按钮，在弹出的“设置放映方式”对话框中可以设置放映类型、放映选项、放映幻灯片、换片方式和多显示器。此外，在“放映”选项卡“放映设置”选项组中还可以设置自定义放映、隐藏幻灯片、排练计时、演讲备注等。

（1）放映类型

根据幻灯片的用途和观众需求，主要有两种放映类型：演讲者放映和展台自动循环放映。演讲者放映适用于演讲场合，放映过程中幻灯片全屏显示，由演讲者自动或手动控制，确保放映的灵活性与互动性，是最常用的一种方式。展台自动循环放映则多用于展台环境，采用自动全屏播放方式，除非用户操作，否则会不断重复播放。观众可以通过切换幻灯片、单击超链接或动作按钮进行交互，但不能更改演示文稿内容，按 Esc 键可以结束放映。

（2）放映选项

选中“循环放映，按 Esc 键终止”复选框时，幻灯片将在最后一张放完后重新开始循环播放，直到按 Esc 键退出；选中“放映不加动画”复选框时，幻灯片在放映过程中会隐藏对象上的动画效果，但并不删除动画，为用户提供不同的演示效果。

（3）放映幻灯片

在设置幻灯片放映方式时，用户可以选择不同的放映选项。选中“全部”单选按钮，将放映整个演示文稿；选中“从”单选按钮，则可以在“从”数值框中指定放映的开始幻灯片编号，并在“到”数值框中指定最后一张幻灯片的编号。此外，默认情况下，如果没有自定义放映，“自定义放映”单选按钮将显示为灰色，无法使用；一旦自定义了放映，用户可以选中该单选按钮，并在下拉列表框中选择已设置好的放映名称。

（4）换片方式

选中“如果存在排练时间，则使用它”单选按钮，则按照排练计时为各幻灯片指定的时间自动切换幻灯片。选中“手动”单选按钮，在所有幻灯片都设置为“鼠标单击时”的前提下，幻灯片通过用户单击进行切换。

（5）自定义放映

自定义放映是指仅放映选择的幻灯片。单击“放映”→“自定义放映”按钮，在弹出的“自定义放映”对话框中单击“新建”按钮（首次打开只有“新建”按钮）。在弹出的“定义自定义放映”对话框的“幻灯片放映名称”文本框中输入放映名称，默认名称为“自定义放映 1”，从左侧列表框中选中需要自定义放映的幻灯片，单击“添加”按钮，将其添加到右侧列表框中，如图 6-30 所示，单击“确定”按钮，再单击“自定义放映”对话框中的“关闭”按钮；最后，单击“放映”→“自定义放映”按钮，在弹出的“自定义放映”对话框中选择“自定义放映 1”，单击“放映”按钮，即可放映自定义的幻灯片。

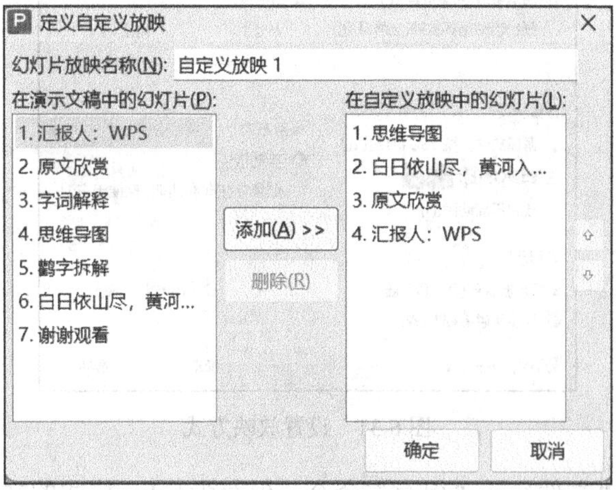

图 6-30　自定义放映

（6）隐藏幻灯片

单击“放映”选项卡中的“隐藏幻灯片”按钮，即可在演示文稿中隐藏当前幻灯片，在放映幻灯片时，不显示此幻灯片。

（7）排练计时

排练计时功能分为排练全部和排练当前页。在正式放映前，可以用手动的方式进行换片，让 WPS 将手动换片的时间记录下来；此后，应用这个时间记录，就可以依照这个换片时间自动进行放映，而无须人为控制。在设置放映方式时，默认情况下会选中“换片方式”选项组中“如果存在排练时间，则使用它”单选按钮；如果需要关闭排练时间，则取消选中该单选按钮。

（8）演讲备注

选中要添加备注的幻灯片，单击“演讲备注”按钮，在弹出的下拉列表中选择“演讲备注”命令，在打开的“演讲者备注”对话框中添加备注内容，输入完成后单击“确定”按钮即可。

6.5.3 实施步骤

第 1 步：打开前面完成的“古诗词鉴赏”演示文稿。选择“放映”→“排练计时”→“排练全部”命令，根据实际演示情况保存计时时间。

第 2 步：选择“放映”→“演讲备注”→“演讲备注”命令，在打开的“演讲者备注”对话框中输入备注内容，以便在演示时能够看到辅助信息。

第 3 步：选择“放映”选项卡，单击“放映设置”按钮，打开“设置放映方式”对话框，设置放映类型为“演讲者放映（全屏幕）”、放映幻灯片的数量为“全部”、换片方式为“如果存在排练时间，则使用它”，选中“显示演讲者视图”复选框，如图 6-31 所示。

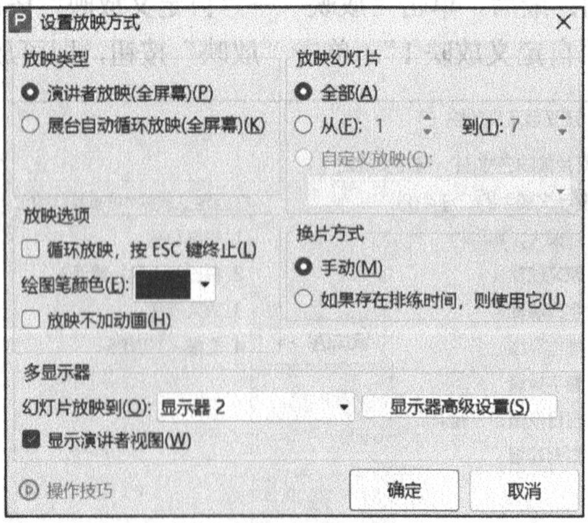

图 6-31 设置放映方式

第 4 步：选择“文件”→“保存”命令，保存为*.dps 格式的文件。

第 5 步：选择“文件”→“输出为 PDF”命令，设置好“输出范围”和“保存位置”，方便打印制作纸质资料，或用于分享与传播，如图 6-32 所示。

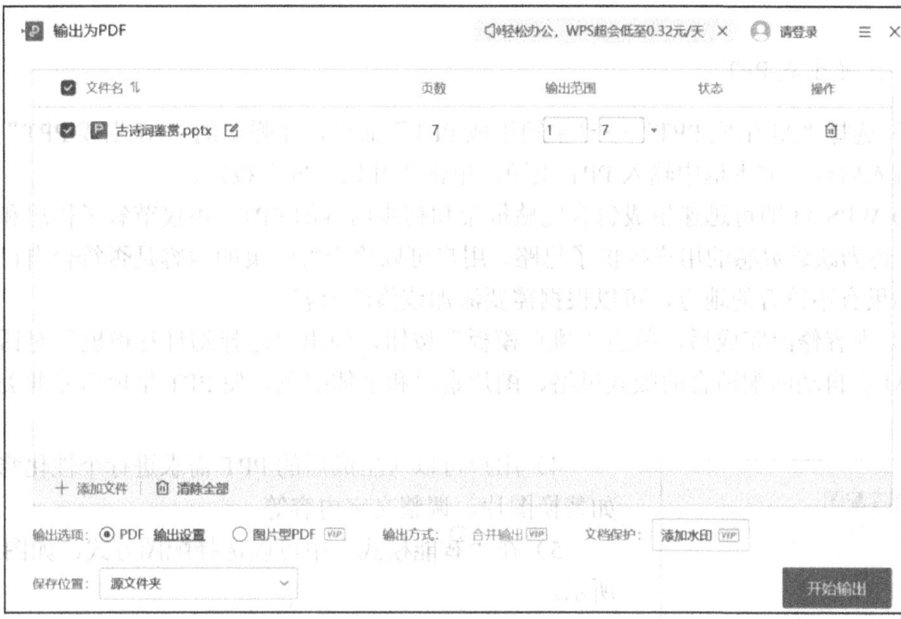

图 6-32　输出为 PDF

6.6　WPS AI 在课件中的应用

在教育信息化的大趋势下，数字化的教学资源已经成为教学活动不可或缺的一部分。课件作为教师传授知识的重要载体，其质量直接影响学生的学习效果。随着人工智能技术的不断发展，WPS AI 凭借其强大的自然语言处理、图像识别和智能推荐能力，正在革新课件制作与教学模式，为教师提供高效便捷的工具，为学生创造个性化的学习体验。WPS AI 为用户提供了一键生成幻灯片的功能。只要输入 PPT 主题，WPS AI 就能自动生成美观的 PPT，大幅节省了用户的时间。“WPS AI”选项卡如图 6-33 所示。

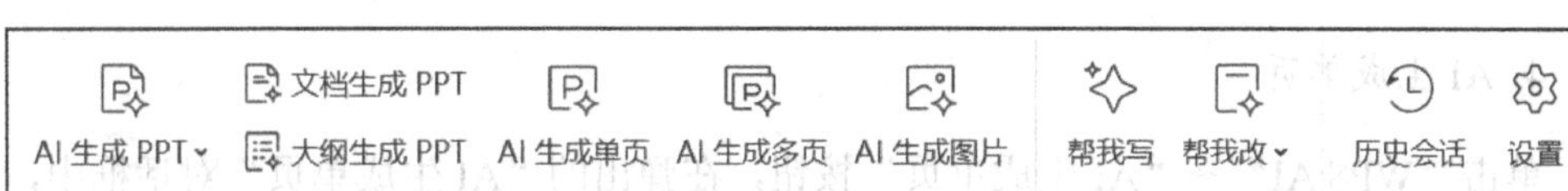

图 6-33　“WPS AI”选项卡

6.6.1　任务要求

1）使用主题生成 PPT 功能，生成主题为《人工智能的发展》的 PPT。

2）使用文档生成 PPT 功能，生成基于通识课“数字媒体技术基础概论”文档的 PPT。

3）使用大纲生成 PPT 功能，生成基于“基础几何”课程大纲的 PPT。

6.6.2 知识准备

1. 主题生成 PPT

1）选择“AI 生成 PPT”→“主题生成 PPT”命令，在弹出的“AI 生成 PPT”对话框“输入内容”文本框中输入 PPT 主题，单击“开始生成”按钮。

2）WPS AI 即可迅速生成包含完整框架和初步内容的 PPT，不仅节省了构思和排版时间，还为缺乏灵感的用户提供了思路。用户可以检查每一页的内容是否符合自己的要求，如果有不符合的地方，可以根据需要添加或修改内容。

3）内容修改完成后，单击“挑选模板”按钮，弹出“选择幻灯片模板”对话框。WPS AI 会自动匹配适合的版式风格、图片素材和字体配色，使 PPT 呈现出专业美观的效果。

4）用户可以对生成后的 PPT 需求进行个性化修改，如替换图片、调整文字内容等。

5）在“智能模式”中可以选择配图方式，如图 6-34 所示。

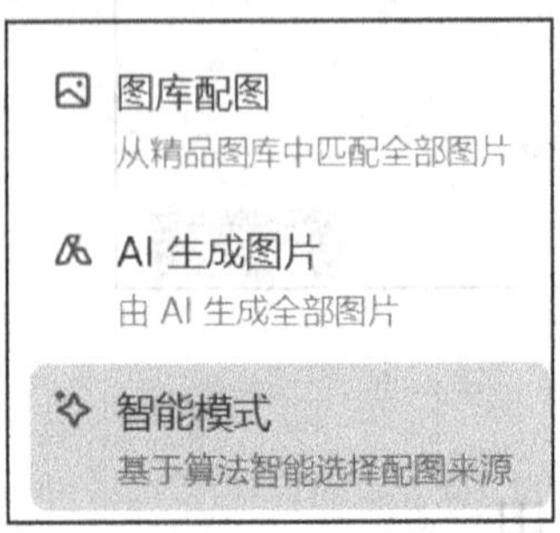

图 6-34 配图方式

2. 文档生成 PPT

WPS AI 能将现有文档快速转换为专业的演示文稿。用户只需上传文档，WPS AI 即可自动识别文本内容，并根据逻辑结构生成相应的 PPT。通过智能匹配，WPS AI 为每张幻灯片选择合适的布局、配图及配色方案，确保 PPT 的协调与美观。

3. 大纲生成 PPT

WPS AI 能根据用户输入的大纲内容，自动识别结构和要点，快速生成专业的演示文稿。WPS AI 利用智能匹配技术，为每张幻灯片选择合适的布局、配图及配色，确保视觉效果协调美观。

4. AI 生成单页

单击“WPS AI”→“AI 生成单页”按钮，在弹出的“AI 生成单页”对话框中，只需输入主题或关键词，WPS AI 便能智能生成包括标题、段落和配图建议的单页，并自动排版以确保视觉效果协调。AI 生成单页功能支持多样的风格模板，适用于活动宣传、产品展示等多种场景，用户还可以根据个人喜好进行字体、颜色和图片的个性化调整。

5. AI 生成多页

单击“WPS AI”→“AI 生成多页”按钮，在弹出的“AI 生成多页”对话框中只需输入主题或关键词，WPS AI 就能自动生成包含标题、正文、插图和表格的多页内容，极大地节省了编辑时间。WPS AI 根据内容自动进行排版，确保版面整齐、信息清晰，用户无须烦琐的手动调整。AI 生成多页功能支持多种模板风格，适用于报告、计划书、市场调研等多种场景。

6. 智能排版优化

1）WPS AI 可以帮助用户自动调整幻灯片的排版。选中要调整的幻灯片，右击，在弹出的快捷菜单中选择“更换设计方案”命令，系统会根据内容自动优化布局和设计。

2）WPS AI 能够自动分析内容的类型，建议最佳的排版布局，帮助用户实现内容的合理分布。通过智能排版工具，用户可以一键应用预设的排版模板。这些模板经过优化，自动调整标题、段落、图片等元素的间距和对齐方式，自动优化布局、字体、颜色，使文档整体更加美观，能够最大限度地提高可读性和美观性。智能排版优化效果如图 6-35 所示。

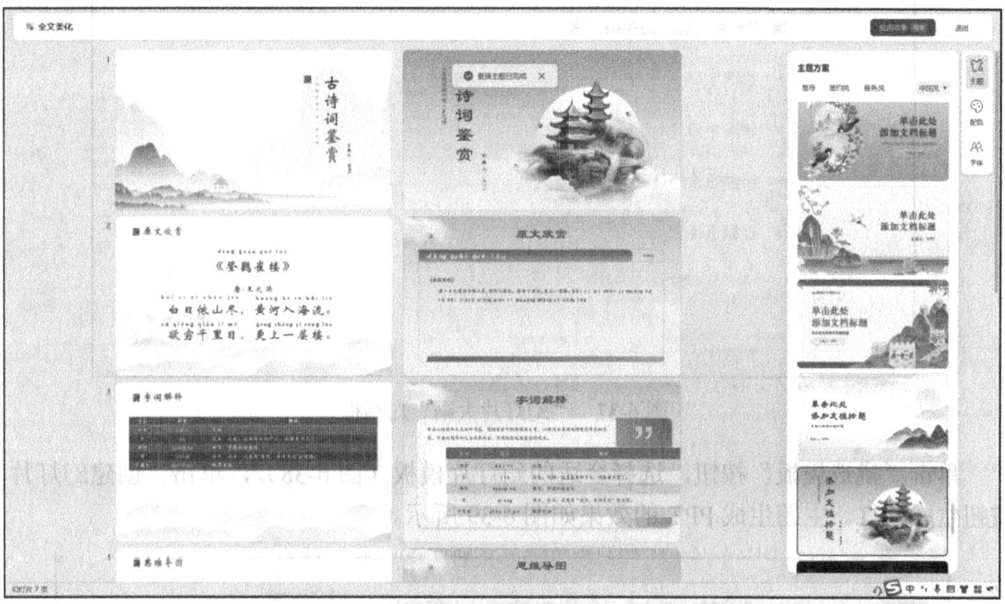

图 6-35　智能排版优化效果

6.6.3　实施步骤

第 1 步：在“WPS AI”选项卡中，选择“AI 生成 PPT”→“主题生成 PPT”命令，在弹出的“AI 生成 PPT”对话框中输入 PPT 主题“人工智能的发展”（图 6-36）。

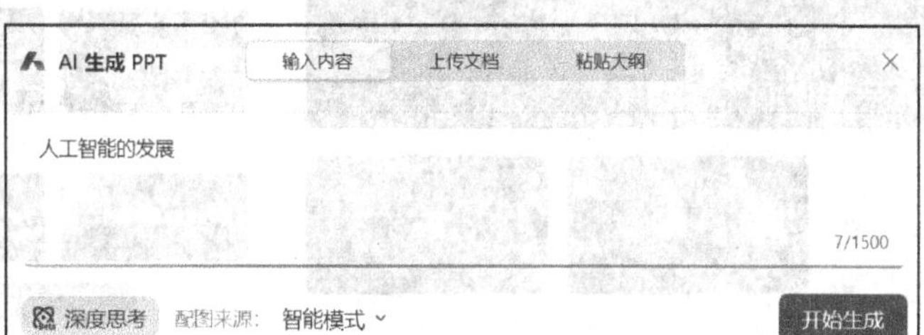

图 6-36　主题生成 PPT

单击“开始生成”按钮，弹出“幻灯片大纲”对话框（图 6-37），可根据实际调整大纲和内容。

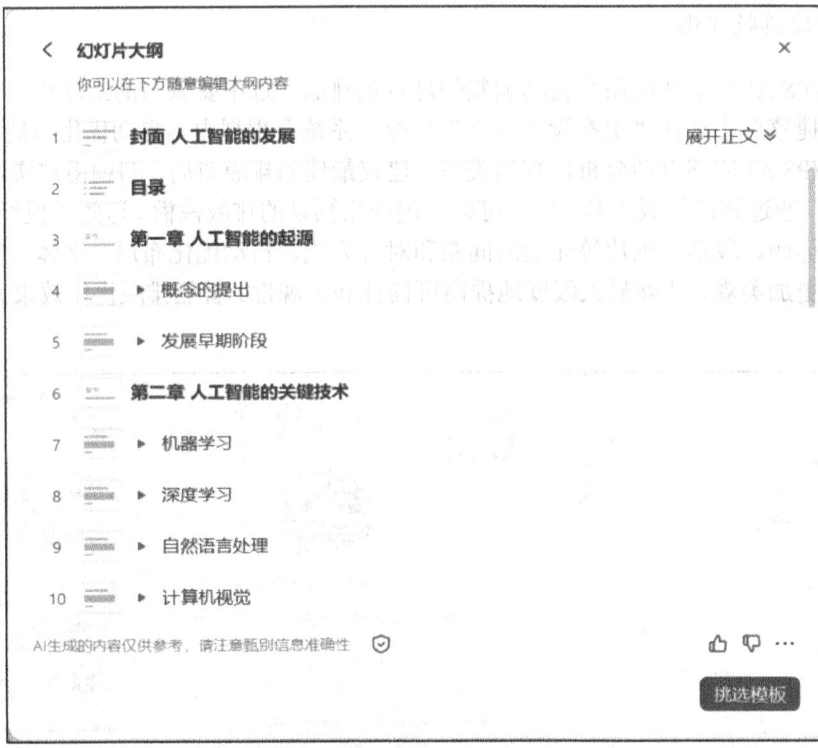

图 6-37 “幻灯片大纲”对话框

单击“挑选模板”按钮，选择合适的幻灯片模板（图 6-38），，单击“创建幻灯片”按钮生成 PPT。主题生成 PPT 的效果如图 6-39 所示。

图 6-38 模板

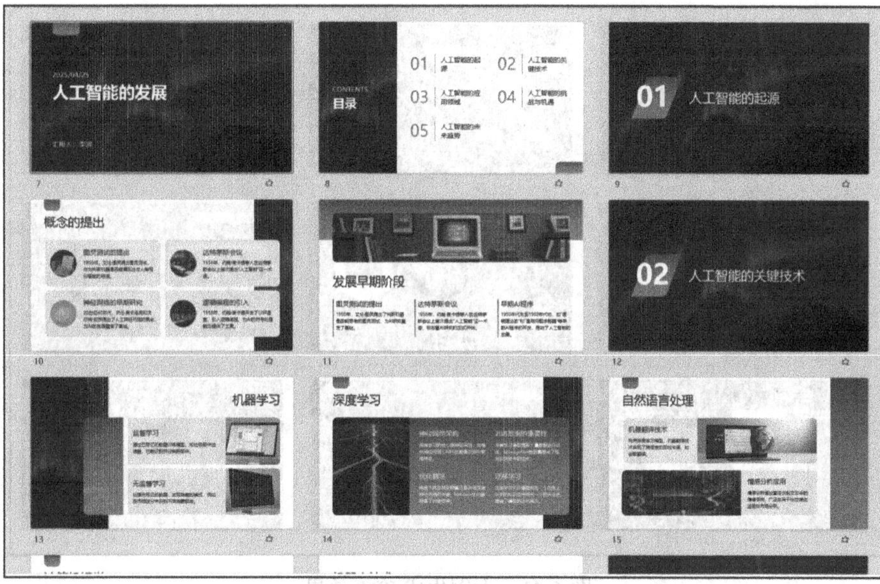

图 6-39　主题生成 PPT 效果

第 2 步：在“WPS AI”选项卡中，单击“文档生成 PPT”按钮，在弹出的对话框中上传通识课“数字媒体技术基础概论”的文档，单击“开始生成”按钮，文档生成 PPT 的效果如图 6-40 所示。

图 6-40　文档生成 PPT 效果

第 3 步：在“WPS AI”选项卡中，单击“大纲生成 PPT”按钮，在弹出的对话框中粘贴“基础几何”的课程大纲，单击“开始生成”按钮，生成的 PPT 效果如图 6-41 所示。

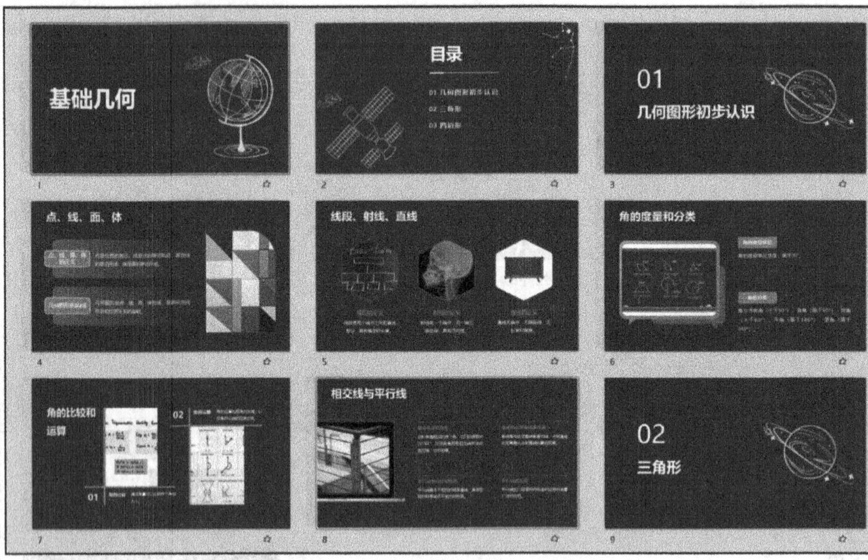

图 6-41　大纲生成 PPT 效果

第 7 章　电子表格软件——成绩统计分析

问题与情景

教师群体普遍重视班级学情的精准研判，通过开展常态化成绩分析工作，构建以数据为支撑的教学反馈机制。教师系统梳理测验数据，多维对比个体发展曲线，深度挖掘知识掌握差异，旨在科学调整教学策略，实现分层教学指导。本章将对学生的月考成绩进行统计分析。为了检验学生的学习效果，可以使用 WPS 表格提供的数据处理方法进行统计，并利用图表、分类汇总等方法进行分析。

学习目标

通过分析“学生月考成绩”，了解 WPS 表格的特点和功能，掌握启动与退出 WPS 表格的方法，了解 WPS 表格的窗口组成及基本概念，掌握工作簿和工作表的基础操作，掌握数据录入、格式化工作表、数据计算、数据可视化、数据处理等操作。通过对 WPS 表格的实际操作，提高学生收集、处理、分析和应用信息数据的能力，培养学生实事求是的科学态度和团结协作的精神。

利用电子表格软件进行数据的管理与分析已成为当前人们学习和工作的必备技能之一。WPS 表格作为 WPS Office 办公套件的一部分，是专业化的电子表格处理工具。WPS 表格能够方便、快捷地生成、编辑表格及表格数据，具有对表格数据进行各种公式运算、函数计算、数据排序、筛选、分类汇总、图表生成等功能，因此被广泛地应用于日常数据处理及财务会计、统计等经济管理领域，是目前广泛应用的电子表格软件。

基础数据的录入、格式化，以及对各类数据进行统计计算是 WPS 表格的常用功能。下面分任务讲解有关成绩统计分析的案例。

案例背景：王老师作为某实验中学初一（6）班的班主任，一直密切关注着班级学生的学习动态。近日，班级刚刚完成了本月的月考，为了全面、深入地了解每位学生的学习情况，及时掌握学生在各科目的表现，王老师决定利用 WPS 表格这一强大的数据分析工具，对学生的月考成绩进行细致入微的分析。他希望通过数据的梳理和比对，能够清晰地看到每位学生的优势科目和潜在短板，为后续的教学计划和个性化辅导提供有力的数据支持，下面通过任务 7.1～任务 7.6 讲解数据分析过程。

7.1　录入基础数据

7.1.1　任务要求

请按下列要求，完成基础数据的录入工作。

1）创建名为“初一（6）班各科成绩汇总”的工作簿。

2）将 Sheet1 重命名为“班级课程成绩”。

3）输入如图 7-1 所示的各项数据，但是在输入各科成绩之前需要先设置数据有效性，将各科成绩的数据有效性设置为只能输入 0～100 之间的数。

学号	姓名	性别	语文	数学	英语	政治	生物	地理	历史	总成绩	平均成绩	排名
20241101201	张成祥	女	97	94	93	93	81	72	99			
20241101202	唐来云	男	80	73	69	87	70	80	86			
20241101203	张雷	男	85	71	67	77	82	99	83			
20241101204	韩文岐	女	88	81	73	81	78	62	72			
20241101205	郑俊霞	女	89	62	77	85	76	71	64			
20241101206	马云燕	女	91	68	76	82	74	94	72			
20241101207	王晓燕	女	86	79	80	93	76	96	99			
20241101208	贾莉莉	女	93	73	78	88	74	98	79			
20241101209	李广林	男	94	84	60	86	63	77	70			
20241101210	马丽萍	女	55	59	98	76	98	80	85			
20241101211	高云河	男	74	77	84	77	60	94	89			
20241101212	王卓然	男	88	74	77	78	89	60	87			
20241101213	李丽丽	女	63	79	73	68	83	80	73			
20241101214	马美丽	女	76	87	67	78	96	73	64			
20241101215	孙海洋	男	71	96	86	65	79	88	78			
20241101216	段美霞	女	60	75	96	92	85	89	66			
20241101217	卢丽丽	女	82	68	70	81	71	93	80			
20241101218	王华	男	82	82	65	67	76	62	73			
20241101219	马俊	男	73	97	74	78	61	94	79			
20241101220	李鹏	男	96	94	79	74	75	67	62			
20241101221	马静	女	72	94	96	91	89	64	60			
20241101222	张鹏	男	89	88	61	68	87	93	66			
20241101223	云雪莉	女	66	84	69	75	94	63	67			
20241101224	王珊	女	60	97	98	60	63	73	88			
20241101225	马军	男	71	71	71	66	92	69	96			
20241101226	郑可慧	女	75	65	77	85	76	74	69			
20241101227	王佳欣	女	77	69	71	73	92	74	85			
20241101228	云玉亮	男	62	72	88	68	90	68	99			
20241101229	赵建平	男	78	97	95	81	64	83	80			
20241101230	许丽娜	女	68	82	91	89	98	78	92			
20241101231	宋彩英	女	95	79	86	73	77	98	65			
20241101232	牛彩云	女	81	69	60	65	67	93	62			
20241101233	赵治国	男	70	80	73	80	81	84	70			
20241101234	孙建军	男	72	98	67	95	96	77	67			
20241101235	呼斯乐	男	91	76	98	65	98	76	70			
20241101236	赵斯琴	女	96	76	87	69	76	84	73			
20241101237	云耀星	男	63	76	77	77	77	99	67			
20241101238	张晓军	男	98	92	60	92	74	92	71			
20241101239	郝君怡	女	93	90	88	60	90	66	96			
20241101240	郝海霞	女	97	93	88	74	70	74	79			
20241101241	任海军	男	93	86	60	73	65	88	88			
20241101242	任志强	男	61	92	87	63	73	65	71			
20241101243	牛佳乐	女	71	74	84	93	77	65	64			
20241101244	牛小沫	男	66	68	65	68	76	62	62			
20241101245	张海洋	男	67	73	95	84	71	85	93			
20241101246	湖蓝	女	94	78	71	71	88	84	75			
最高分												
最低分												
平均分												

图 7-1　基础数据

7.1.2 知识准备

1. 工作簿

WPS 工作簿由一张或若干张工作表组成，是用于存储并处理数据的文件。一个 WPS 文件就是一个工作簿，其扩展名为“.et”。启动 WPS 后，单击“新建”→“表格”→“空白表格”按钮，就会自动生成一个新的工作簿，其默认名称为“工作簿 1”。

2. 工作表

工作表又称电子表格，是用来存储并处理数据的重要文档。工作簿中的每一张表格即为一张工作表。初始启动时每一个工作簿中默认有1张工作表，以Sheet1命名，可以根据需要增加或删除工作表，也可以重命名工作表。在同一时刻，只能对一张工作表进行编辑、处理。此时，这张工作表被称为活动工作表。

3. 行、列及单元格

在工作表中，以数字标识的为行，以英文字母标识的为列。一行与一列的交叉处即为一个单元格，单元格是组成工作表的最小单位。

4. 重命名工作表

工作表默认名称为Sheet1、Sheet2等，在实际工作中，这样的名称不能反映工作表的内容，不便于记忆和进行有效的管理。因此，通常需要重命名工作表。

重命名工作表的操作步骤如下。

1）双击要重命名的工作表标签，或右击该工作表标签，在弹出的快捷菜单中选择“重命名”命令，使之反白显示。

2）输入新的工作表名后，按Enter键，即可完成重命名。

5. 直接录入数据

单元格是存储数据的基本单位。在工作表中输入数据，就是将系统允许的各类数据输入指定的单元格。在工作表中用户可以输入两种数据：常量和公式。两者的区别在于单元格的内容是否以“=”开头，以“=”开头的表示其内容为公式。在单元格内实现输入、编辑数据的方法有以下4种：①选中单元格后，按F2键，在单元格中输入、编辑数据；②选中单元格后，单击编辑栏，在编辑栏中输入、编辑数据；③选中单元格并双击，即可在单元格中输入、编辑数据；④选中单元格后，直接输入数据，但此方法会自动删除单元格中原有的数据。

常量的数据类型分为文本型、数值型和日期时间型，下面分别介绍这3类数据的输入方法。

（1）文本型数据

文本通常包含汉字、英文字母、数字、空格，以及其他从键盘输入的符号。一般情况下，文本默认为水平方向“左对齐”。如果要把一个数字作为文本保存，如邮政编码、产品代号等，只需在输入时加上一个英文状态下的单撇号，如'455 000，其中单撇号并不在单元格中显示，只在编辑栏中显示，说明该数字是文本型数据。

输入文本时，如果文本的长度超出了单元格的宽度，会出现两种情况：一种是当此单元格的右侧为空白单元格时，超出的文本内容不会被截断；另一种是当此单元格右侧的单元格不为空白单元格时，则单元格中的文本内容会被截断，但并不会丢失，这时增加单元格的宽度即可完整显示。

（2）数值型数据

数值不仅包括0~9这10个数字，还包括+、-、E、e、$、/、%、小数点及千分位等特殊符号（如$5,000）。它在WPS单元格中默认为水平方向“右对齐”。在WPS表格中要输入的数值为分数时，应在整数和分数之间输入一个空格，如果输入的分数小于 1，则应先输入一个“0”和一个空格，再输入分数。

WPS 表格中数值输入与数值显示未必相同，如果输入数据太长，WPS 表格会自动以科学记数法表示。例如，输入 1 357 829 457 008，则显示 1.357 83E+12，代表 $1.35\,783\times10^{12}$。需要注意的是，若输入的小数超过预先设置的小数位数时，超过的部分会自动四舍五入显示。WPS 表格计算时将以输入数值而非显示数值为准。

（3）日期时间型数据

WPS 表格内置了一些日期和时间的格式，当输入数据与这些格式相匹配时，WPS 表格将自动识别它们。一般的日期与时间的格式有“年-月-日”“小时:分钟:秒”等。

6. 快速录入数据

WPS 表格中快速录入数据的方法有以下两种。

（1）在多个单元格中输入相同数据

先选中要输入数据的多个单元格，然后输入数据，此时数据默认输入在左上角的第一个单元格中，输入完成后按 Ctrl＋Enter 组合键，就可以在选中的单元格区域内输入相同的数据。

（2）自动填充数据

如果在一个连续区域中输入有规律的数据，则可以考虑使用 WPS 表格的数据自动填充功能实现，它可以方便地输入等差、等比及自定义序列。

1）自动填充。自动填充根据初始值决定其后的填充项。自动填充数据的操作步骤：先选择初始值所在的单元格，将鼠标指针指向该单元格右下角的填充柄（绿色小方块），当鼠标指针变为实心十字形后按住鼠标左键拖动到要填充的最后一个单元格，释放鼠标左键。自动填充可以完成以下操作。

① 当单个单元格内容为纯文本或公式时，自动填充相当于数据复制，不过公式中若涉及单元格地址，则单元格地址会发生相应变化。如果单个单元格内容为纯数字要实现数据复制，可以在按住 Ctrl 键的同时拖动填充柄。

② 当单个单元格内容为文字与阿拉伯数字混合体时，填充时文字不变，最右侧的数字递增。纯数字要实现等差值为 1 的填充，直接拖动填充柄即可。

③ 当单个单元格内容为预设的自动填充序列中的一员时，则按预设序列填充。WPS 表格预先设置了一些常用的序列，如一月至十二月、星期一至星期日等，供用户按需选用。

2）等差数列的填充。填充自定义增量的等差数列的操作步骤：先选中 2 个单元格作为初始区域，输入序列的前两个数据，如“10”“16”，然后拖动填充柄，即可输入增量值为“6”的数据填充。

3）等比数列的填充。输入等比数列，如输入等比数列“1、3、9、27、81”，其操作步骤如下：先选中某个单元格并输入第一个数值“1”，按 Enter 键确认，然后选中有值的单元格及要填充序列的单元格。单击“开始”→“填充”按钮，在弹出的下拉列表中选择“序列”命令，打开“序列”对话框。在此对话框的“产生序列在”组中设置序列产生在“行”还是“列”；在“类型”组中选中“等比序列”单选按钮；“步长值”设置为“3”，单击“确定”按钮，即可实现等比值为“3”的数据填充。

4）自定义填充序列。通过自定义序列，可以把经常使用的一些序列自定义为填充序列，以便随时调用。操作步骤：选择“文件”→“选项”命令，在弹出的“选项”对话框中选择“自定义序列”选项，在右侧的“输入序列”列表框中输入自定义的序列，然后单击“添加”按钮即可，也可以导入输入好的序列，如图 7-2 所示。

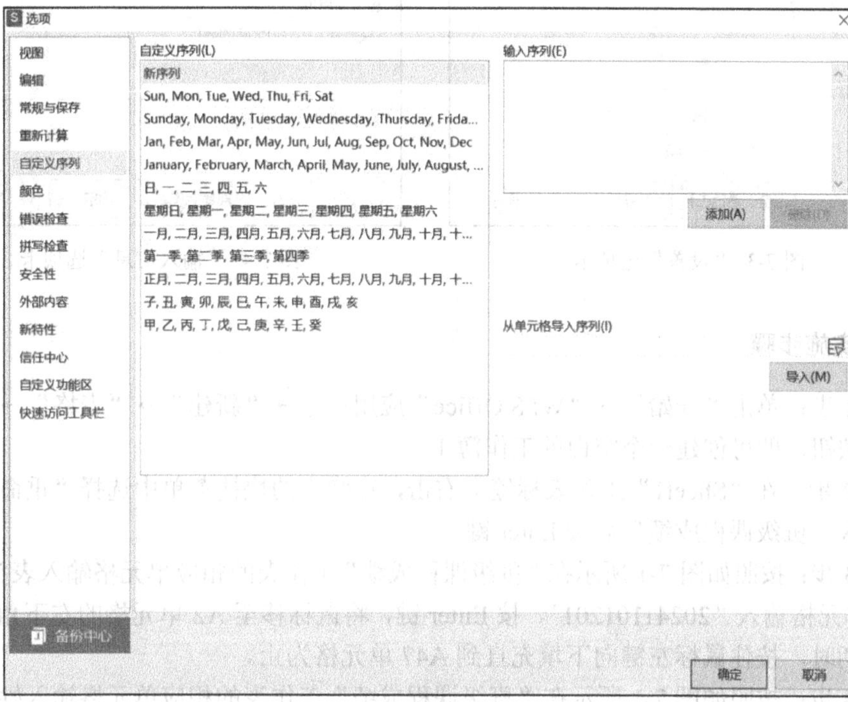

图 7-2　编辑自定义序列

当然，不需要的序列也可以删除。在图 7-2 所示的对话框中，选中“自定义序列”列表框中要删除的序列，此时该序列显示在右侧“输入序列”列表框，单击“删除”按钮即删除该自定义序列。

7. 设置数据有效性

用户可以预先设置某单元格中允许输入的数据类型，以及输入数据的有效范围，还可以设置有效输入数据的提示信息和输入错误时的警告信息，操作步骤如下。

1）选中预设置数据有效性的单元格区域。

2）单击“数据”→“有效性”按钮，弹出“数据有效性”对话框，在“设置”选项卡（图 7-3）的“有效性条件”组的“允许”下拉列表框中选择数值类型，在“数据”下拉列表框中选择合适的范围。

3）单击“确定”按钮。若要设置有效输入数据的提示信息，可选择“输入信息”选项卡（图 7-4），设置提示信息；若要设置出错警告，可选择“出错警告”选项卡，设置输入错误数值后的警告信息。

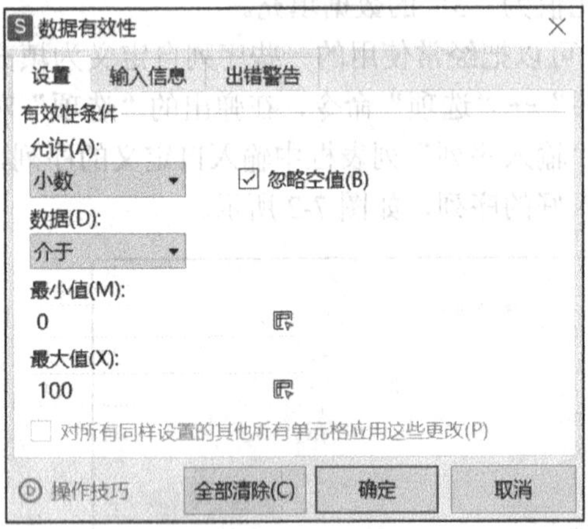

图 7-3 “设置”选项卡

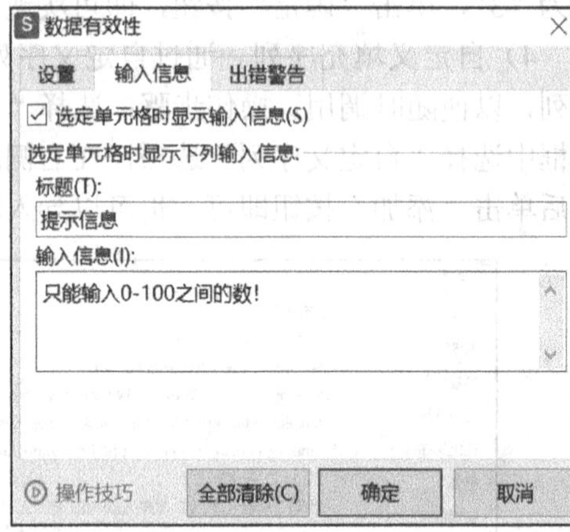

图 7-4 “输入信息”选项卡

7.1.3 实施步骤

第 1 步：单击“开始”→“WPS Office”应用程序→“新建”→“表格”→“空白表格”按钮，即可创建一个空白的工作簿 1。

第 2 步：在“Sheet1”工作表标签上右击，在弹出的快捷菜单中选择“重命名”命令，输入“班级课程成绩”后按 Enter 键。

第 3 步：按照如图 7-1 所示在“班级课程成绩”工作表的相应单元格输入表头信息，在 A2 单元格输入“20241101201”，按 Enter 键，将鼠标移至 A2 单元格的右下角，当出现拖动柄时，按住鼠标左键向下填充直到 A47 单元格为止。

第 4 步：按照如图 7-1 所示在“班级课程成绩”工作表的相应单元格输入姓名、性别的具体值，选择 D2:J47 区域，单击“数据”→“有效性”按钮，在弹出的“数据有效性”对话框中进行如图 7-3 所示的设置；选择“输入信息”选项卡，进行如图 7-4 所示的设置。

第 5 步：按照如图 7-1 所示在“班级课程成绩”工作表的相应单元格输入各科成绩、最高分、最低分、平均分。

第 6 步：选择“文件”→“另存为”命令，在弹出的“另存为”对话框中，设置“文件类型”为“WPS 表格文件（*.et）”，在“文件名称”文本框中输入“初一（6）班各科成绩汇总”，保存路径为桌面，单击“保存”按钮，完成工作簿的保存。

7.2 格式化数据

7.2.1 任务要求

在 WPS 中打开“初一（6）班各科成绩汇总”工作簿，按下列要求进行操作。

1）在“班级课程成绩”工作表的第一行上方插入标题行，并输入内容“初一（6）班月考成绩”，设置其行高为“50 磅”。

2）将 A1:M1 区域合并居中。

3）将标题行字体设置为黑体，加粗，20 磅。

4）将 C 列～J 列的列宽设置为 8 字符。

5）将“学号、姓名、性别……”行字体设置为微软雅黑、12 磅，其余文字字体设置为宋体、12 磅。

6）为 A2:M2 区域添加灰色底纹。

7）设置 A49、A50、A51 单元格的字体为微软雅黑、12 磅。

8）分别将 A49:C49、A50:C50、A51:C51 区域合并居中。

9）将表格中的所有成绩设置为数值格式，保留 1 位小数。

10）将表格中各科成绩大于 95 分的单元格以浅红色填充。

11）设置 A2:M51 区域表格的外边框为黑色粗线，内边框为黑色细线。

12）将表格中所有单元格（标题行除外）的内容水平、垂直居中对齐。

13）保存“初一（6）班各科成绩汇总”工作簿。

7.2.2　知识准备

1. 行、列的插入

在要插入行或列的行标或列标处右击，在弹出的快捷菜单中选择“在上方插入行”或“在下方插入行”命令，并设置插入的行数即可完成行的插入；同理，选择“在左侧插入列”或“在右侧插入列”命令，并设置插入的列数即可完成列的插入。

2. 行高与列宽的调整

在实际工作中，经常要调整工作表的行高与列宽，以适应不同的数据输入。例如，当单元格中的信息过长时，列宽不够，部分内容将无法显示；如果单元格中是数值，列宽不足时，将显示为“####”。当选用的字号过大时，行高不够，字符顶部会显示不全。一般可通过下列方法调整行高与列宽。

（1）用鼠标调整行高、列宽

1）将鼠标指针指向横（纵）坐标轴格线。当鼠标指针变为双向箭头时，按住鼠标左键拖动行（列）标题的下（右）边界来设置所需的行高（列宽），这时将自动显示行高（列宽）的值。调整到合适的行高（列宽）后释放鼠标左键。

2）如果要更改多行（列）的行高（列宽），先选中要更改的所有行（列），然后按住鼠标左键拖动其中一个行（列）标题的下（右）边界；如果要更改工作表中所有行（列）的行高（列宽），单击“全选”按钮，然后按住鼠标左键拖动任何一个行（列）的下（右）边界。

3）在行、列边框线上双击，即可将行高、列宽调整到与内容相适应。

（2）用“开始”选项卡精确设置行高、列宽

选中需要设置的行或列，单击“开始”→“行和列”按钮，在弹出的下拉列表中选择“行高”（或“列宽”）命令，在弹出的“行高”（或“列宽”）对话框中设置行高或列宽的精确值，然后单击“确定”按钮，即可完成行高、列宽的精确设置。

（3）自动设置行高、列宽

选中需要设置的行或列，单击“开始”→“行和列”按钮，在弹出的下拉列表中选择“最适合的行高（或最适合的列宽）”命令，系统将自动调整该行或列至最佳行高或列宽。

3. 设置“单元格格式”对话框

WPS 表格中有一个设置“单元格格式”对话框，专用于设置单元格的格式。选中需要格式化的数字所在的单元格或单元格区域后，右击，在弹出的快捷菜单中选择“设置单元格格式”命令，打开“单元格格式”对话框，如图 7-5 所示。

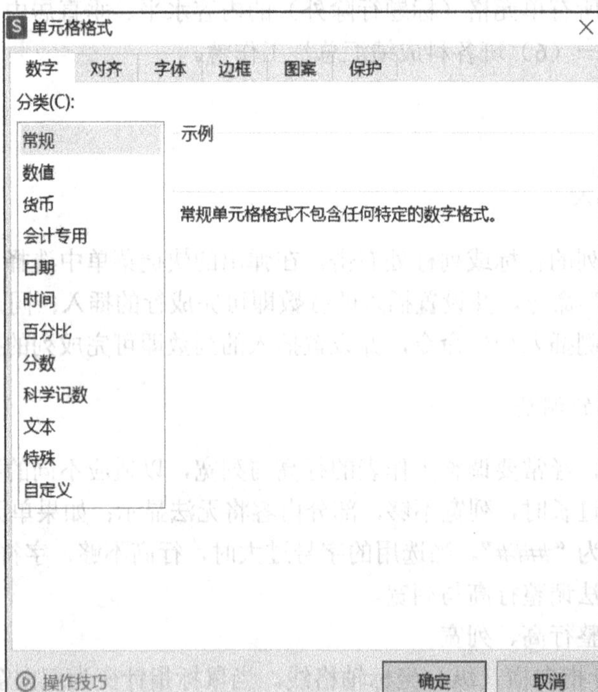

图 7-5　“单元格格式”对话框

该对话框包含 6 张选项卡，分别简介如下。

（1）“数字”选项卡

WPS 表格提供了多种数字格式，在将数字格式化时，可以设置不同小数位数、百分号、货币符号等来表示同一个数，这时屏幕上的单元格表现的是格式化后的数字，编辑栏中表现的是系统实际存储的数据。

在“单元格格式”对话框的“数字”选项卡“分类”列表框中可以看到 12 种内置

格式，其中，“常规”格式是默认的数字格式。对于大多数情况，在设置为“常规”格式的单元格中所输入的内容可以正常显示。但是，如果单元格的宽度不足以显示整个数字，则“常规”格式将对该数字进行取整，并对较大数字使用科学记数法。

如果内置数字格式无法满足需要，则可选择“自定义”格式创建自定义数字格式。自定义数字格式使用格式代码来描述数字、日期、时间或文本的显示方式。

（2）“对齐”选项卡

默认情况下，输入单元格中的数据是按照文字左对齐、数字右对齐、逻辑值居中对齐的方式显示的。在“单元格格式”对话框的“对齐”选项卡中可设置所需的对齐方式，使版面更加美观。

注意：若要在单元格内强行分段，可直接按 Alt+Enter 组合键。

（3）“字体”选项卡

在“字体”选项卡中可以方便地重新设置字体、字形和字号，还可以添加下划线及改变字体的颜色。也可以在“单元格格式”对话框“字体”选项卡中进行一系列设置。

（4）“边框”选项卡

工作表中显示的网格线是为输入、编辑方便而预设置的一个虚框线，在打印时是不显示的。若需要打印网格线，除了可以在“开始”选项卡“字体”选项组中选择相应的边框外，还可以在“单元格格式”对话框的“边框”选项卡中进行相应设置。

此外，若需要强调工作表的某一部分，也可在“边框”选项卡中设置特殊的网格线。

在“边框”选项卡中设置单元格边框时，应注意以下两点。

1）除了边框线外，还可以为单元格添加对角线（用于斜线表头等）。

2）不一定添加四周边框线，可以仅为单元格的某一边添加边框线。

（5）“图案”选项卡

“图案”选项卡用于设置单元格的背景颜色和底纹。其设置方法与 WPS 文字类似，这里不再赘述。

（6）“保护”选项卡

“保护”选项卡用于保护工作表，包括工作表的状态是“锁定”还是“隐藏”，选中相应的复选框即可完成设置。

所有的选项设置完毕后，单击“确定”按钮，完成单元格格式设置。

4. 格式化的其他方法

选中需要格式化的单元格，单击“开始”→“数字格式”选项组中的相应按钮，可为选中的单元格内的数字设置相应的数字格式；单击“开始”→“字体”选项组中的相应按钮，可为选中的单元格设置文字格式及单元格边框和底纹等；单击“开始”→“对齐方式”选项组中的相应按钮，即可为单元格内容设置相应的对齐方式。

5. 条件格式

设置条件格式是指为满足指定条件的数据设置特殊的格式，以突出显示；不满足条件的数据保持原有的格式，从而方便用户直观地查看和分析数据。

选中要设置条件格式的单元格区域，单击“开始”→“条件格式”按钮，在弹出的下拉列表中选择相应的命令并设置对应的格式即可，其中各命令的含义如下。

（1）突出显示单元格规则

突出显示单元格规则子菜单基于比较运算符，如大于、小于、介于、等于等常用的条件选项，可选择所需的条件选项进行具体条件和格式的设置，以突出显示满足条件的数据。

（2）项目选取规则

项目选取规则子菜单包含“前 10 项”“前 10%”“最后 10 项”“最后 10%”“高于平均值”“低于平均值”6 个命令。当选择某一命令时，自动弹出相应的对话框，在此对话框中设置即可。

（3）数据条

根据单元格数值的大小，填充长度不等的数据条，以便直观地显示所选区域数据间的相应关系。数据条的长度代表单元格中数值的大小，数据条越长，数值就越大。该命令主要包含“渐变填充”和“实心填充”两组（各含 6 种）数据条样式，根据需要选择相应的样式即可。

（4）色阶

根据单元格数值的大小，填充不同的底纹颜色以反映数值的大小。例如，“红-白-绿”色阶的 3 种颜色分别代表数值的大（红色）、中（白色）、小（绿色）3 部分显示，每一部分又以颜色的深浅进一步区分数值的大小。该选项包含“双色渐变”和“三色渐变”两类（各含 6 种）选项。

（5）图标集

根据单元格数据在所选区域的相对大小，在所选图标集的 3～5 组图标中，自动地在每个单元格之前显示不同的图标，以反映各单元格数据在所选区域中所处的区段。例如，在“三色交通灯”形状图标中，绿色代表较大值，黄色代表中间值，红色代表较小值。

（6）新建规则

该命令用于创建自定义的条件格式规则。

（7）清除规则

该命令用于删除已设置的条件格式规则。

（8）管理规则

该命令用于创建、删除、编辑和查看工作簿中的条件格式规则。

（9）AI 条件格式

只需将想要的格式指令发送给 AI，AI 就会自动完成格式的设置。

7.2.3　实施步骤

第 1 步：打开“初一（6）班各科成绩汇总”工作簿，在“班级课程成绩”工作表第一行的行标上右击，在弹出的快捷菜单中选择“在上方插入 1 行”命令，然后在 A1 单元格中输入内容“初一（6）班月考成绩”。

第 2 步：在工作表第一行的行标上右击，在弹出的快捷菜单中选择“行高”命令，在弹出的“行高”对话框中设置行高为“50”磅，单击“确定”按钮即可。

第 3 步：选中 A1:M1 区域，单击“开始”→“合并”按钮，在弹出的下拉列表中选择“合并居中”命令。

第 4 步：选中“初一（6）班月考成绩”，在字体选项组中分别设置字体为“黑体”、字号为“20 磅”，加粗。

第 5 步：选中 C 列～J 列，在列标上右击，在弹出的快捷菜单中选择“列宽”命令，在弹出的“列宽”对话框中设置列宽为“8”字符，单击“确定”按钮即可。

第 6 步：选中 A2:M2 区域，在字体选项组中分别设置字体为“微软雅黑”、字号为“12 磅”。选中 A3:M51 区域，在字体选项组中分别设置字体为“宋体”、字号为“12 磅”。

第 7 步：选中 A2:M2 区域，右击，在弹出的快捷菜单中选择“设置单元格格式”命令，在弹出的“单元格格式”对话框中选择“图案”选项卡，选择“灰色”，单击“确定”按钮。

第 8 步：分别选中 A49:C49、A50:C50、A51:C51 区域，选择“开始”→“合并”→“合并居中”选项。

第 9 步：选中 D3:L51 区域，右击，在弹出的快捷菜单中选择“设置单元格格式”命令，在弹出的“单元格格式”对话框中选择“数字”选项卡，在“分类”列表框中选择“数值”选项，将小数位数设置为“1”后，单击“确定”按钮。

第 10 步：选中 D3:J48 区域，选择“开始”→“条件格式”→“突出显示单元格规则”→“大于”命令，在弹出的“大于”对话框中进行如图 7-6 所示的设置。

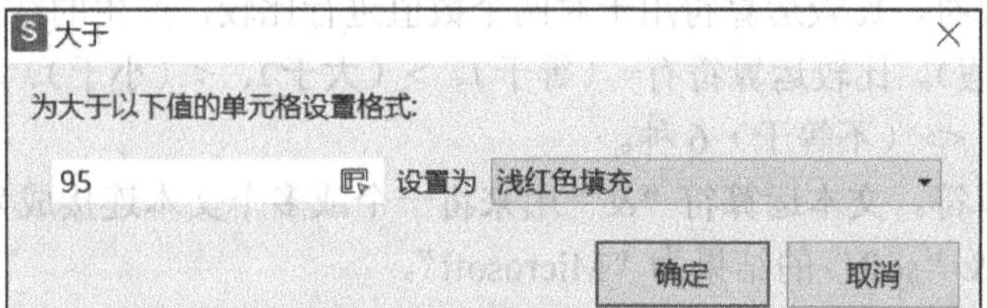

图 7-6　“大于”对话框

第 11 步：选中 A2:M51 区域，右击，在弹出的快捷菜单中选择“设置单元格格式”命令，在弹出的“单元格格式”对话框中选择“边框”选项卡，分别选择需要的线条样式和颜色后，单击“外边框”和“内部”按钮，设置完成后单击“确定”按钮。

第 12 步：选中 A2:M51 区域，右击，在弹出的快捷菜单中选择“设置单元格格式”命令，在弹出的“单元格格式”对话框中选择“对齐”选项卡，设置“水平对齐：居中”，

“垂直对齐：居中”，设置完成后单击“确定”按钮。

第 13 步：单击“保存”按钮，保存“初一（6）班各科成绩汇总”工作簿。

7.3 数 据 计 算

7.3.1 任务要求

1）计算每位同学的总成绩、平均成绩及排名，将结果存放在相应的单元格中。

2）计算各科成绩及总成绩的最高分、最低分，将结果存放在相应的单元格中。

3）计算各科成绩的平均分，将结果存放在相应的单元格中。

4）保存“初一（6）班各科成绩汇总”工作簿。

7.3.2 知识准备

1. 公式

公式是一种数据形式，可以像数值、文字及日期一样存放在表格中，使用公式有助于分析工作表中的数据。

（1）公式的表达形式

公式由常量、变量、运算符、函数、单元格引用位置及名称等组成。公式必须以等号（=）开头，WPS 表格会自动将等号（=）后面的字符串识别为公式。

（2）公式中的运算符

运算符用于对公式中的各元素进行运算操作。WPS 表格中的运算符包括算术运算符、比较运算符、文本运算符和引用运算符 4 种类型。

1）算术运算符。算术运算符用于完成基本的数学运算，如加法、减法和乘法。算术运算符有+（加）、-（减）、*（乘）、/（除）、%（百分比）、^（乘方）等。

2）比较运算符。比较运算符用于对两个数值进行比较，产生的结果为逻辑值 True（真）或 False（假）。比较运算符有=（等于）、>（大于）、<（小于）、>=（大于等于）、<=（小于等于）、<>（不等于）6 种。

3）文本运算符。文本运算符“&”用来将一个或多个文本连接成为一个组合文本。例如，“Micro”&“soft”的结果为“Microsoft”。

4）引用运算符。引用运算符用于将单元格区域合并运算。

引用运算符“:”（英文冒号）又称区域运算符，生成对两个引用之间所有单元格的引用，如 SUM(B1:D5)。

引用运算符“,”（英文逗号）又称联合运算符，表示将多个引用合并为一个引用，如 SUM(B5,B15,D5,D15)。

引用运算符“ ”（空格）又称交集运算符，表示引用两个区域交叉（重叠）的部分。

（3）运算符的运算顺序

如果公式中同时用到了多个运算符，WPS 表格将按照以下顺序进行运算。

1）如果公式中只包含相同优先级的运算符，如公式中同时包含乘法和除法运算符，WPS 表格将按从左到右的顺序进行计算。

2）如果公式中包含不同优先级的运算符，会先计算运算符优先级高的部分，再计算优先级低的部分，优先级相同时则按从左到右的顺序进行计算。

3）如果要修改计算的顺序，应把公式需要优先计算的部分用圆括号括起来。

运算符的优先级从高到低依次为引用运算符、算术运算符、文本运算符和比较运算符。

（4）公式的输入

在 WPS 表格中可以创建多种公式，其中既有进行简单代数运算的公式，也有分析复杂数学模型的公式。输入公式的方法有两种：一种是直接输入，另一种是利用“插入函数”对话框输入。

1）直接输入公式。

① 选中需要输入公式的单元格。

② 在选中的单元格中输入等号（=）。

③ 输入公式内容。如果计算中用到单元格中的数据，单击所需引用的单元格，如果输入错误，在未输入新的运算符之前，可再次单击正确的单元格；也可使用手动方法引用单元格，即在光标处输入单元格的名称。

④ 公式输入完成后，按 Enter 键，WPS 表格会自动计算公式并将计算结果显示在单元格中，公式内容显示在编辑栏中。

⑤ 按 Ctrl+'组合键，可使单元格在显示公式内容与公式结果之间进行切换。

由上述步骤可知，公式的最前面必须是等号，后面是计算的内容。例如，要在 G4 单元格中建立一个公式来计算单元格 E4+F4 的值，应在 G4 单元格中输入“=E4+F4”。按 Enter 键确认，计算结果将显示在 G4 单元格中。

2）利用“插入函数”对话框输入公式。输入的公式中，如果含有函数，“插入函数”对话框将有助于输入函数。在公式中输入函数时，“插入函数”对话框将显示函数的名称、各个参数、函数功能和参数的描述、函数的当前结果和整个公式的结果。如果要打开“插入函数”对话框，可单击编辑栏上的“插入函数”按钮 *fx*。

2. 公式的引用位置

引用位置用于表明公式中用到的数据在工作表的哪些单元格或单元格区域。通过引用位置，可以在一个公式中使用工作表内不同区域的数据，也可以在几个公式中使用同一个单元格中的数据，还可以引用同一个工作簿中其他工作表中的数据。

（1）输入单元格地址

输入单元格地址的方法主要有以下两种。

1）单击单元格或选择单元格区域，单元格地址会自动输入公式中。

2）在公式中直接输入单元格或单元格区域地址。

例如，在单元格 A1 中已输入数值 20，B1 中已输入数值 15，在单元格 C1 中输入公式“=A1*B1+5”。操作步骤如下：

① 选中单元格 C1；

② 输入等号（=），单击单元格 A1；

③ 输入运算符“*”，单击单元格 B1；

④ 输入运算符“+”和数值“5”；

⑤ 按 Enter 键或者单击编辑栏上的“输入”按钮 ✓。

（2）引用相对地址

相对地址是指使用单元格的行标或列标表示单元格地址的方法，如 A1:B2、C1:C6等。引用相对地址的操作称为相对引用，是指把一个含有单元格地址的公式复制到一个新的位置时，公式中的单元格地址会随之变化。

（3）引用绝对地址

一般情况下，复制单元格地址是引用相对地址，但有时并不希望单元格地址发生变动。这时，就必须引用绝对地址。绝对地址的表示方法如下：在单元格的行标、列标前面各加一个“$”符号，如$A$1:$C$5。引用绝对地址的公式无论粘贴到哪个单元格，所引用的始终是同一个单元格地址，其公式内容及结果始终保持不变。这种操作称为绝对引用。

（4）引用混合地址

引用混合地址是指引用单元格地址时，既引用绝对地址，也引用相对地址，即列标用相对地址，行标用绝对地址，如 C$1；或行标用相对地址，列标用绝对地址，如$A1。以上这种操作称为混合引用。

（5）引用不同工作表中的单元格

在工作表的计算操作中，需要用到同一工作簿中其他工作表中的数据时，可在公式中引用其他工作表中的单元格；引用格式如下：<工作表标签>!<单元格地址>。若需要用到其他工作簿中的工作表时，引用格式如下：[工作簿名]工作表标签!<单元格地址>。

3. 公式自动填充

在一个单元格中输入公式后，如果相邻的单元格中需要进行同类型的计算（如数据求和），可以利用公式的自动填充功能实现。具体操作步骤如下。

1）选中公式所在的单元格，将鼠标指针指向该单元格的右下角，鼠标指针会变为黑十字形时（称为填充柄），按住鼠标左键，拖动填充柄经过目标区域。

2）当到达目标区域后，释放鼠标左键，公式即自动填充完毕。

4. 函数

（1）函数的格式

函数由函数名及函数名后用括号括起来的参数组成。如果函数以公式的形式出现，应在函数名前面输入“=”。例如，要对工作表中的 D3:E3 单元格区域求和，可以输入：“=SUM(E3:F3)”。函数名可以大写也可以小写，当有两个以上的参数时，参数之间要用英文逗号隔开。

（2）函数的输入

在函数的输入过程中，对于比较简单的函数，可直接输入；对于较为复杂的函数，可利用“插入函数”对话框输入。利用“插入函数”对话框输入函数的操作步骤如下。

1）选中要插入函数的单元格。

2）单击编辑栏中的“插入函数”按钮。

3）这时会弹出“插入函数”对话框。

4）在“插入函数”对话框的“或选择类别”下拉列表中选择合适的函数类型，再在“选择函数”列表框中选择所需的函数。

5）单击“确定”按钮，弹出“函数参数”对话框，对话框中显示了该函数的函数名、每个参数，以及参数的描述和函数的功能，如图 7-7 所示。根据提示输入每个参数的数值。为了操作方便，可单击参数框右侧的“暂时隐藏对话框”按钮，将对话框的其他部分隐藏，再从工作表上选择相应的单元格，然后再次单击该按钮，恢复原对话框。

6）单击“确定”按钮，完成函数的输入。

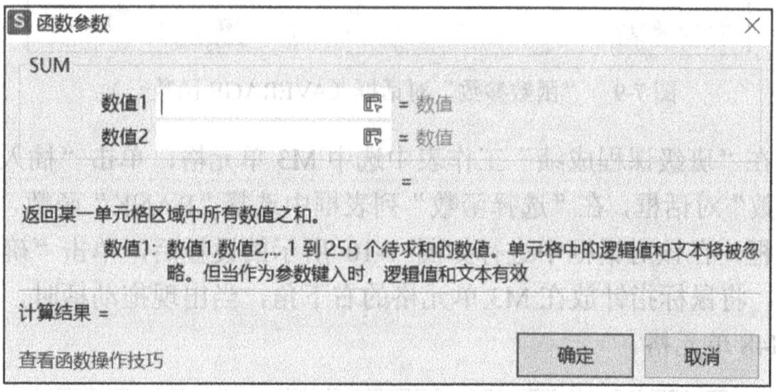

图 7-7 “函数参数”对话框

7.3.3 实施步骤

第 1 步：打开“初一（6）班各科成绩汇总”工作簿，在“班级课程成绩”工作表中选中 K3 单元格，单击“插入函数”按钮，弹出“插入函数”对话框，在“选择函数”列表框中选择“SUM”函数，随即弹出“函数参数”对话框，在该对话框中进行如图 7-8 所示的设置后，单击“确定”按钮。选中 K3 单元格，将鼠标指针放在 K3 单元格的右下角，当出现拖动柄时，按住鼠标左键向下填充至 K48 单元格。

第 2 步：在“班级课程成绩”工作表中选中 L3 单元格，单击“插入函数”按钮，弹出“插入函数”对话框，在“选择函数”列表框中选择“AVERAGE”函数，随即弹出“函数参数”对话框，在该对话框中进行如图 7-9 所示的设置后，单击“确定”按钮。选中 L3 单元格，将鼠标指针放在 L3 单元格的右下角，当出现拖动柄时，按住鼠标左键向下填充至 L48 单元格。

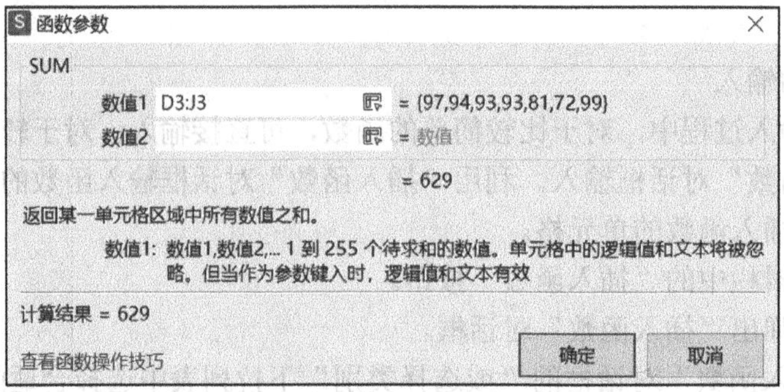

图 7-8 “函数参数”对话框（SUM 函数）

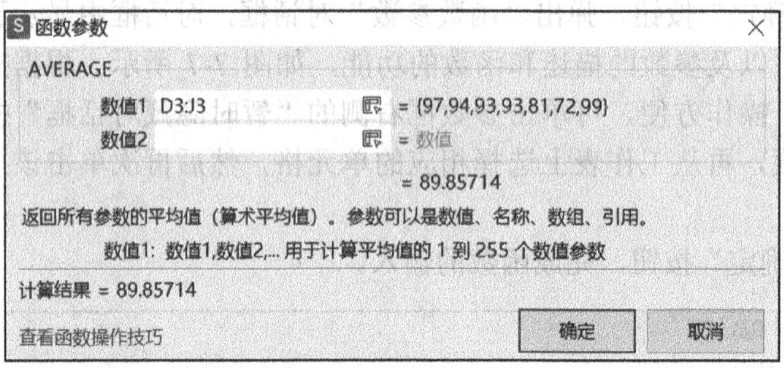

图 7-9 “函数参数”对话框（AVERAGE 函数一）

第 3 步：在“班级课程成绩”工作表中选中 M3 单元格，单击“插入函数”按钮，弹出“插入函数”对话框，在“选择函数”列表框中选择“RANK”函数，随即弹出“函数参数”对话框，在该对话框中进行如图 7-10 所示的设置后，单击“确定”按钮。选中 M3 单元格，将鼠标指针放在 M3 单元格的右下角，当出现拖动柄时，按住鼠标左键向下填充至 M48 单元格。

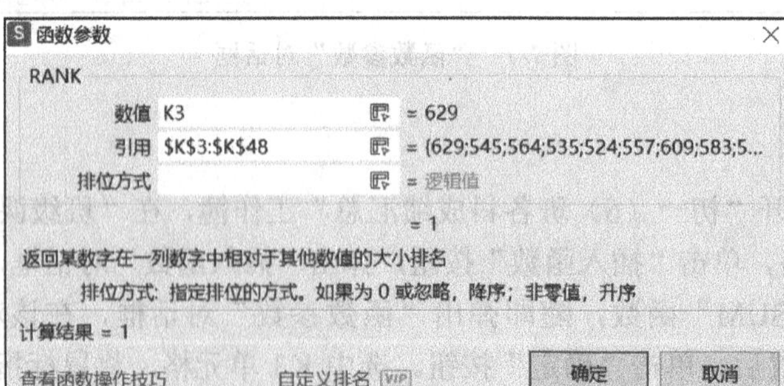

图 7-10 “函数参数”对话框（RANK 函数）

第 4 步：在“班级课程成绩”工作表中选中 D49 单元格，单击“插入函数”按钮，弹出“插入函数”对话框，在“选择函数”列表框中选择“MAX”函数，随即弹出“函数参数”对话框，在该对话框中进行如图 7-11 所示的设置后，单击“确定”按钮。选中 D49 单元格，将鼠标指针放在 D49 单元格的右下角，当出现拖动柄时，按住鼠标左键向右填充至 K49 单元格。

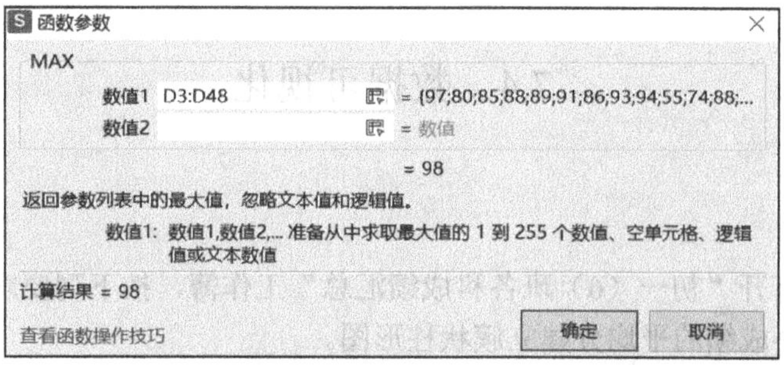

图 7-11　“函数参数”对话框（MAX 函数）

第 5 步：在“班级课程成绩”工作表中选中 D50 单元格，单击“插入函数”按钮，弹出“插入函数”对话框，在“选择函数”列表框中选择“MIN”函数，随即弹出“函数参数”对话框，在该对话框中进行如图 7-12 所示的设置后，单击“确定”按钮。选中 D50 单元格，将鼠标指针放在 D50 单元格的右下角，当出现拖动柄时，按住鼠标左键向右填充至 K50 单元格。

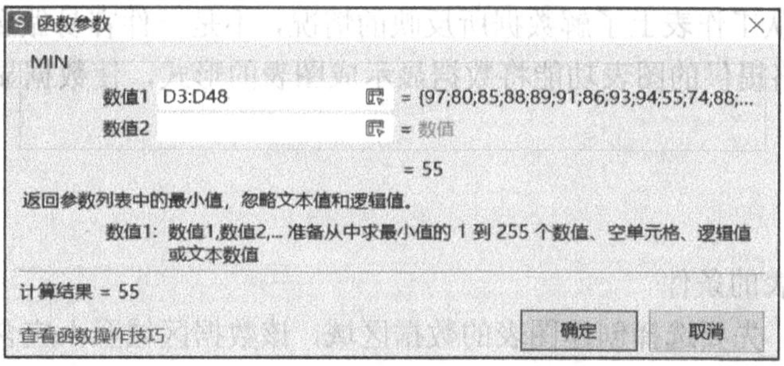

图 7-12　“函数参数”对话框（MIN 函数）

第 6 步：在“班级课程成绩”工作表中选中 D51 单元格，单击“插入函数”按钮，弹出“插入函数”对话框，在“选择函数”列表框中选择“AVERAGE”函数，随即弹出“函数参数”对话框，在该对话框中进行如图 7-13 所示的设置后，单击“确定”按钮。选中 D51 单元格，将鼠标指针放在 D51 单元格的右下角，当出现拖动柄时，按住鼠标左键向右填充至 J48 单元格为止。

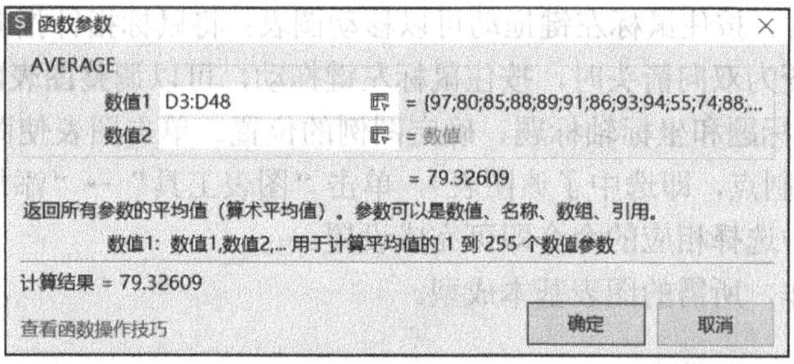

图 7-13　“函数参数”对话框（AVERAGE 函数二）

第 7 步：单击“保存”按钮，保存“初一（6）班各科成绩汇总”工作簿。

7.4 数据可视化

7.4.1 任务要求

在 WPS 中打开“初一（6）班各科成绩汇总”工作簿，按下列要求进行操作。

1）使用各科成绩的平均分建立簇状柱形图。

2）将图表的标题修改为“各科成绩平均分对比图”。

3）删除图例。

4）将系列的填充颜色修改为“猩红，着色 6”。

5）将数据标签显示在系列的外侧。

6）保存“初一（6）班各科成绩汇总”工作簿。

7.4.2 知识准备

如果想直接从工作表上了解数据所反映的情况，不是一件容易做到的事情。用户可以利用 WPS 表格提供的图表功能将数据显示成图表的形式，使数据显示得更清楚、更直观。

1. 创建图表

（1）创建图表的条件

要创建图表，先要选择创建图表的数据区域，该数据区域至少应含有一行或一列数值或由公式产生的数据，否则无法创建图表。

（2）创建图表的操作步骤

1）选择要创建图表的数据区域。

2）单击“插入”选项卡中的“图表”按钮，弹出“图表”窗口，在该窗口中选择一种图表类型，即可在工作表中生成一张图表；或者直接在“插入”选项卡中选择一种图表类型，也可在工作表中生成一张图表。

3）调整生成的图表的位置与大小。将鼠标指针移动到图表区，当鼠标指针变为带方向的十字箭头时，按住鼠标左键拖动可以移动图表；将鼠标指针指向图表边框的控制点，当鼠标指针变为双向箭头时，按住鼠标左键拖动，可以调整图表的大小。

4）增加图表标题和坐标轴标题、确定图例的位置。单击图表使图表处于激活状态（图表四周出现控制点，即选中了该图表），单击“图表工具”→“添加元素”按钮，在弹出的下拉列表中选择相应的命令即可完成设置。

经过上述操作，所需的图表基本成型。

2. 编辑图表

创建图表时或激活图表后，图表工具将变为可用状态，并出现“绘图工具”、“文本工具”和“图表工具”选项卡。用户可以使用这些选项卡中的相应命令按钮修改、编辑图表。

“绘图工具”选项卡主要用来提升图表的美观度，如调整图表中形状的填充、轮廓及效果；“文本工具”选项卡主要用来设置文字的格式，如为图中文字设置字体、字号、颜色及效果等；“图表工具”选项卡则实现结构与数据的全面管理，如可以添加元素、快速布局、按行或列显示数据系列，更改图表的样式与类型、移动图表、设置格式等。

（1）图表的移动、复制、调整比例和删除

图表生成后，激活图表可以实现以下操作。

1）移动图表。可以使用鼠标左键拖动；也可以在图表区右击，在弹出的快捷菜单中选择“移动图表”命令，在弹出的“移动图表”对话框中选择图表对象的位置即可，也可以单击“图表工具”选项卡中的“移动图表”按钮，完成移动图表的操作。若在不同工作簿和工作表之间移动图表，可使用“剪切”与“粘贴”命令。

2）复制图表。将鼠标指针移动到图表区，当鼠标指针变为带方向的十字箭头时，按住 Ctrl 键并拖动鼠标可以复制图表。若是在不同工作簿和工作表之间复制图表，可使用“复制”与“粘贴”命令。

3）调整图表比例。将鼠标指针指向图表边框的控制点，当鼠标指针变为双向箭头时，按住鼠标左键拖动，可以调整图表的大小。

4）删除图表。在图表区右击，在弹出的快捷菜单中选择“删除”命令，或选中图表，按 Delete 键删除。

（2）改变图表类型

对已创建的图表可以根据需要改变其类型。首先，激活需要更改的图表。其次，在“插入”选项卡中选择要使用的图表类型；或者单击“图表工具”→“更改类型”按钮，在弹出的“更改图表类型”对话框中选择要使用的图表类型。也可以在图表区右击，在弹出的快捷菜单中选择“更改图表类型”命令，在弹出的“更改图表类型”对话框中选择要使用的图表类型。

（3）删除和增加图表数据

创建图表后，图表和创建图表的工作表的数据区域之间就建立了联系，当工作表中的数据发生变化时，图表中的对应数据也会自动更新。图表中的数据也可以被删除或增加，但不会影响工作表中的数据。

1）删除数据系列。选中要删除的数据系列（在图表中单击要删除的数据系列，在该系列数据的图示中会出现小圆圈，表示选中），按 Delete 键或右击，在弹出的快捷菜单中选择“删除”命令，即可将该系列数据从图表中删除。

2）增加数据系列。给制作好的图表增加数据系列，需要在该图表上右击，在弹出的快捷菜单中选择“选择数据”命令，或者单击“图表工具”→“选择数据”命令，在弹出的“编辑数据源”对话框中单击“添加”按钮+，在弹出的“编辑数据系列”对话框中，分别选择要增加的数据系列名称和系列值，单击“确定”按钮，返回“编辑数据源”对话框，单击“确定”按钮，即可增加数据系列。

（4）转换图表的行、列

激活需要转换的图表，单击“图表工具”→“切换行列”按钮，即可将所选图表的行列互换。

3. 格式化图表

格式化图表是指为图表标题、图例、数值轴和分类轴等图表对象设置格式。

（1）格式化文字

图表中的文字主要有图表标题、坐标轴标题、数据标识文字、图例文字、数据表文字等。它们包含在相应的独立图表对象中，如图表标题、坐标轴标题、图例文字等分别包含在各个图表对象（文本框）中。格式化文字的操作步骤如下：右击要设置格式化的图表对象，在弹出的快捷菜单中选择“字体”命令，在弹出的“字体”对话框中进行相应的设置即可，也可以选中要设置格式化的图表对象，然后在“文本工具”选项卡中进行相应的设置。

（2）格式化坐标轴

坐标轴包括分类轴和数值轴，可设置的格式有图案、刻度、字体、数字和对齐等。格式化坐标轴的操作步骤如下：选择要格式化的坐标轴并右击，在弹出的快捷菜单中分别选择“添加次要网格线”“设置主要网格线格式”“设置坐标轴格式”命令，然后进行相应的设置即可。

（3）格式化图表区

图表区是指整个图表对象，可以设置图表区的图案（背景）、边框、阴影等。

格式化图表区的操作步骤如下：激活图表，选择“图表工具”选项卡，在“图表元素”下拉列表中选择“图表区”选项，单击“设置格式”按钮，或者在图表的空白区域右击，在弹出的快捷菜单中选择“设置图表区域格式”命令，然后在右侧打开的“属性”窗格中进行相应的设置即可。

7.4.3 实施步骤

第 1 步：打开“初一（6）班各科成绩汇总”工作簿，在“班级课程成绩”工作表中选中 D2:J2 区域后，按住 Ctrl 键再选中 D51:J51 区域，选择“插入”→“插入柱形图”→“簇状柱形图”命令。

第 2 步：选中“图表标题”文本框，然后在文本框中输入“各科成绩平均分对比图”。

第 3 步：选中图表后，单击“图表工具”→“添加元素”按钮，在弹出的下拉列表中选择“图例”→“无”命令。

第 4 步：选中系列，选择“绘图工具”→“填充”→“猩红，着色 6”命令。

第 5 步：选中图表后，单击“图表工具”→“添加元素”按钮，在弹出的下拉列表中选择“数据标签”→“数据标签外”命令。

第 6 步：单击“保存”按钮，保存“初一（6）班各科成绩汇总”工作簿。

7.5　数据处理

7.5.1　任务要求

在 WPS 中打开“初一（6）班各科成绩汇总”工作簿，按下列要求进行操作。

1）复制“班级课程成绩”工作表中的 A1:M48 区域到一个新的工作表中，并将该工作表命名为“总分排序”。

2）在“总分排序”工作表中，将“总成绩”按降序进行排序。

3）复制“总分排序”工作表到一个新的工作表中，并将该工作表命名为“筛选数学成绩大于 95 分”。

4）在“筛选数学成绩大于 95 分”工作表中，筛选出数学成绩大于 95 分的所有学生。

5）复制“班级课程成绩”工作表中的 A2:J48 区域到一个新的工作表中，并将该工作表命名为“男女生各科成绩平均分”。

6）在“男女生各科成绩平均分”工作表中，以性别为分类字段，汇总男女生各科成绩的平均分，结果只显示二级分类汇总。

7）保存“初一（6）班各科成绩汇总”工作簿。

7.5.2　知识准备

建立工作表的目的是处理表中的数据，使之成为用户所需的信息。数据处理方法除公式、函数、图表外，还包括数据排序、数据筛选、合并计算、分类汇总等。熟练、灵活地应用这些数据处理方法，既可以快速、高效地处理数据，又能够为用户提供形象、具体、直观的处理结果。

1. 数据排序

工作表中的数据输入完成后，表中数据按输入的先后次序排列。若要使数据按照用户要求的顺序排列，就需要对数据进行排序。用户可以通过“数据”选项卡中的“排序”按钮或快捷菜单中的“排序”命令实现。

（1）简单数据排序

只按照某一列数据为排序依据进行的排序称为简单排序。具体操作步骤为：选中需要排序数据所在列的任意单元格，单击“数据”→“排序”按钮，在弹出的下拉列表中选择“升序”或“降序”命令，或者右击，在弹出的快捷菜单中选择“排序”→“升序”或“降序”命令，即可实现按要求进行排序。

（2）复杂数据排序

有些情况下简单排序不能满足要求，需要按照多个排序依据进行排序，这时可采用自定义排序。例如，对“班级课程成绩”表按总成绩降序排序，总成绩相同的情况下再按数学成绩降序排序，操作步骤如下。

1）将光标定位到数据单元格区域的任意一个单元格中。

2）单击“数据”→“排序”按钮，在弹出的下拉列表中选择“自定义排序”命令，或在光标所在单元格上右击，在弹出的快捷菜单中选择“排序”→“自定义排序”命令，弹出“排序”对话框。

3）分别在对话框的“主要关键字”“排序依据”“次序”下拉列表中选择“总成绩”“数值”“降序”选项。然后，单击“添加条件”按钮，分别在“次要关键字”“排序依据”“次序”下拉列表中选择“数学”“数值”“降序”，如图 7-14 所示，单击“确定”按钮。此时，已经按要求完成排序操作。当然，也可以继续添加排序条件，直到符合用户的所有排序要求。

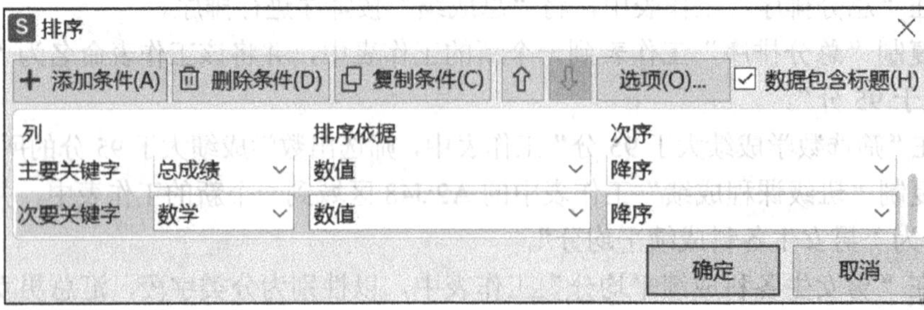

图 7-14　自定义排序对话框

2. 数据筛选

数据筛选就是将工作表中符合要求的数据显示出来，其他不符合要求的数据，会自动隐藏起来。数据筛选可以快速寻找和使用工作表中用户所需的数据。WPS 表格数据筛选功能包括自动筛选、自定义筛选、高级筛选及快捷筛选 4 种方式。下面以“班级课程成绩”表中的数据筛选为例进行讲解。

（1）自动筛选

使用“自动筛选”功能筛选“班级课程成绩”表中“性别”为“男”的学生，操作步骤如下。

1）将光标定位到数据单元格区域的任意一个单元格中。

2）单击“数据”→“筛选”按钮，此时表头的各数据列标记（字段名）右侧均出现一个下拉箭头。

3）单击“性别”右侧的下拉箭头，在弹出的下拉列表中取消选中“全选”复选框后，选中“男”复选框，单击“确定”按钮，将会显示筛选结果。

（2）自定义筛选

在实际应用中，有些筛选的条件值不是表中已有的数据，需要由用户提供相应的信息后再筛选。例如，将“班级课程成绩”表中“总成绩”前三名的学生筛选出来。

将光标定位到数据单元格区域的任意一个单元格中，单击“数据”→“筛选”按钮后，单击“总成绩”右侧的下拉箭头，在弹出的下拉列表中选择“数字筛选”子菜单中的“前十项”选项，此时会弹出“自动筛选前 10 个”对话框，在该对话框中设置为显示“最大”“3”“项”即可。

（3）高级筛选

如果筛选的条件比较简单，采用自动筛选或自定义筛选就可以实现。但有时筛选条件不是很直观、具体，而是多个条件的重叠，此时使用“高级筛选”功能会更方便。例如，在“班级课程成绩”表中筛选英语与平均成绩都大于等于 80 分的女同学，操作步骤如下。

1）在表的任意一个空白区域输入高级筛选条件，如图 7-15 所示。

2）把光标定位到单元格数据区域，选择“数据”→“筛选”→“高级筛选”命令。

3）在弹出的如图 7-16 所示的“高级筛选”对话框中，单击“列表区域”文本框右侧的按钮，并选择要筛选的数据单元格区域。

性别	英语	平均成绩
女	>=80	>=80

图 7-15　设置高级筛选条件

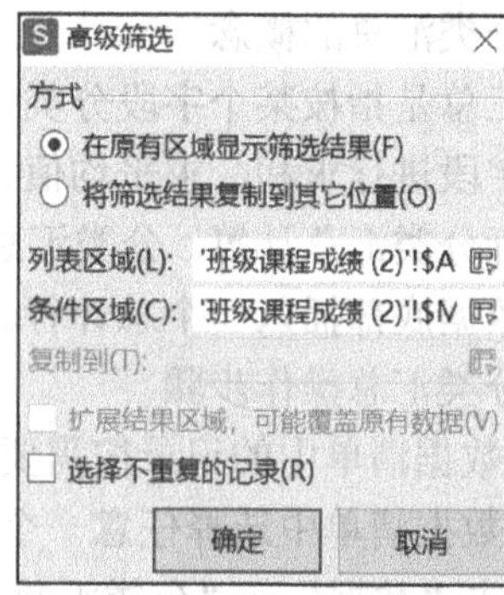

图 7-16　“高级筛选”对话框

4）单击“条件区域”文本框右侧的按钮，并选择已输入高级筛选条件的“条件区域”。

5）单击“确定”按钮，即可完成高级筛选。

注意：上述“条件区域”的条件中，若 3 个条件处于同一行中，说明设置的 3 个条件是“与”的关系，若 3 个条件不在同一行中，则说明所设条件是“或”的关系。

（4）快捷筛选

WPS 表格中的快捷筛选其实就是按照选定的内容进行筛选。例如在“班级课程成绩”表中筛选出“性别”为“男”的学生，只需选中任何一个性别为“男”的单元格，然后选择“数据”→“筛选”→“快捷筛选”命令即可。

（5）取消筛选

取消筛选可恢复筛选前的数据，如果是使用“高级筛选”功能筛选出的结果，直接单击“数据”→“全部显示”按钮即可恢复原样；如果是使用“自动筛选”功能筛选出的结果，单击“数据”→“全部显示”按钮后，显示所有筛选前的数据，但保留所有列标中的“自动筛选”按钮，此时，再次单击“数据”→“筛选”按钮即可恢复原样。

3. 合并计算

在 WPS 表格中，若要将多个工作表中的数据合并到一个工作表（主工作表）中，可以使用合并计算。具体步骤：单击“数据”→“合并计算”按钮，在弹出的“合并计算”对话框中单击“函数”列表框的下拉箭头，可以选择合并计算的方式（如求和、计数、求平均值等）；单击“引用位置”文本框右侧的按钮，则可以选择要进行合并计算的数据；单击“添加”按钮，可以将前面选中的数据添加到“所有引用位置”列表框；所有数据选择完毕后，单击“确定”按钮完成合并计算。

在数据的合并计算中，所合并的工作表可以与主工作表位于同一工作簿中，也可以位于其他工作簿中。

4. 分类汇总

（1）分类汇总的概念

分类汇总是指按某个字段分类，把该字段值相同的记录放在一起，再对这些记录的其他数值字段进行求和、求平均值、计数等汇总运算。要求先按分类汇总的依据排序，然后再进行分类汇总计算。分类汇总结果将插入并显示在字段相同值记录行的下方，同时自动在数据底部插入一个总计行。

（2）分类汇总操作步骤

1）对数据清单中的记录按需要分类汇总的字段排序。

2）在数据清单中选择任意一个单元格。

3）单击“数据”→“分类汇总”按钮，弹出“分类汇总”对话框，如图 7-17 所示。

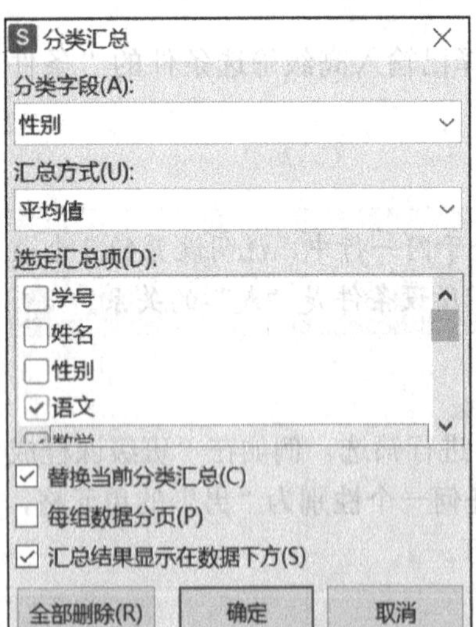

图 7-17 “分类汇总”对话框

4）在“分类字段”下拉列表中，选择进行分类的字段（所选字段必须与排序字段相同）。

5）在“汇总方式”下拉列表中，选择所需的用于计算分类汇总的方式，如求和、平均值等。

6）在“选定汇总项”列表框中，选择要进行汇总的数值字段（可以是一个或多个）。

7）选中“替换当前分类汇总”复选框，可以替换已经存在的汇总。

8）选中“每组数据分页”复选框，可以添加分页符，将每组数据分页。

9）取消选中“汇总结果显示在数据下方”复选框，则汇总数据显示在上方。

10）单击“确定”按钮，完成汇总操作，工作表将出现分类汇总的数据清单。

如果需要恢复原样，单击“分类汇总”对话框中的“全部删除”按钮即可。

若想对一批数据以不同的汇总方式进行多个汇总时，设置“分类汇总”对话框的相应内容后，取消选中“替换当前分类汇总”复选框，即可叠加多种分类汇总，即实现二级分类汇总及三级分类汇总等。

7.5.3　实施步骤

第 1 步：打开“初一（6）班各科成绩汇总”工作簿，在“班级课程成绩”工作表标签的右侧单击“+”按钮，创建一个新的工作表 Sheet2。

第 2 步：在 Sheet2 工作表的标签上右击，选择“重命名”命令，将工作表重命名为“总分排序”，复制“班级课程成绩”工作表中的 A1:M48 区域到“总分排序”工作表中。

第 3 步：选中“总分排序”工作表“总成绩”列中的任何一个单元格，然后选择“数据”→“排序”→“降序”命令。

第 4 步：按住 Ctrl 键，同时拖动“总分排序”工作表到其右侧，会出现“总分排序（2）”工作表，按照第 2 步的操作将“总分排序（2）”工作表重命名为“筛选数学成绩大于 95 分”。

第 5 步：选中“筛选数学成绩大于 95 分”工作表数据区域中的任一单元格，单击“数据”→“筛选”按钮，此时标题行的右侧出现了下拉箭头，单击“数学”标题右侧的下拉箭头按钮，选择“数字筛选”→“大于”命令，弹出“自定义自动筛选方式”对话框，在该对话框中进行如图 7-18 所示的设置，设置完成后单击“确定”按钮。

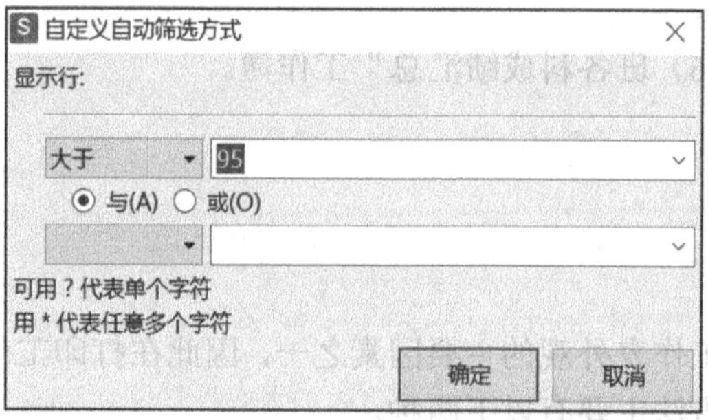

图 7-18　设置“自定义自动筛选方式”对话框

第 6 步：在“筛选数学成绩大于 95 分”工作表标签的右侧单击“+”按钮，创建一个新的工作表 Sheet3。

第 7 步：在 Sheet3 工作表的标签上右击，选择“重命名”命令，将工作表重命名为“男女生各科成绩平均分”，复制“班级课程成绩”工作表中的 A2:J48 区域到“男女生各科成绩平均分”工作表中。

第 8 步：参照第 3 步的操作方法，在“男女生各科成绩平均分”工作表中，按“性别”进行升序排序。

第 9 步：在“男女生各科成绩平均分”工作表中，选中数据区域中的任何一个单元格，单击“数据”→“分类汇总”按钮，弹出“分类汇总”对话框，在该对话框中进行如图 7-19 所示的设置，设置完成后单击“确定”按钮。

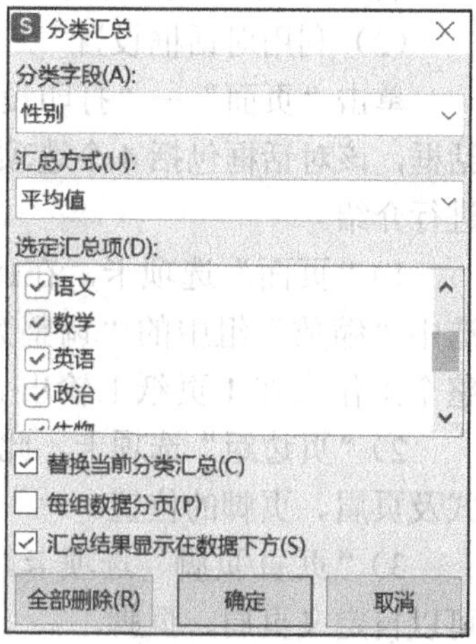

图 7-19　设置“分类汇总”对话框

第 10 步：单击“男女生各科成绩平均分”工作表中左上角的分类汇总分级标签“2”，让其只显示汇总的内容。

第 11 步：保存“初一（6）班各科成绩汇总”工作簿。

7.6 打印输出

7.6.1 任务要求

在 WPS 中打开“初一（6）班各科成绩汇总”工作簿，选中“班级课程成绩”工作表，在该工作表中，按下列要求进行页面设置，准备打印输出。

1）将页面方向设置为“横向”，将纸张大小设置为“A4”。

2）将上、下、左、右的页边距均设为 2 厘米。

3）将居中方式设置为“水平”。

4）将 A1:M51 设置为打印区域。

5）将第一、第二行内容设置为重复标题行。

6）预览打印效果。

7）保存“初一（6）班各科成绩汇总”工作簿。

7.6.2 知识准备

1. 页面设置

页面设置是影响工作表外观的主要因素之一，因此在打印工作表之前，先要进行页面设置。页面设置的方法主要有以下两种。

（1）利用功能区设置

利用“页面”选项卡中的相应按钮和命令可以设置页边距、纸张大小、纸张方向等。

（2）利用对话框设置

单击“页面”→“打印设置”选项组右下角的对话框启动器，弹出“页面设置”对话框，该对话框包括 4 个选项卡，分别是页面、页边距、页眉页脚、工作表，下面逐一进行介绍。

1）“页面”选项卡。在此选项卡中设置纸张方向、缩放比例及纸张大小。例如，选中“缩放”组中的“调整为”单选按钮，设置为“将整个工作表打印在一页”，则整个工作表在 1 页纸上输出。

2）“页边距”选项卡。此选项卡用于设置纸张的上、下、左、右的页边距，居中方式及页眉、页脚的位置。

3）“页眉/页脚”选项卡。在此选项卡中可选择 WPS 表格预定义的页眉、页脚，也可以自定义页眉、页脚。

4）“工作表”选项卡。此选项卡用于设置打印区域、打印标题、打印顺序等。

2. 设置打印区域

打印区域是指 WPS 表格中要打印的数据范围，默认是工作表的整个数据单元格区域，若要打印部分数据，可通过设置打印区域的方法来实现。

（1）利用命令设置

选择要打印的数据单元格区域，单击“页面”→“打印区域”按钮，在弹出的下拉列表中选择“设置打印区域”命令即可。若要继续添加打印区域，可选择要添加的打印区域，然后在“打印区域”下拉列表中选择“添加到打印区域”选项即可。

（2）利用对话框设置

在“页面设置”对话框中，选择“工作表”选项卡，此选项卡的“打印区域”文本框用于设置要打印的区域。可单击其右侧的按钮，在工作表中利用鼠标拖动的方式选择要打印的区域，或直接在“打印区域”文本框中输入要打印的单元格区域地址。

“打印标题”组用于设置每页是否打印行标题和列标题。若需要所有页都打印行标题与列标题，可分别单击“顶端标题行”和“左端标题列”文本框右侧的按钮，在工作表中利用鼠标拖动的方式选择行标题与列标题所在的区域。

在“打印”组中可设置是否打印网格线、行号列标、批注等内容。在“打印顺序”组中可设置打印顺序。

3. 打印预览与打印文档

（1）打印预览

打印预览主要用于查看最终打印出来的效果，若对效果满意，便可以进行打印输出。若不满意，可以返回到页面视图下重新进行编辑，满意后再打印。

单击快速访问工具栏中的“打印预览”按钮，或者选择“文件”→“打印”→“打印预览”命令，都可以打开“打印预览”窗口，预览打印的效果，也可以在该窗口的右侧进行打印参数设置。

（2）打印文档

当对预览效果满意后，可以单击快速访问工具栏中的“打印”按钮，或选择“文件”→“打印”命令，弹出打印窗口，在该窗口可以设置打印参数，进行个性化打印。设置完成后单击“确定”按钮就可以打印输出了。

7.6.3 实施步骤

第 1 步：打开“初一（6）班各科成绩汇总”工作簿，切换到“班级课程成绩”工作表，单击“页面”→“打印设置”选项组右下角的对话框启动器，在弹出的“页面设置”对话框中选择“页面”选项卡，将“方向”设置为“横向”，“纸张大小”设置为“A4”。

第 2 步：选择“页边距”选项卡，设置上、下、左、右的页边距均为 2 厘米，并将居中方式设置为“水平”。

第 3 步：选择“工作表”选项卡，单击“打印区域”文本框右侧的按钮，选择 A1:M51 区域，将其设置为打印区域，单击“顶端标题行”文本框右侧的按钮，选择第一行和第二行，将其设置为重复标题行，设置完成后，单击“确定”按钮。

第 4 步：单击快速访问工具栏中的“打印预览”按钮，预览打印效果。

第 5 步：保存“初一（6）班各科成绩汇总”工作簿。

7.7 WPS AI 在表格中的应用

7.7.1 任务要求

在 WPS 中打开“初一（6）班各科成绩汇总”工作簿，切换到“班级课程成绩 AI 处理”工作表，在该工作表中利用 WPS AI 完成下列任务。

1）将表格中各科成绩大于 95 分的单元格以浅红色填充。

2）计算每位同学的总成绩、平均成绩及排名，将结果存放在相应的单元格中。

3）使用“数据分析”功能，分析男女生各科成绩的平均值，生成簇状柱形图，并将其插入一个新的工作表中。

4）使用“智能分析”功能，分析性别与语文成绩的关系，并将其插入一个新的工作表中。

5）使用“智能分析”功能，汇总男女生各科成绩，并将其插入一个新的工作表中。

7.7.2 知识准备

1. AI 条件格式

WPS 的 AI 条件格式是一种通过自然语言与 AI 对话来设置表格单元格格式的功能，用户通过描述需求来快速应用条件格式规则，而无须手动设置复杂的公式或格式选项。

（1）AI 条件格式入口

单击“WPS AI”→“AI 条件格式”按钮，或者选择“开始”→“条件格式”→“AI 条件格式”命令，弹出“AI 条件格式”对话框，如图 7-20 所示。在该对话框中，输入 AI 指令即告诉 AI 想要设置的条件格式，然后单击“发送”按钮，AI 经过分析后，将会返回类似如图 7-21 所示的内容。如果符合设置要求，单击“完成”按钮即可完成条件格式的设置；如果不符合设置要求，单击“弃用”按钮，重新向 AI 发送指令。

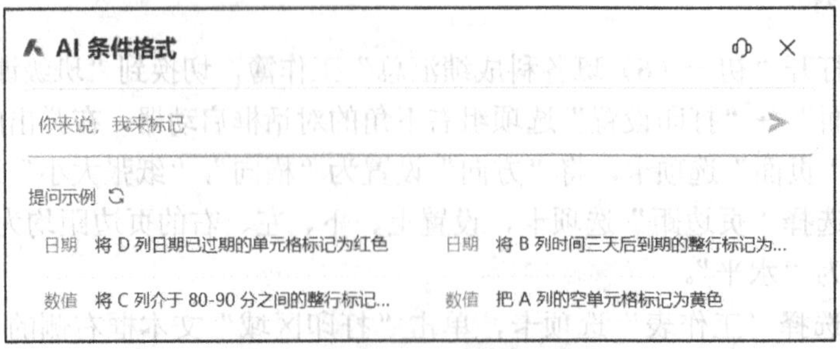

图 7-20 “AI 条件格式”对话框

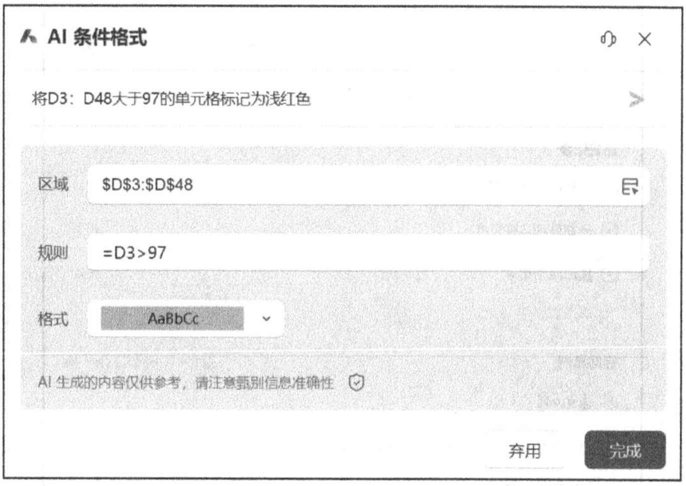

图 7-21 “AI 条件格式”对话框返回内容

（2）AI 条件格式使用技巧

1）明确指出列字母：字段名结合列字母，如“K 列总成绩”“L 列平均成绩”等。

2）使用专业术语：采用“填充”“底纹”“文本”等表格相关术语。

3）清晰地说明条件：如“大于 350”“小于 60”“前 3 项”等。

4）注重动词选择：使用“设置”“标记”“把……设置为”等动词来指示操作。

5）按照“对象＋条件＋操作”的顺序组织语句：如“把 K 列总成绩大于 350 的行标记为绿色”。

2. AI 写公式

WPS 的函数公式功能虽然强大，但对初学者来说，学习难度较高，学习周期较长，使用过程中容易出现错误，选择合适的函数也存在困难。WPS AI 通过智能识别用户需求，自动推荐或生成合适的公式，有效减少了手动输入的错误，提升了数据处理的准确性。用户无须掌握复杂的函数语法，极大地降低了使用门槛，提升了用户体验。

下面介绍开启“AI 写公式”对话框的三种方法。

（1）使用公式选项卡

单击“公式”→“AI 写公式”按钮，弹出“AI 写公式”对话框，如图 7-22 所示。

（2）使用 WPS AI 选项卡

单击“WPS AI”→“AI 写公式”按钮，同样可以弹出“AI 写公式”对话框。

（3）单元格中输入“=”

在单元格中输入“=”，单击“浮动 AI 功能”按钮，打开“AI 写公式”对话框。

无论用哪种方法开启“AI 写公式”对话框，只要在文本框中输入 AI 指令即告诉 AI 计算的内容，然后单击“发送”按钮，AI 将返回类似如图 7-23 所示的内容，如果公式正确，单击“完成”按钮即可完成计算，如果不正确，可以单击“弃用”或者“重新提问”按钮，再次编辑指令。

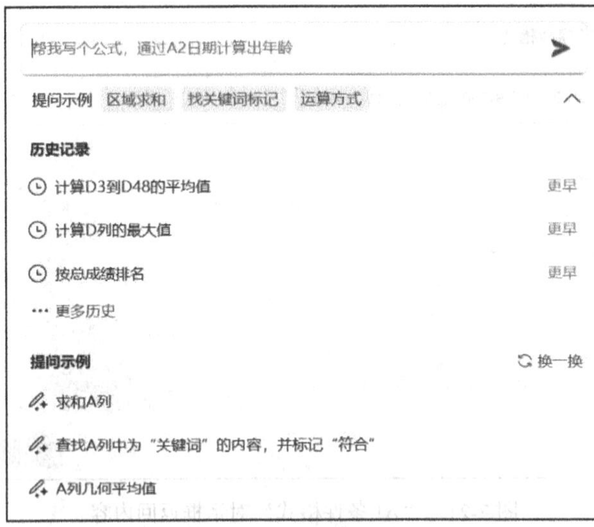

图 7-22 “AI 写公式”对话框

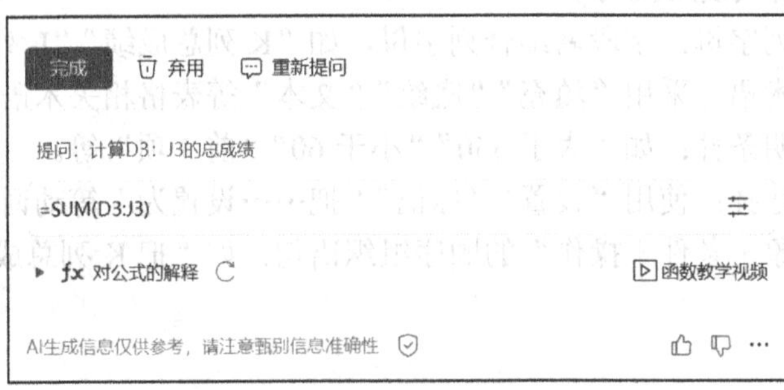

图 7-23 “AI 写公式”返回内容

3. AI 智能分析

WPS AI 中的 AI 数据分析和可视化是利用深度学习和自然语言处理技术，从大量数据中提取关键信息，进行内容分析和总结，生成图表和分析结论，为用户提供高效、直观的决策支持。

（1）AI 数据分析

AI 数据分析是通过对话的方式进行数据检查、数据洞察、预测分析、关联分析等。单击“WPS AI”→“AI 数据分析”按钮，或者单击“数据”→“AI 数据分析”按钮，即可打开“AI 数据分析”窗格，如图 7-24 所示。在该窗格中，输入 AI 指令，单击“发送”按钮，AI 将返回分析的结果。

（2）智能分析

智能分析可以辅助分析数据、提高分析效率、挖掘数据价值、输出有效结论和可视化方案。单击“数据”→“智能分析”按钮，将会在工作表的右侧弹出“数据解读”窗格，并在功能区出现“智能分析”选项卡，如图 7-25 所示。在该选项卡下，可以通过“数据解读”“数据汇总”“字段图谱”等方式分析数据。分析完成后，可将生成的分析结果插入工作表中。

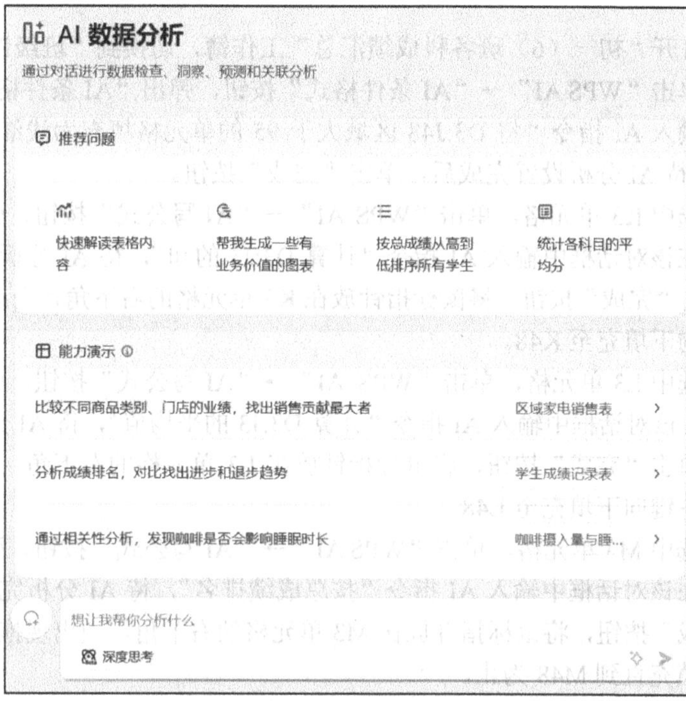

图 7-24　“AI 数据分析”窗格

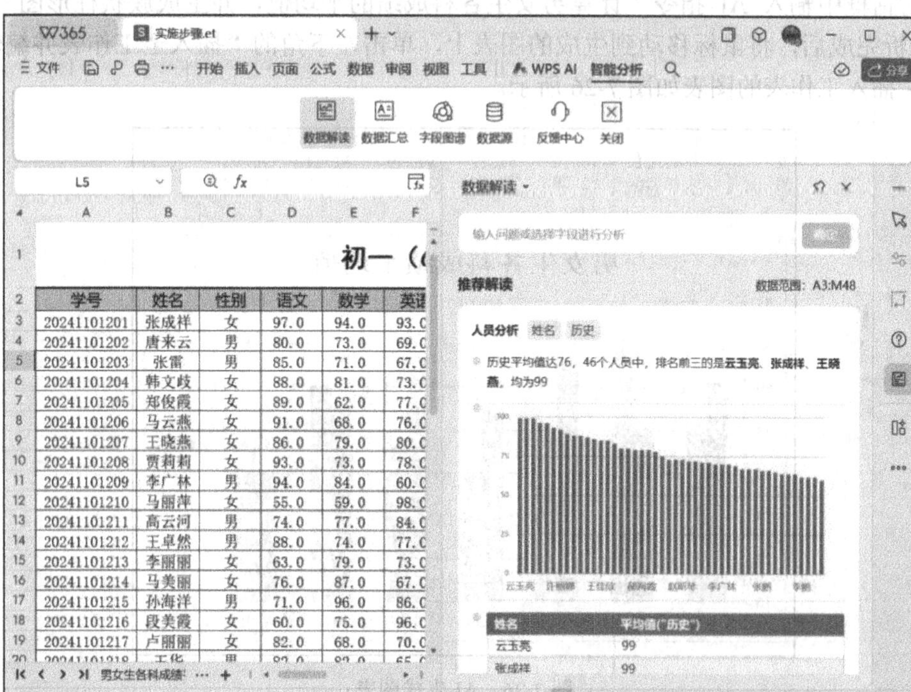

图 7-25　“智能分析”选项卡

7.7.3 实施步骤

第 1 步：打开“初一（6）班各科成绩汇总”工作簿，切换到“班级课程成绩 AI 处理”工作表，单击“WPS AI”→“AI 条件格式”按钮，弹出“AI 条件格式”对话框，在该对话框中输入 AI 指令“将 D3:J48 区域大于 95 的单元格填充为浅红色”后，单击“发送”按钮，待 AI 分析设置完成后，单击“完成”按钮。

第 2 步：选中 K3 单元格，单击“WPS AI”→“AI 写公式”按钮，弹出“AI 写公式”对话框，在该对话框中输入 AI 指令“计算 D3:J3 的和”，待 AI 分析计算完成，确认无误后，单击“完成”按钮，将鼠标指针放在 K3 单元格的右下角，当出现拖动柄时，按住鼠标左键向下填充至 K48。

第 3 步：选中 L3 单元格，单击“WPS AI”→“AI 写公式”按钮，弹出“AI 写公式”对话框，在该对话框中输入 AI 指令“计算 D3:J3 的平均值”，待 AI 分析计算完成，确认无误后，单击“完成”按钮，将鼠标指针放在 L3 单元格的右下角，当出现拖动柄时，按住鼠标左键向下填充至 L48。

第 4 步：选中 M3 单元格，单击“WPS AI”→“AI 写公式”按钮，弹出“AI 写公式”对话框，在该对话框中输入 AI 指令“按总成绩排名”，待 AI 分析完成，确认无误后，单击“完成”按钮，将鼠标指针放在 M3 单元格的右下角，当出现拖动柄时，按住鼠标左键向下填充直到 M48 为止。

第 5 步：单击“WPS AI”→“AI 数据分析”按钮，弹出“AI 数据分析”对话框，在该对话框中输入 AI 指令“计算男女生各科成绩的平均值，并生成簇状柱形图”，待 AI 分析完成后，将鼠标移动到生成的图表上，单击左下角的“插入至工作表并编辑”按钮。插入工作表的图表如图 7-26 所示。

	语文	数学	英语	政治	生物	地理	历史
女	80.21	78.12	81.12	78.96	81.21	79.08	76.17
男	78.36	82.59	75.36	75.86	77.23	80.09	77.59

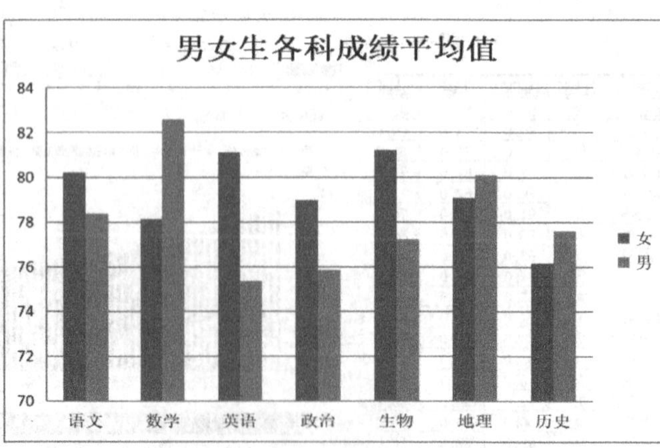

图 7-26　AI 生成图表

第 6 步：单击“数据”→“智能分析”按钮，弹出“数据解读”窗格，在下拉列表框中选择“性别”与“语文”字段后，单击“确定”按钮，随即显示分析结果，如图 7-27 所示，单击“插入”按钮，在弹出的下拉列表中选择“插入到新建工作表”命令即可。或者单击“字段图谱”按钮，在弹出的“字段图谱”面板中分别单击“性别”和“语文”字段，如图 7-28 所示，同样可以在“数据解读”窗格中显示如图 7-27 所示的结果。

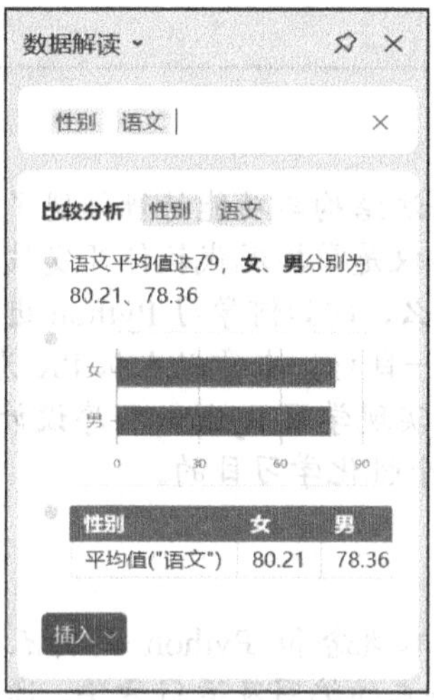

图 7-27 数据解读结果

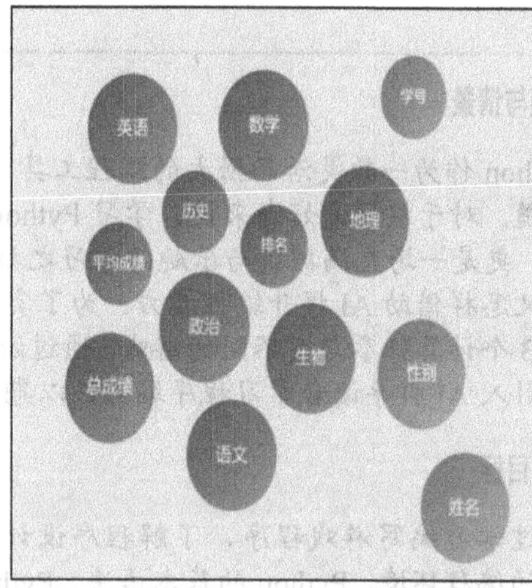

图 7-28 字段图谱

第 7 步：单击“数据”→“智能分析”→“数据汇总”按钮，弹出“数据汇总”面板，在该面板下单击“添加字段”按钮，分别将“性别”“语文”“数学”“英语”“政治”“地理”“生物”“历史”添加到数据汇总面板中，添加完成后的结果如图 7-29 所示，单击“插入到新建工作表”按钮，将分析结果插入一个新的工作表中。

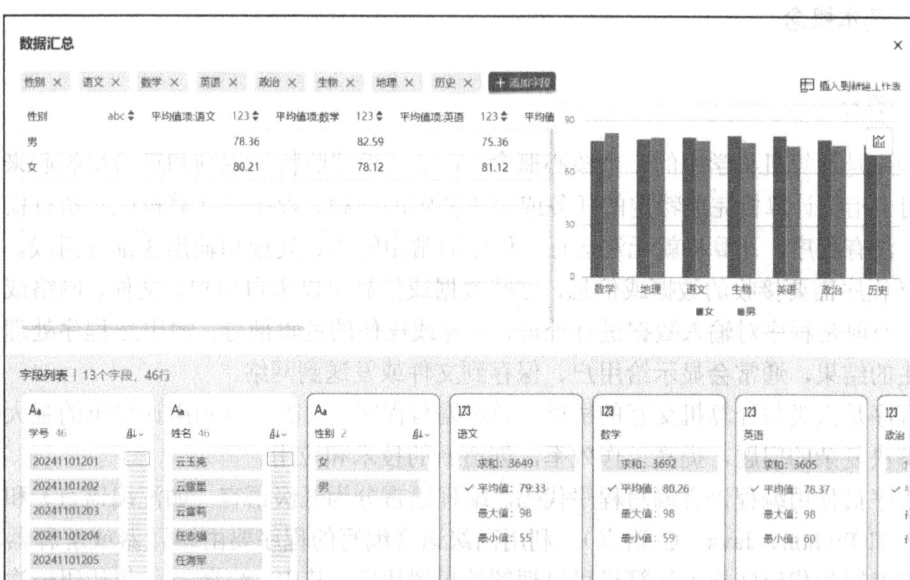

图 7-29 “数据汇总”面板

第 8 章　程序设计基础

问题与情景

Python 作为一款灵活而强大的编程工具，其语法结构与功能特性体现了编程艺术的精髓。对于编程爱好者来说，学习 Python，不仅是掌握现代软件开发技能的必经之路，更是一场充满挑战与乐趣的学习之旅。那么，该如何学习 Python 进行程序设计？又怎样借助 AI 提升编程能力？为了实现这一目标，本章以人机 PK 为线索，设计了 3 个计算机参与度不同的游戏，通过游戏的实现学习 Python 程序设计。在最后一节引入 AI 引导读者学习程序编写，以期达到个性化学习目的。

学习目标

通过学习编写游戏程序，了解程序设计的基本概念和 Python 的特点，掌握 Python 的编程环境、Python 的基本语法、Python 脚本的编写及运行方法，通过程序设计的练习锻炼逻辑思维能力，学会使用 AI 辅助编程，全面提高自身综合能力。

8.1　程序设计语言概述

8.1.1　基本概念

1. 程序

程序是计算机科学中的一个核心概念，它是一组按照特定规则和逻辑组织起来的指令，用于指导计算机完成特定的任务或解决特定的问题。程序是计算机能够执行操作的基础，没有程序，计算机就无法运行。程序通常由输入、处理和输出 3 部分组成。其中输入是程序需要接收的数据或信息，这些数据或信息可以来自用户、文件、网络或其他程序；处理是程序对输入数据进行处理、计算或操作的逻辑部分；输出是程序处理完成后产生的结果，通常会显示给用户、保存到文件或发送到网络。

程序是人类与计算机交互的桥梁。通过编写程序，人类可以利用计算机的强大计算能力解决复杂的问题，提高工作效率，创造新的技术和应用。

程序员使用编程语言编写程序代码。编程语言分为低级语言（如汇编语言）和高级语言（如 Python、Java、C 语言）。利用高级语言编写的程序要由编译器或解释器将编程语言编写的代码转换为计算机可以理解的机器语言。其中，编译器是将代码一次性转换为可执行文件（如 C 语言）；解释器是逐行解释并执行代码（如 Python）。

2. 脚本

脚本是一组自动化命令或指令，通常用于自动化简单的任务或作为更大程序的一部分。脚本通常比程序简单，可能只包含少量的代码。脚本通常是解释型的，这意味着它们不需要编译过程，可以直接由解释器执行。脚本主要用于自动化任务，如文件操作、系统管理任务等。脚本可能依赖于特定的环境或程序来运行，它们本身可能不是一个完整的解决方案。脚本通常没有图形用户界面，它们通过命令行或特定的脚本解释器运行。

在实际应用中，脚本和程序之间的界限可能并不总是那么清晰。例如，一个大型的 Python 程序可能包含多个脚本文件，这些脚本文件可以独立运行，也可以作为程序的一部分运行。此外，一些脚本语言（如 Python）也可以用来开发复杂的应用程序，这使脚本和程序之间的界限更加模糊。

3. 算法

算法是计算机科学和数学中的一个核心概念，它是一系列明确且有限的步骤，用于解决特定问题或完成特定任务。算法可以被看作是解决问题的“配方”，它指导计算机或其他执行者按照既定的规则逐步完成任务。

算法是解决特定问题的有序步骤集合，具有明确性、有限性、输入、输出和可行性 5 个特点。其中，明确性是指算法的每一步都必须是明确的，不能有歧义；有限性是指算法必须在有限的步骤后结束，不能无限循环；输入是指算法可以有零个或多个输入；输出是指算法至少有一个输出；可行性是指算法中的每一步都必须是可执行的，不能包含无法实现的操作。

设计算法时，通常会遵循以下步骤。

1）问题定义：明确问题的输入和输出。

2）算法选择：根据问题的特点选择合适的算法类型。

3）算法描述：用流程图、自然语言或伪代码描述算法的逻辑。

4）代码实现：将伪代码转换为编程语言代码。

5）测试与优化：验证算法的正确性，并优化性能。

算法是计算机科学的灵魂，一个好的算法可以在有限的时间内，利用有限的资源内高效地解决问题，而一个低效的算法可能导致程序运行缓慢甚至无法完成任务，它决定了程序的效率和正确性。掌握算法设计和分析的方法，是每个程序员和计算机科学家必备的技能。

4. 流程图

流程图是描述算法的工具之一。它可以直观的描述算法中语法单位的执行过程，流程图常用符号如表 8-1 所示。

表 8-1　流程图常用符号

符号	意义
	开始或结束
	执行流程
	条件判断
	手动输入
	显示或输出
	节点
	处理或过程

5. 程序的控制结构

（1）顺序结构

顺序结构是编程中最基本、最简单的控制结构，表示代码按照从上到下的顺序逐行执行，没有分支、循环或跳转。它是所有程序的默认执行方式，也是其他控制结构（如分支、循环）的基础。

顺序结构的核心特点：一是单一路径，代码严格按书写顺序执行，一行接一行。二是无跳转，即不跳过任何代码（除非遇到错误或强制终止）。三是简单直观，顺序结构的逻辑清晰，适合线性任务。

（2）分支结构

分支结构也称选择结构，也是一种基础控制结构，它允许程序根据不同条件选择执行不同的代码路径，使程序具备灵活的判断能力。简单来说，就是让计算机像人类一样“做决定”。

在使用分支结构时必须解决的核心概念有两个。一是条件判断：通过逻辑表达式（如 x > 0、name == "Alice"）判断是否满足某个条件。二是代码分流：满足条件时执行某段代码，不满足时执行另一段代码（或跳过）。

（3）循环结构

循环结构是编程中常用的第三种控制结构，常用于重复执行某段代码的控制结构，可以显著减少重复代码的编写，适用于需要多次执行相似任务的场景。

循环结构的核心作用：一是减少代码冗余（即避免手动重复相同代码），二是处理批量数据（遍历列表、字符串、字典等可迭代对象）。

8.1.2　Python 简介

Python 是一种高级编程语言，以其简洁、易读的语法和强大的功能而广受欢迎。它由荷兰程序员吉多·范罗苏姆（Guido van Rossum）于 1989 年底发明，并于 1991 年首次发布。Python 的设计理念强调代码的可读性和简洁性，使它成为初学者和专业开发者的理想选择。

Python 具有简洁易读、跨平台（可以在包括 Windows、macOS 和 Linux 多种操作系统上运行）、动态类型（变量的类型在运行时自动推断，无须显式声明）、丰富的库（如数据分析、人工智能、网络开发)、多范式支持(面向对象、函数式和过程式编程)等特点。

Python 的应用非常广泛。它可以应用于 Web 开发、数据分析、人工智能与机器学习、自动化脚本、游戏开发及科学计算，几乎涵盖了所有计算机科学领域。

Python 有两个主要版本。Python 2 是早期版本，已于 2020 年 1 月 1 日停止支持。Python 3 是当前主流版本，持续更新和改进中。Python 3 不完全兼容 Python 2，因此建议使用 Python 3 开发新项目。

作为一种开源软件，Python 的使用和发布都是免费的，用户可以从 Python 的官方网站 http://www.python.org/download / 上，方便地获取最新版本的 Python 安装程序。目前，Python 的最新版本为 3.13.2，未来还将有新版本推出。需要注意的是，不同平台的安装版本不同，要根据相应的平台选择不同的版本下载。在常见的操作系统如 Windows、Linux、UNIX 和 Mac 上都可以顺利地安装 Python 的解释器，具体安装过程此处不做介绍。

Python 是一种功能强大且易于学习的编程语言，适合各种编程任务。它不仅适合初学者入门，也是专业开发者的重要工具。

Python 的基本语法规则：一是缩进，Python 使用缩进来表示代码块，这是 Python 的一个重要语法特点；二是注释，注释用来解释代码，包括单行注释（#）和多行注释（三引号"""）。

8.1.3 Python 脚本的运行方式

运行 Python 脚本的方式有许多，本书主要介绍交互环境执行方式。Python 有两种交互环境可运行脚本：一种是利用集成开发环境（integrated development environment, IDLE），另一种是在命令行窗口（command line interface）输入 Python 命令。

1. IDLE 方式

IDLE 为 Python 具有图形界面的集成开发环境，用于 Python 程序的设计和调试。启动方法是“开始”→“Python”→“IDLE（Python GUI）”。IDLE 的图形窗口（图 8-1）是一个可以交互式地输入语句的环境，支持基本的编辑操作，如复制和粘贴等。对于已经执行过的语句，按 Alt+P 组合键可以上翻，按 Alt+N 组合键可以下翻。

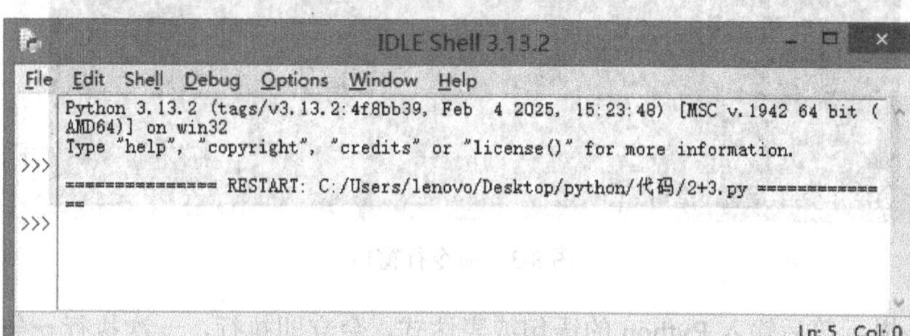

图 8-1 IDLE 窗口

在交互模式下，一次只能执行一条语句，而且输入的代码都不会被保存下来，关闭解释器时将全部消失。如果需要编写较长的脚本，可以利用文本编辑器编写，也可以利用集成开发环境 IDLE 来编辑脚本。选择“File”→“New window”命令，新建编辑窗口（图 8-2）。在该窗口可以输入脚本代码，如果要运行脚本需要以.py 为扩展名保存代码（有的 IDLE 不提供默认的扩展名），然后在 IDLE 窗口选择“Run-Run Module”命令（或者直接按 F5）即可。

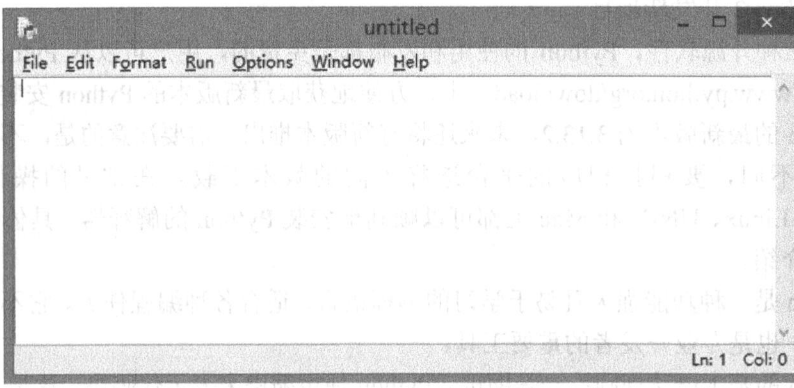

图 8-2 脚本编辑窗口

2. 命令行方式

在命令行窗口输入 Python 并按 Enter 键，或者选择“开始”→“运行”命令在弹出的“运行”对话框中输入“Python”即可打开命令行窗口（图 8-3）。

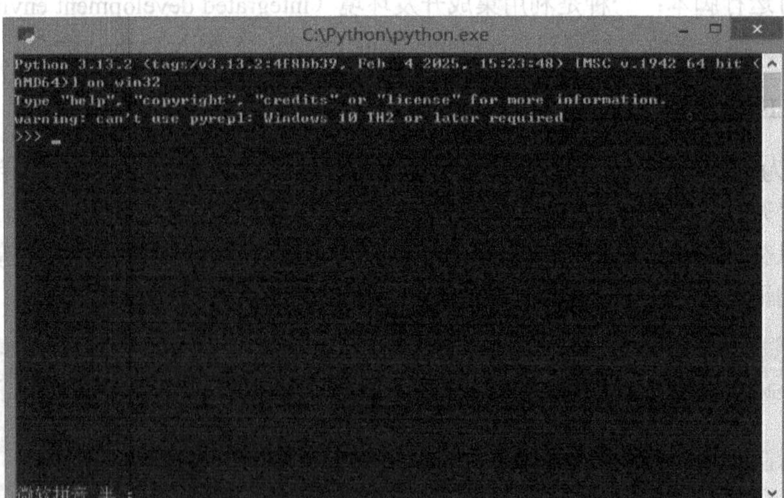

图 8-3 命令行窗口

在>>>提示符后输入 Python 的语句或表达式，会立即执行，一次执行一条，正确时显示表达式或语句运行的结果。有人也把 Python 的交互环境当作一个计算器来使用。

交互环境下最后一个表达式的结果还被保存在一个特殊的变量“_”中，利用“_”变量构成新的表达式，就可以直接在前面运算结果的基础上继续运算。交互环境下不仅可以使用常量，也可以定义变量。图 8-4 所示为交互环境下的操作实例（# 后为注释部分，不执行）。

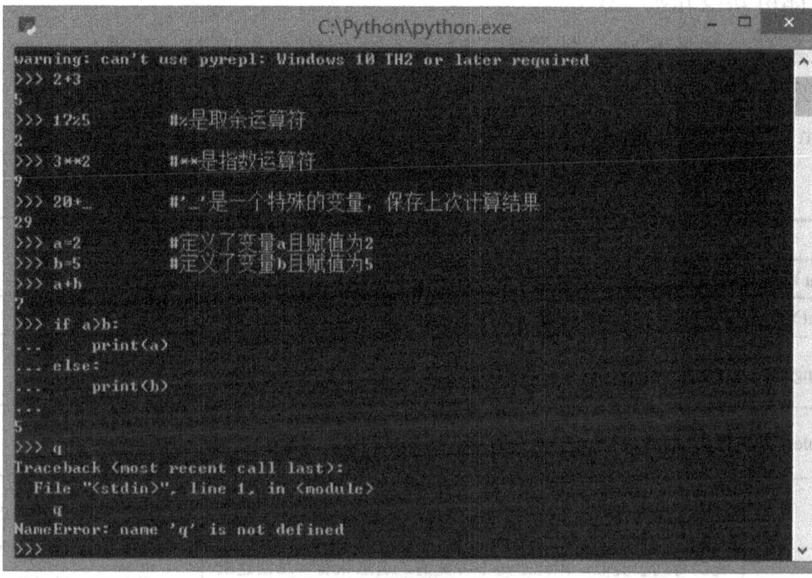

图 8-4　交互环境下的操作实例

在 Python 中使用变量前必须先定义变量。在图 8-4 中，#是注释语句，其后面的内容不执行；在最后输入了一个没有定义的变量 q，解释器无法找到 q 的定义，因此提示名字错误。在交互环境下，即使输入的表达式或语句存在语法错误，Python 解释器也不会崩溃，而是有相应的错误提示信息，描述错误的位置和内容。

8.2　猜数字游戏

8.2.1　任务要求

1）计算机随机生成一个 1 到 100 之间的数字。

2）用户尝试猜测这个数字，程序提示用户“猜中了”、“太大了”或“太小了”，用户只有一次猜测机会。

8.2.2　知识准备

1. 变量及类型

在 Python 中，变量是存储数据值的容器。Python 使用变量名来标识和访问这些容器中的数据。Python 是一种动态类型语言，这意味着变量的类型是在运行时自动确定的，而不是在编写代码时声明的。

（1）变量命名规则

在 Python 中，变量名必须遵循以下规则：

1）只能包含字母、数字和下划线（_）。

2）不能以数字开头。

3）变量名不能是 Python 的保留关键字（如“if”“else”“for”等）。

（2）变量类型

Python 中一些常用的变量类型如表 8-2 所示。

表 8-2　Python 常用变量表

类型	说明	示例
整数（integer）	整数是没有小数部分的数字	age = 25
浮点数（float）	浮点数是有小数部分的数字	price = 19.99
字符串（string）	字符串是由字符组成的序列，通常用单引号或双引号括起来	name = "Alice" greeting='Hello,World!'
布尔值（boolean）	布尔值只有两个可能的值：True 和 False	is_valid = True has_error = False
列表（list）	列表是有序的元素集合，可以包含不同类型的元素。列表中的元素由逗号分隔，并用方括号括起来	fruits=["apple","banana","cherry"]
元组（tuple）	元组与列表类似，但元组是不可变的，这意味着一旦创建就不能修改。元组也用逗号分隔，但用圆括号括起来	coordinates = (10, 20)
字典（dictionary）	字典是无序的键值对集合。每个键值对由键和值组成，键和值之间用冒号分隔，键值对之间用逗号分隔，并用花括号括起来。字典的键必须是不可变类型，如字符串或元组	person = {" name": "Bob", "age": 30, "is_student": False }
集合（set）	集合是无序的唯一元素集合。集合中的元素由逗号分隔，并用花括号或 set()函数括起来	unique_numbers = {1, 2, 3, 4, 5}

2. 运算符及表达式

在 Python 中运算符有算术运算符、关系运算符、逻辑运算符及测试运算符。

（1）算术运算符和算术表达式

算术运算符有幂（**）、加（+）、减（-）、乘（*）、除（/）、取余数（%）和 floor 除法（//）。

例如，3**3 的结果为 27。**是幂运算符，3**3 即 3 的 3 次幂。

例如，7%2 的结果为 1。%是取余数运算符。

例如，-9.8//2 的结果为-5，9.8//2=4。//运算符是整数除法（或称为地板除法），返回除法运算后不大于商的最小整数。

算术表达式是由算术运算符将常量、变量和函数连接起来的算式，其运算规则符合算术运算规则。在上述运算符中，幂运算符的优先级最高，然后是乘除运算符，最后加减运算符，括号改变优先顺序（即遇到括号先计算括号）。

（2）关系运算符和关系表达式

关系运算符包括相等（==）、不等（!=）、小于（<）、小于等于（<=）、大于（>）和大于等于（>=）。由关系运算符连接起来的式子称为关系表达式，其计算结果为布尔值真或假。在 Python 中“True”为真，“False”为假。

例如，如果 5>4 的结果为 True，那么 4>5 的结果为 False。

（3）逻辑运算符和逻辑表达式

常用的逻辑运算符包括逻辑与（and）、逻辑或（or）和逻辑非（not）。逻辑表达式是由逻辑运算符将常量、变量和函数连接起来的式子，其计算结果为布尔值。布尔值包括 True 和 False。逻辑运算符的运算规则如表 8-3 所示。

表 8-3　逻辑运算符运算规则

运算符	说明	示例
and	逻辑“与”，双目运算符	“and”两边为 True 时，结果为 True，否则为 False
or	逻辑“或”，双目运算符	“or”两边为 False 时，结果为 False，否则为 True
not	逻辑“非”，单目运算符	“not”后为 False 时，结果为 True，否则为 False

假设变量 x 的值为 9，变量 y 的值为-10，逻辑运算符运算规则示例如图 8-5 所示。

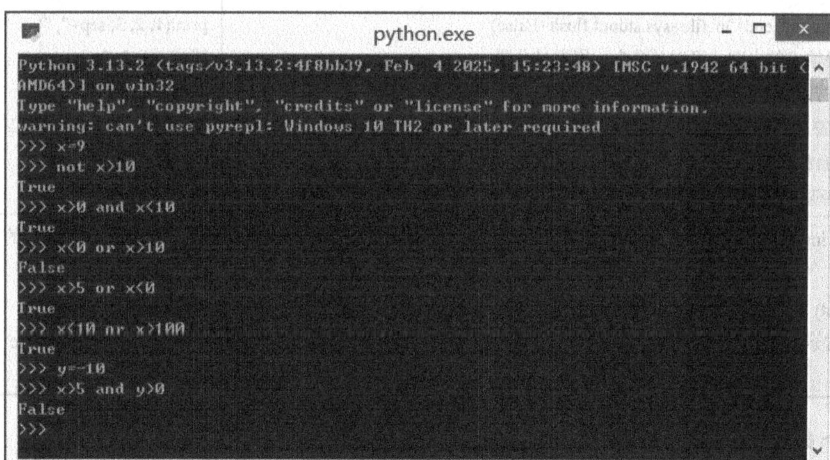

图 8-5　逻辑运算符运算规则示例

（4）测试运算符

测试运算符包括成员运算符和对象实体一致性测试运算符。

在 Python 中，成员运算符用于检查某个元素是否存在于一个序列（如列表、字符串、元组、字典、集合等）中，或者是否不存在。成员运算符有两个：in 和 not in，它们的返回值是布尔值（True 或 False）。例如：

```
1 in [1,2,3]的结果为True。
1 not in [1,2,3]的结果为False。
'e' in 'hello'的结果为True。
'w' in 'hello'的结果为False。
```

```
'w' not in 'hello'的结果为True。
```

对象实体一致性测试运算符用于判断两个变量是否引用同一个对象（内存地址是否相同），运算符有 is 和 is not。例如：

```
a = [1, 2, 3]
b = a
c = [1, 2, 3]
print(a is b)          # True（同一对象）
print(a is c)          # False（不同对象）
print(a is not c)      # True
```

3. 输入/输出函数

输入/输出是程序与用户交互的重要方式，是程序的重要组成部分。表 8-4 是 Python 提供的常用输入/输出函数语法规则及示例。

表 8-4 输入/输出函数语法规则及示例

函数类型及语法规则	示例
输出函数：print()是 Python 中最常用的输出函数，用于将运行结果输出到屏幕 语法规则： print(objects,sep='',end='\n',file=sys.stdout,flush=False) -objects：要输出的内容，可以是多个，用逗号分隔 -sep：分隔符，默认为空格 -end：结束符，默认为换行符“\n” -file：输出目标，默认为控制台 -flush：是否强制刷新输出缓冲区	print("Hello, World!") 输出：Hello, World! print(1, 2, 3, sep=", ") 输出：1, 2, 3 print("Hello", end=" ") 输出：Hello （不换行） print("World!") 输出：World!
输入函数：input()用于从控制台读取用户输入，返回一个字符串 语法规则： input(prompt) -prompt：提示信息（可选）	name=input("请输入你的名字：") print(name) 运行结果： 请输入你的名字：Alice Alice

4. 分支语句

分支即选择，是程序设计中非常重要的控制结构之一。在程序设计中分支结构用分支语句表达，根据分支语句中的条件选择执行不同的代码块。最常用的分支语句有单分支、二分支和多分支。

表 8-5 是关于 Python 分支语句的简单介绍和示例。

表 8-5 Python 分支语句的简单介绍和示例

分支类型	语法规则	执行特点	示例
单分支	if 条件: #代码块	条件为真时执行对应的代码块	age = 18 if age >= 18: print("你已经成年了！") 运行结果:你已经成年了！

续表

分支类型	语法规则	执行特点	示例

二分支	if 条件:
	    #代码块 1
	else:
	    #代码块 2
		条件为真时执行代码块 1，条件为假时执行代码块 2	age = 16
			if age >= 18:
			    print("你已经成年了！")
			else:
			print("你还未成年！")
			运行结果:你还未成年！

多分支	if 条件 1:
	    #代码 1
	elif 条件 2:
	    # 代码 2
	elif 条件 3:
	#代码 3
	……
	else:
	    #代码 n
		“if-elif-else”语句用于处理多个条件。“elif”是“else if”的缩写，表示“否则如果”。可以有多个“elif”，但只能有一个“else”	score = 85
			if score >= 90:
			    print("成绩优秀！")
			elif score >= 80:
			    print("成绩良好！")
			elif score >= 60:
			    print("成绩及格！")
			else:
			print("成绩不及格！")
			运行结果：成绩良好！

条件表达式（三元运算符）	结果=值 1 if 条件 else 值 2	条件成立结果是值 1，否则是值 2	age = 22 status="成年" if age >= 18 else "未成年" print(status) 运行结果:成年

Python 中的条件判断可以使用布尔值（True 或 False），也可以是其他类型（如数字、字符串、列表等）。非零、非空的值被视为 True，零或空值被视为 False。

缩进非常重要，Python 使用缩进来表示代码块的范围。错误的缩进会导致语法错误或逻辑错误。

分支语句是 Python 中非常重要的控制结构，通过合理使用分支语句，可以实现复杂的逻辑判断和程序流程控制。

8.2.3 代码实现

1. 任务分析

本节任务要求计算机随机生成一个 1 到 100 之间的整数，用户猜测这个数字，程序根据用户的猜测提示用户“猜中了！”、“太大了！”或“太小了！”，游戏规则是“一局”定输赢。

2. 实现思路

1）程序中变量的确定。在任务中涉及两个量，一个是计算机生成的随机数（虽然是随机数，但是程序运行过程中这个随机数只生成一次），另一个是用户猜测的数字（程序运行时，用户输入，也具有随机性），而且这两个数都是未知量，所以应该定义两个变量。其中一个存放计算机生成的随机数，按照 Python 的变量名命名规则命名为 number_to_guess（当然读者也可根据个人喜好自定义名称）；另一个存放用户猜测的数字，假设命名为user_guess。至此，变量设计结束。

2）算法。由任务要求可知，程序运行后用户需要输入猜测的数字，然后根据用户的猜测结果选择输出不同的文字信息，具体设计如图 8-6 所示。

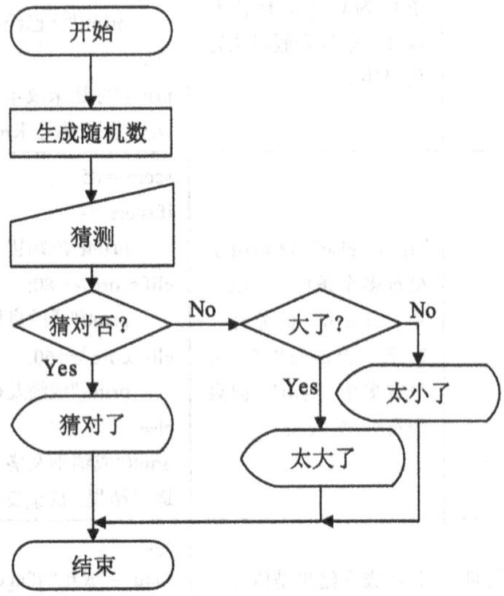

图 8-6 猜数字游戏流程图

3. 参考代码

```
import random              #导入 random 模块

#将计算机生成的 1～100 范围的随机整数存在变量 number_to_guess 中
number_to_guess = random.randint(1, 100)
#将用户输入的字符串转换成整数存放在变量 user_guess 中
user_guess = int(input("请输入一个 1 到 100 之间的数字："))

#开始处理并输出
if user_guess < number_to_guess:
    print("太小了！")
elif user_guess > number_to_guess:
    print("太大了！")
else:
    print(f"恭喜你！")
```

8.3 优化猜数字游戏

8.3.1 任务要求

1）计算机随机生成一个 1 到 100 之间的数字。

2）用户尝试猜测这个数字，程序提示用户“恭喜你！你猜对了！”、“太大了，再试一次。”或“太小了，再试一次。”，直到猜中为止。

3）记录用户猜测的次数，并在猜对后显示猜测的次数。

8.3.2 知识准备

1. 随机数的生成

Python 中的 random 模块提供了生成随机数的函数，它非常适合用于游戏开发、模拟、数据分析等场景。如果在程序中使用随机数函数，必须使用 import random 语句导入 random 模块。表 8-6 介绍了随机数函数的具体使用。

表 8-6 随机数函数

语法规则	功能	说明
random.randint(a, b)	生成随机整数	生成一个在[a,b]范围内的随机整数
random.random()	生成随机浮点数	生成一个[0.0, 1.0)范围内的随机浮点数
random.choice(sequence)	随机选择元素	从一个序列（如列表、元组）中随机选择一个元素
random.shuffle(sequence)	随机打乱序列	可以随机打乱一个可变序列（如列表）的顺序
random.sample(population,k)	生成随机样本	从一个序列中随机选择 k 个不重复的元素
random.seed(a)	设置随机种子	设置随机数生成的种子

2. 格式化输出

因为 Python 输出函数的一般用法已在 8.2 节中介绍过，所以这里主要介绍 Python 输出函数的格式化输出，如表 8-7 所示。

表 8-7 格式化输出方法

方法	说明	示例
f-string	f-string 是 Python 3.6 引入的格式化字符串方法，简洁高效	name = "Alice" age = 25 print(f"{name} 今年 {age} 岁。") 输出结果：Alice 今年 25 岁
str.format()	Python 中传统的字符串格式化方法	name = "Bob" age = 30 print("{} 今年 {} 岁。".format(name, age)) 输出结果：Bob 今年 30 岁

3. 循环语句

循环即有规律的重复，是程序设计中非常重要的控制结构之一。在程序设计中，循环结构用循环语句表达，根据循环语句中的条件决定是否执行代码块。一般来说，循环由循环条件和循环体两个要素组成。其中，循环体是重复执行的部分，而循环条件由一个计算结果为真或假的表达式表示。在 Python 中，循环语句有 for 语句和 while 语句。表 8-8 介绍了循环语句的语法规则及示例。

表 8-8 循环语句的语法规则及示例

循环类型	语法规则	执行特点	示例

for	for 变量 in 序列:
	    循环体
		for 循环用于遍历一个序列（如列表、字符串、范围等），并对序列中的每个元素执行代码块	# 输出 0 到 4 的整数
			for i in range(5):
			    print(i,end=" ")
			#输出结果：
			0 1 2 3 4

while	while 条件:
	    循环体
		while 循环在条件为真时重复执行代码块，直到条件为假	#计算 1 到 10 的和
			total = 0
			i = 1
			while i <= 10:
			    total += i
			    i += 1
			print(f"1 到 10 的和是：{total}")
			#输出结果：
			1 到 10 的和是：55

在循环中，还可以使用一些控制语句来改变循环的行为。

（1）break

用于提前退出循环。读者可以运行下面的代码，体会 break 的功能。

```
while True:
    user_input = input("请输入命令（输入'退出'结束程序）：")
    if user_input == "退出":
        break
```

（2）continue

用于跳过当前循环迭代，直接进入下一次迭代。读者可以运行下面的代码，体会 continue 的功能。

```
for i in range(10):
    if i % 2 == 0:
        continue
    print(i)
```

8.3.3 代码实现

1. 任务分析

在 8.2 节的猜数字游戏中只给一次猜测机会，无论猜对与否程序直接结束，使用户意犹未尽。本节进行改进，用户可以猜无数次，每次猜测都要给出“太大了”“太小了”，直到猜中时程序结束，并记录猜测的次数。

2. 实现思路

1）变量的定义。在猜数字游戏的改进中除了 number_to_guess 和 user_guess 两个变量外，在程序结束时还要求输出用户猜测的次数，所以还需要增加一个变量来计数次数，假设这里定义为 attempts。到此，变量设计结束。

2）算法。与 8.2 节相比，此次任务的输入信息仍然是用户猜测的数字，输出的内容似乎大致一样。但是在优化方案中，如果用户没猜中，可以继续猜（即输入）。这样就需要设计一个循环结构实现优化方案。

循环条件：没有猜中。

循环体：

用户输入猜测的数字存入 user_guess；

累计猜测次数 attempts；

比较 number_to_guess 与 user_guess，如果相等循环结束，否则根据比较结果输出对应信息后继续猜测。

具体算法流程如图 8-7 所示。

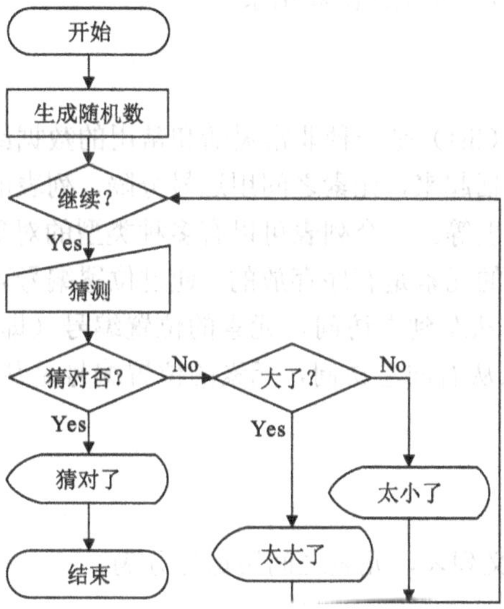

图 8-7　优化后的猜数字游戏流程图

3. 参考代码

```
import random                #导入 random 模块

#将计算机生成的 1～100 范围的随机整数存在变量 number_to_guess 中
number_to_guess = random.randint(1, 100)
attempts = 0
while True:
#将用户输入的字符串转换成整数存放在变量 user_guess 中
    user_guess = int(input("请输入一个 1 到 100 之间的数字："))
    attempts += 1            #计算猜测次数
    #处理并输出
    if user_guess < number_to_guess:
        print("太小了！再试一次。")
```

```
        elif user_guess > number_to_guess:
            print("太大了！再试一次。")
        else:
            print(f"恭喜你！你猜对了！数字是{number_to_guess}")
            break
```

8.4 石头、剪刀、布游戏

8.4.1 任务要求

1）用户和计算机进行石头、剪刀、布游戏。

2）用户输入自己的选择，计算机随机生成选择。

3）根据规则判断胜负，并统计游戏结果。

8.4.2 知识准备

在 Python 中，列表（list）是一种非常灵活和常用的数据结构，是一种可变序列类型。列表的元素用方括号括起来，元素之间用逗号分隔。列表的元素可以是任何类型对象，如数字、字符串、列表等。一个列表可以有多种类型的对象，元素个数不限，也可以不包括任何元素。列表的元素是有序存放的，通过位置编号可以访问列表中的任何一个元素。列表的元素可以从左到右访问，元素的位置编号（即索引）是从 0 开始依次递增的连续整数；也可以从右向左访问，元素的位置编号是从-1 开始依次递减的连续整数。

1. 创建列表

使用方括号“[]”定义列表，元素之间用逗号分隔。

示例：

```
    fruits = ['apple', 'banana', 'cherry']  #定义了一个列表 fruits，其中包括3 个字符串
    numbers = [1, 2, 3, 4, 5]     #定义了一个列表 numbers，其中包括 5 个整数
    mixed_list = [1, 'hello', 3.14, True]
    """
    定义了一个列表 mixed_list，其中包括 4 个类型不同的元素，分别为整数 1，字符串 hello，浮点数 3.14 和布尔量 True
    """
    empty_list = []               #定义了一个空列表 empty_list
```

2. 访问列表元素

（1）使用索引访问列表中的元素，索引从 0 开始

示例：

```
    fruits = ['apple', 'banana', 'cherry']
    print(fruits[0])      # 输出：apple
    print(fruits[2])      # 输出：cherry
```

（2）也可以使用负索引从列表末尾开始访问

```
print(fruits[-1])    # 输出: cherry
print(fruits[-2])    # 输出: banana
```

在使用列表时要特别注意，表是可变的（mutable），即可以修改其内容。列表可以存储不同类型的数据，但通常建议存储相同类型的数据以方便操作。

8.4.3　代码实现

1. 任务分析

在前两节的游戏中，程序运行过程中，计算机只生成一个随机数，然后由用户猜测，也就是计算机以不变应万变。本节任务要求计算机实时参与互动，即每一局计算机和用户都要随机选择“石头、剪刀、布”，然后根据游戏规则判断输赢，而且游戏结束与否由用户自己决定，游戏结束时需要分别输出计算机和用户的得分。

2. 实现思路

（1）变量设计

与猜数字游戏一样，在本节任务中也有两个量，即计算机随机选择的数据和用户选择的数据。这两个量也是不确定的，所以需要定义两个变量（如 computer_choice 和 user_choice）。但是不同的是，在限定的范围内（石头、剪刀、布）选择，这样就需要定义一个序列（如 choices）。

```
choices=["石头","剪刀","布"]
```

除此之外任务要求分别记录计算机和用户的得分，所以还需要增加两个变量保存（如 user_score、computer_score），到此本任务中涉及的数据设计结束。

（2）算法

本游戏的比赛规则：

- “布”遇到“石头”，布赢，选择“布”的一方得分；
- “石头”遇到“剪刀”，石头赢，选择“剪刀”的一方得分；
- “剪刀”遇到“布”，剪刀赢，选择“剪刀”的一方得分；
- 两者相同属于平局，都不得分。

本程序重复的内容（循环体）是：

a）用户输入“剪刀”、“石头”、“布”或“退出”存入 user_choice；

b）如果用户输入 user_choice 为“退出”，程序结束；

c）否则：

计算机从序列["剪刀","石头","布"]中随机选择存入 computer_choice；

比较用户的输入 user_choice 和计算机的选择 computer_choice，根据游戏规则选择计分与否或者给赢的那一方加分；

d）跳转到 a）。

具体算法流程如图 8-8 所示。

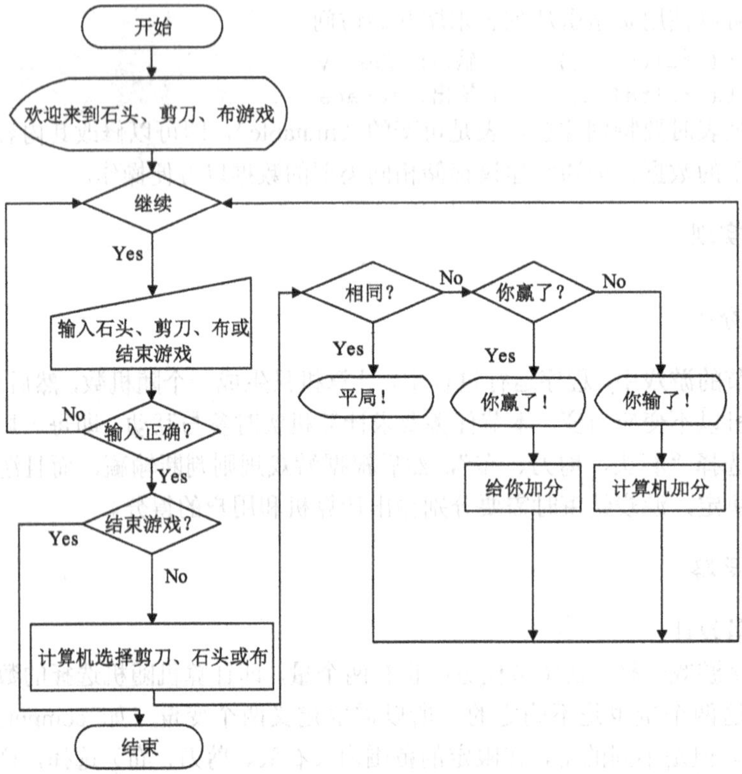

图 8-8　石头、剪刀、布游戏流程图

3. 参考代码

```
import random                           #导入随机函数模块

choices = ["石头", "剪刀", "布"]  #创建序列
user_score = 0                          #初始化用户得分
computer_score = 0                      #初始化计算机得分

print("欢迎来到石头、剪刀、布游戏！")

while True:                             #游戏开始
    user_choice = input("请输入你的选择（石头、剪刀、布），或输入'退出'结束游戏：")

    if user_choice == "退出":
        print(f"游戏结束！用户得分：{user_score}，计算机得分：
{computer_score}")
        break                           #游戏结束

    if user_choice not in choices:      #判断用户输入是否有效
        print("无效输入，请重新选择！")
```

```
            continue                          #跳转到 while True:处

        computer_choice = random.choice(choices)
        print(f"计算机选择了：{computer_choice}")

        if user_choice == computer_choice:
            print("平局！")
        elif (user_choice == "石头" and computer_choice == "剪刀") or \
             (user_choice == "剪刀" and computer_choice == "布") or \
             (user_choice == "布" and computer_choice == "石头"):
            print("你赢了！")
            user_score += 1
        else:
            print("你输了！")
            computer_score += 1
```

8.5　AI 辅助编程

8.5.1　AI 代码生成

前面几节简单地介绍了 Python 基本语法和控制结构，但是 Python 语言包含的内容非常丰富而且还在扩展着，这一特点决定了要学习的内容需要不断更新和扩展。本节以“智能机器聊天机器人”为例为读者推荐 AI（以 Kimi 为例）辅助进一步学习 Python。

打开网络浏览器，在地址栏中输入“https://kimi.moonshot.cn”网址，进入 Kimi 官方网站，如图 8-9 所示。在该界面中，用户可以在文本框输入自己的问题与 Kimi 进行对话，也可以单击窗口侧边栏中的 按钮，开始新的对话，还可以单击 按钮查看聊天历史记录。

图 8-9　Kimi 官方网站

1. AI问答策略与技巧

向 AI 合理提问时采用清晰的逻辑和结构化表达能显著提升 AI 回答的准确性和效率。以下是经过验证的提问策略与技巧。

（1）明确问题

1）简洁明了。尽量用简洁的语言表达问题的核心，避免冗长复杂的句子。例如，想了解某个历史事件，可以直接问“××事件的起因是什么？”，而不是“我想问一下那个很久以前的××事件，它为什么会发生呢？”。

2）具体明确。明确指出你想要了解的内容，避免模糊不清的表述。例如，想了解某种疾病的治疗方法，要问“××疾病的主流治疗方法有哪些？”，而不是“××疾病怎么治？”。

3）避免歧义。确保问题的表述不会产生多种理解。例如，“我想知道这个产品好不好”可能让人不清楚是问质量、性价比还是外观等方面，可以改为“这个产品的质量可靠吗？”或“这个产品的性价比高不高？”等提问。

（2）提供背景信息

1）相关背景。如果问题是针对某个特定情境或领域的，提供一些背景信息可以帮助 AI 更好地理解问题。例如，问一个技术问题时，可以说明使用的设备、软件版本等信息。

2）上下文关联。如果有连续性的问题，应保持上下文的连贯性，让 AI 能够理解问题之间的关联。例如，先问“××公司的发展历程”，再问“××公司的核心竞争力是什么？”，可以让 AI 在回答第二个问题时结合第一个问题的内容。

（3）合理引导

1）指定范围。如果希望得到特定范围内的答案，可以在问题中明确指出。例如，“请列举近十年来××领域的重大突破”。

2）期望格式。如果对答案的格式有要求，如希望是列表、段落、表格等形式，可以在提问时说明。例如，“请以表格形式列出××产品的优缺点”。

3）限制条件。如果有特定的限制条件，如时间、数量等，也要在问题中体现。例如，“请列举3种常见的××解决方案”。

（4）适当的提问方式

1）直接提问。对于简单明确的问题，直接提问即可。例如，“××的中文意思是？”

2）引导性提问。对于需要深入探讨的问题，可以采用引导性提问。例如，“××理论对现代社会有哪些影响？”

3）假设性提问。对于一些需要推测或假设的情况，可以采用假设性提问。例如，“如果××技术普及，会带来哪些变化？”

通过系统化的问题设计和持续优化，可使 AI 输出准确率提升 40%以上[美国斯坦福大学以人为本人工智能研究院（Institute for Human-Centered AI，HAI）2023 年实验数据]。关键是在交互中建立清晰的“提问—反馈—修正”循环机制，逐步训练 AI 理解用户的思维模式和需求偏好。

2. AI编程的局限

现在AI编程虽然取得了显著进展，但仍存在诸多局限性，主要表现在以下几个方面。

（1）代码质量和可靠性问题

1）生成代码质量参差不齐。AI生成的代码在某些情况下可能达不到生产标准，存在逻辑错误、性能问题或安全隐患。例如，在单元测试用例生成方面，AI生成的代码可能因缺乏真实项目数据、测试边界不明确等原因导致编译不通过。

2）调试困难。AI生成的代码结构可能较为混乱，缺乏可维护性，且在调试时容易引入新的问题，甚至陷入“局部最优解”的陷阱。

（2）复杂任务处理能力有限

1）复杂算法优化不足。AI在处理复杂算法优化时，难以像人类专家那样深入分析时间复杂度和空间复杂度，并灵活调整算法参数。例如，在高维数据下的聚类算法优化中，AI难以根据数据分布特性灵活切换算法或调整初始化方法。

2）系统架构设计短板。AI在设计复杂系统架构时，难以像经验丰富的架构师一样，全面考虑性能、可扩展性、可靠性等因素。例如，在设计分布式电商系统时，AI可能忽略CAP定理的权衡、服务降级机制等关键设计要素。

3）复杂业务逻辑理解障碍。AI在处理涉及复杂业务逻辑的场景时，往往只能处理表面的代码生成，难以深入理解背后的业务规则。例如，在金融领域的衍生产品定价模型中，AI可能忽略关键风险因素，导致定价偏差。

（3）对人类意图和上下文理解不足

1）人类意图理解困境。AI难以精准理解人类的模糊需求。例如，当产品经理提出“打造一个具有社交互动功能的App”时，AI无法准确界定“社交互动”的具体形式。

2）上下文长度限制。AI的上下文窗口[令牌（token）数量]有限，无法处理过多的代码或复杂的项目。在大型项目中，AI很难一次性“记住”所有细节，容易遗漏重要部分。

（4）创新和适应能力不足

1）创新能力局限。AI在需要突破性创新的场景中，仍依赖人类设定方向。例如，在图像处理算法的性能突破中，关键的创新思路仍来自人类工程师。

2）适应新技术能力不足。AI模型基于历史数据训练，对新技术（如最新版本的API）的支持能力有限。在处理小众技术栈或冷门框架时，AI容易给出错误或过时的代码。

（5）安全和伦理问题

1）安全漏洞风险。AI生成的代码可能无意中引入安全漏洞，如SQL注入、缓冲区溢出等。测试显示，未经审查的AI生成代码中，每千行平均存在3.7个高危安全漏洞。

2）版权和伦理问题。AI生成的代码可能涉及版权争议，如包含GPL协议冲突。此外，AI在训练过程中可能使用未经授权的代码片段，引发法律纠纷。

总之，尽管AI编程工具在提高效率和处理简单任务方面表现出色，但在复杂任务处理、代码质量、创新能力和安全伦理等方面仍存在显著局限。开发者在使用AI编程工具时，需要结合自身经验和专业知识，对AI生成的代码进行仔细审查和优化，以确保其可靠性和安全性。

了解了 AI 的使用方法和特点后，现在要 AI 辅助实现一个“智能聊天机器人”。因为前期已经向 Kimi 提出了大量的有关 Python 的问题，所以在对话框中输入的问题是“已学内容分支、循环和列表，实现一个‘智能聊天机器人’Python 脚本”。

下面是 Kimi 给出的脚本。

```
import random

# 定义回复规则和记忆列表
responses = {
    "问候": ["你好！", "嗨~", "在呢"],
    "天气": ["今天晴天", "可能要下雨哦"],
    "笑话": ["为什么程序员分不清万圣节和圣诞节？因为 Oct 31 == Dec 25！"],
    "默认": ["能再说详细点吗？", "有趣的话题！", "我在听呢~"]
}
chat_history = []

print("机器人：你好！输入'退出'结束对话")
while True:
    user_input = input("你：").strip()
    if user_input.lower() == "退出":
        print("机器人：再见！")
        break

    # 记录历史（限制最多记住 5 条）
    chat_history.append(user_input)
    if len(chat_history) > 5:
        chat_history.pop(0)

    # 判断意图
    response_sent = None
    for intent, keywords in {"问候": ["你好", "嗨"], "天气": ["天气", "
下雨"], "笑话": ["笑话"]}.items():
        if any(keyword in user_input for keyword in keywords):
            response_sent = random.choice(responses[intent])
            break

    # 处理未识别意图
    if not response_sent:
        # 尝试关联历史
        if "刚才" in user_input and chat_history:
            response_sent = f"您之前说过：{chat_history[-2]}"
        else:
            response_sent = random.choice(responses["默认"])

    print("机器人：" + response_sent)
```

8.5.2　案例演示

打开 Python 脚本运行器 IDLE，选择“File”→“New File”命令，进入脚本编辑窗口，复制 Kimi 生成的脚本，然后选择“Run”→“Run Module”命令或者按 F5 运行脚本，在弹出的对话框（图 8-10）中单击“确定”按钮，在接着弹出的“另存为”对话框（图 8-11）中保存脚本为.py 文件。

图 8-10　运行前保存提示对话框

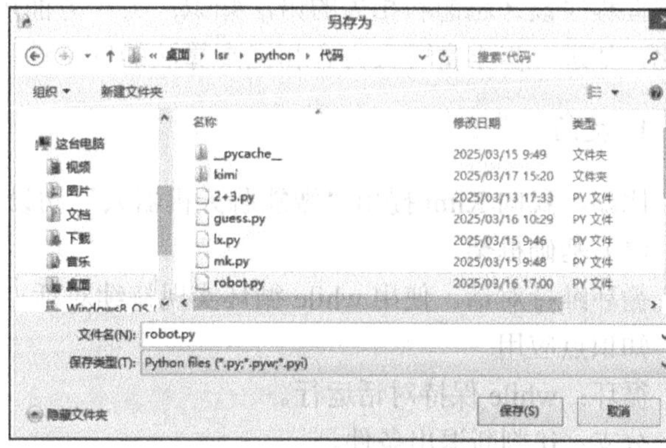

图 8-11　保存脚本对话框

界面跳转到脚本运行窗口，在该窗口中可以进行人机对话。如果用户依次输入“嗨”“今天天气如何？”“讲个笑话吧”“为什么”“呵呵”“我刚才说了什么”“再见”“退出”，即可看到如图 8-12 所示的效果。

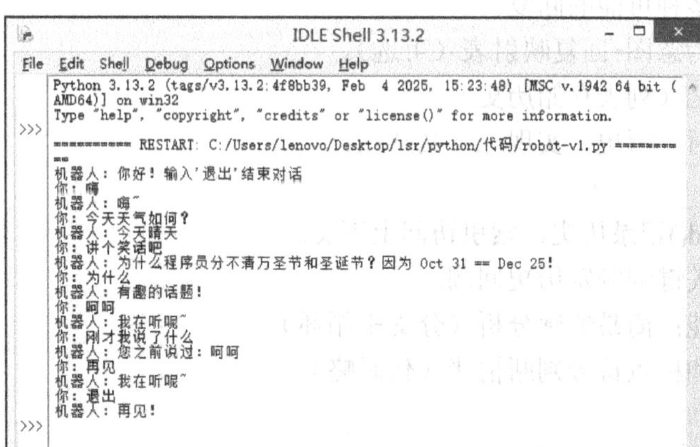

图 8-12　人机对话

8.5.3　人机协同

人机协同是指人类与人工智能系统（包括机器人、AI 等）之间的互动与合作，旨在利用各自的优势，共同完成任务。它强调人类与机器的互补性，人类具备丰富的情感、直觉与创造力，能够在复杂情境中做出灵活判断，而人工智能则擅长数据处理、模式识别与高效计算。

人机协同的应用场景非常广泛。在教育领域，人机协同可以提供个性化的学习资源和教学方法。例如，现要求读者完成“智能聊天机器人”代码编写，仅仅凭借前面所学的Python知识是远远不够的，这时可以与AI协同，让AI辅助完成。用户可以采用AI的嵌入（embedding）模式，把AI作为工具，通过输入提示词来设定目标（即设问），AI根据提示词完成“代码生成、逻辑补全”等任务。此外，一方面用户可以对生成的代码进行提问，如代码实现的设计思路和代码中陌生的语法（即疑问）描述等，以进一步掌握程序设计思想和相关的语法知识；另一方面可以根据AI给出的提示对代码进行优化，如进一步丰富聊天内容和提高算法的安全性。

1. 提问

比如，我向Kimi提出“智能聊天机器人”的设计思路。Kimi会给出如下内容。

（1）基础框架

循环维持对话。使用while循环实现持续对话，直到用户输入退出指令。

知识点应用

循环：while保持对话运行。

分支：if判断退出条件。

（2）关键词匹配（分支结构）

用if-elif-else和in运算符识别用户意图。

知识点应用

分支：多条件判断用户意图。

列表：存储多种可能的回复。

字典：扩展为意图-回复映射表（可选）。

（3）动态记忆（列表存储历史）

用列表记录对话历史，实现上下文感知。

知识点应用

列表：append()记录历史，索引访问上下文。

分支：通过关键词触发历史回溯。

（4）增强功能：简易情感分析（分支＋循环）

结合关键词和标点符号判断情绪（代码略）。

知识点应用

循环：遍历情感关键词列表

分支：for-else结构处理未匹配情况

（5）完整代码示例

代码略。

（6）扩展方向

1）文件存储：用列表读写对话日志到.txt文件。

2）糊匹配：结合difflib库处理拼写错误（如difflib.get_close_matches()）。

3）API集成：调用免费天气API实现实时数据（需要网络请求知识）。

对于一个初学者来说，通过 Kimi 的解答，用户可以了解代码的设计思路，便于理解脚本的框架结构。

2. 代码解读

对 Kimi 生成的脚本如果不理解，可以继续提问。例如，对于代码段

```
responses = {
    "问候": ["你好！", "嗨~", "在呢"],
    "天气": ["今天晴天", "可能要下雨哦"],
    "笑话": ["为什么程序员分不清万圣节和圣诞节？因为 Oct 31 == Dec 25！"],
    "默认": ["能再说详细点吗？", "有趣的话题！", "我在听呢~"]
}
```

不甚了解，可以将其复制粘贴至 Kimi 的文本框进行提问，如图 8-13 所示。

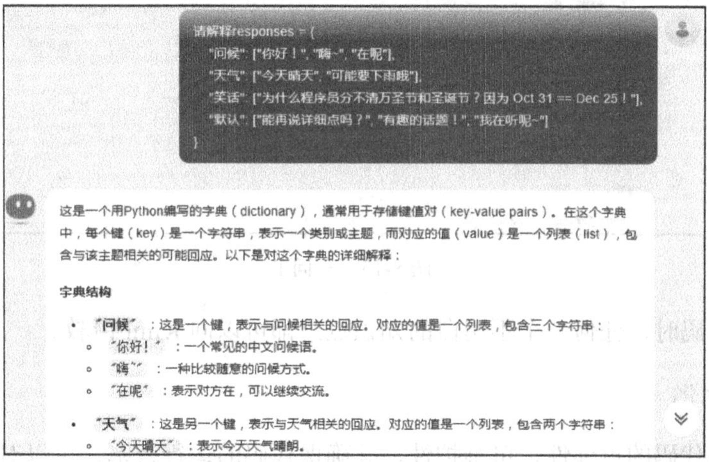

图 8-13 一问 responses

又如，读不懂下列代码段中的 any，可以继续提问，如图 8-14 所示。

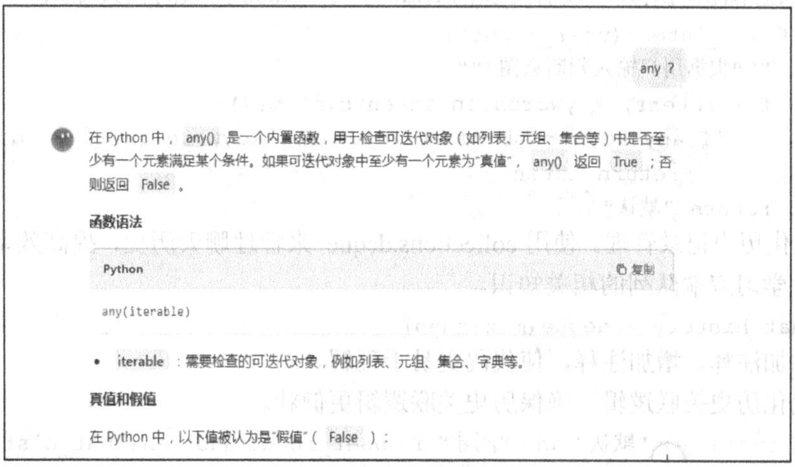

图 8-14 二问 any

```
    if any(keyword in user_input for keyword in keywords):
            response_sent = random.choice(responses[intent])
            break
```

再如，我不明白下面代码中的“f”是何意，可以继续向 Kimi 提问，如图 8-15 所示。

```
    response_sent = f"您之前说过：{chat_history[-2]}"
```

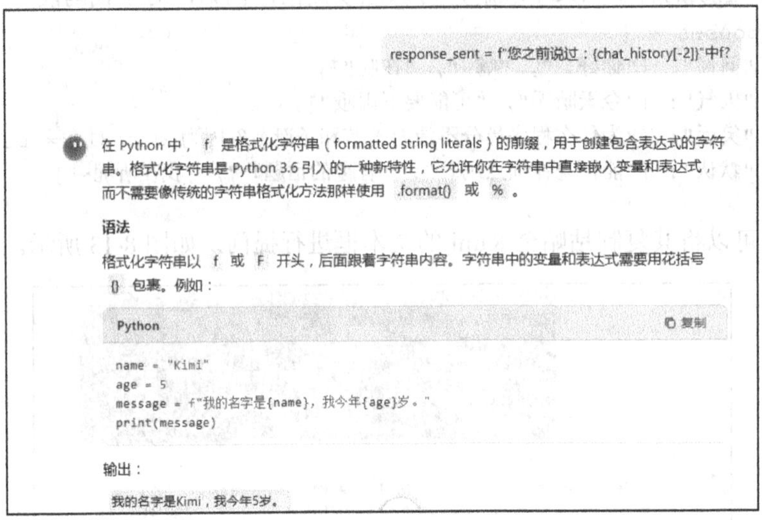

图 8-15 三问 f

在阅读代码时，任何一个不明白的知识点，都可以向 Kimi 请教。

3. 代码优化

为了提高代码的可读性、可维护性，并确保代码的运行效率，可以对 Kimi 给出的代码进一步优化。

1）提取意图识别为函数。将意图识别逻辑封装到一个函数中，使主循环更简洁。下面是提取意图识别函数。读者可以向 Kimi 学习 Python 函数的相关知识。

```
def get_intent(user_input):
    """根据用户输入判断意图"""
    for intent, keywords in intents.items():
        if any(keyword in user_input for keyword in keywords):
            return intent
    return "默认"
```

2）优化历史记录管理。使用 collections.deque 来管理聊天历史，提高效率。读者可以向 Kimi 学习双端队列的相关知识。

```
chat_history = deque(maxlen=5)
```

3）添加注释。增加注释，使代码更易于理解。

4）优化历史关联逻辑。确保历史关联逻辑更健壮。

```
if intent == "默认" and "刚才" in user_input and len(chat_history) > 1:
    response_sent = f"您之前说过：{chat_history[-2]}"
```

下面是优化代码。

```
import random
from collections import deque

# 定义回复规则
responses = {
    "问候": ["你好！", "嗨~", "在呢"],
    "天气": ["今天晴天", "可能要下雨哦"],
    "笑话": ["为什么程序员分不清万圣节和圣诞节？因为 Oct 31 == Dec 25！"],
    "默认": ["能再说详细点吗？", "有趣的话题！", "我在听呢~"]
}

# 定义意图和关键词
intents = {
    "问候": ["你好", "嗨"],
    "天气": ["天气", "下雨"],
    "笑话": ["笑话"]
}

# 使用 deque 管理聊天历史，限制最多记住 5 条
chat_history = deque(maxlen=5)

def get_intent(user_input):
    """根据用户输入判断意图"""
    for intent, keywords in intents.items():
        if any(keyword in user_input for keyword in keywords):
            return intent
    return "默认"

print("机器人：你好！输入'退出'结束对话")
while True:
    user_input = input("你：").strip()
    if user_input.lower() == "退出":
        print("机器人：再见！")
        break

    # 记录历史
    chat_history.append(user_input)

    # 判断意图
    intent = get_intent(user_input)
    response_sent = random.choice(responses[intent])

    # 尝试关联历史
    if intent == "默认" and "刚才" in user_input and len(chat_history) > 1:
```

```
            response_sent = f"您之前说过：{chat_history[-2]}"

        print("机器人：" + response_sent)
```

在这段代码中，优化了人机对话规则；进行了模块划分；为了提高代码的运行效率引入了双端队列；添加了注释增加了可读性。

总之，通过人机协同，根据个体的个性化需求，AI 可以给出合理的应答。用户可以通过“设问”、“疑问”及“提问”的方式与 AI 进行交互，与 AI 协同实现任务，达到自己的目标。

第 9 章　人工智能技术及其应用

问题与情景

在技术高速迭代的智能时代，人工智能作为计算机科学与心理学、哲学等多学科深度交叉的新兴领域，正从理论探索向场景落地加速演进。面对技术融合的复杂性（如算法、硬件、数据的协同）、应用场景的多样化（如机器人、语言识别、自然语言处理等），以及理论创新与实践转化的脱节问题，如何系统理解技术内核、精准把握应用价值并实现跨学科知识迁移，已成为当代学习者的需求。

学习目标

理解人工智能的基本概念和发展历程；理解人工智能在各个领域的主要应用，并能够结合实际，深入思考问题，结合本专业进行融会贯通；了解人工智能的核心算法和基本思想；初步掌握人工智能当前的实践应用，如 DeepSeek、豆包等。培养学生团队合作能力。

9.1　人工智能概述

9.1.1　人工智能的定义

人工智能是用人工的方法在机器（计算机）上实现的智能，或者说是使机器具有类似于人的智能。由于人工智能是在机器上实现的，因此，又被称为机器智能（machine intelligence）。关于“人工智能”的含义，早在它被正式定义之前，就由图灵提出了。1950 年，他发表了题为《计算机器与智能》（Computing Machinery and Intelligence）的论文，文章以“机器能思维吗？”开始，论述并提出了著名的“图灵测试”，形象地指出了什么是人工智能及机器应该达到的智能标准。图灵在这篇论文中指出，与其追问机器是否能思维，不如通过如下测试来判断：让人与机器分别在两个房间里，双方可以通过文字交流，但无法看到对方，如果通过对话，人类不能分辨对方是人还是机器，那么就可以认为这台机器达到了人类智能的水平。

现在许多人仍把图灵测试作为衡量机器智能的准则。但也有许多人认为图灵测试仅仅反映了结果，没有涉及思维过程。即使机器通过了图灵测试，也不能认为机器具有智能。针对图灵测试，美国哲学家约翰·塞尔（John Searle）在 1980 年设计了“中文屋”思想实验以说明这一观点。在“中文屋”思想实验中，一个完全不懂中文的人在一间密闭的屋子里，有一本中文处理规则的书，他不必理解中文就可以使用这些规则。屋外的测试者不断通过门缝给他传递一些写有中文语句的纸条，他在书中查找处理这些中文语句的规则，根据规则将一些中文字符抄在纸条上作为对相应语句的回答，并将纸条递出房间。这样，从屋外的测试者看来，仿佛屋里的人是一个以中文为母语的人，但他实际上并不理解他所处理的中文，也不会在此过程中提高自己对中文的理解。用计算机模拟这个系统，可以通过图灵测试，这说明一个按照规则执行的计算机程序不能真正理解其输入、输出的意义。许多人对塞尔的“中文屋”思想实验进行了反驳，但还没有人能够彻底将其驳倒。实际上，要使机器达到人类智能的水平是非常困难的，但是，人工智能的研究正朝着这个方向前进，图灵的梦想总有一天会变成现实。2014 年，图灵测试举办方英国雷丁大学宣称俄罗斯科学家弗拉基米尔·维西罗夫（Vladimir Veselov）开发的人工智能软件尤金·古斯特曼（Eugene Goostman）通过了图灵测试，尤金让 33%的测试者相信它是人类。

人工智能是一门以计算机科学为基础，融合计算机、电子信息、心理学、哲学等多学科的交叉学科和新兴学科，它可以用于开发、模拟、延伸和扩展人的智能理论、方法和技术。通过探索人类智能的实质，生产出一种与人类思维与智能相似的智能机器。通俗地讲，人工智能就是要研究如何使机器具有能听、会说、能看、会写、能思维、会学习、能适应环境变化、能解决各种面临的实际问题等功能的一门学科。

9.1.2 人工智能的发展历程

回顾人工智能的发展历史，可将其划分为孕育、形成和发展 3 个阶段。

1. 孕育阶段（1956 年之前）

自古以来，人们就一直试图用各种机器来代替人的部分脑力劳动，以提高人们征服自然的能力。其中，对人工智能的产生、发展有重大影响的主要研究成果如下。

1）早在公元前 350 年，古希腊哲学家和思想家亚里士多德就在他的著作《工具论》中提出了形式逻辑的一些主要定律，他提出的“三段论”至今仍是演绎推理的基本依据。

2）英国哲学家弗朗西斯·培根（Francis Bacon）曾系统地提出了“归纳法”，还提出了“知识就是力量”的警句。这对于研究人类的思维过程，以及自 20 世纪 70 年代人工智能转向以知识为中心的研究都产生了重要影响。

3）德国数学家和哲学家戈特弗里德·威廉·莱布尼茨（Gottfried Wilhelm Leibniz）提出了“万能符号和推理计算”的思想，他认为可以建立一种通用的符号语言及在此符号语言上进行推理的演算。这一思想不仅为数理逻辑的产生和发展奠定了基础，而且是现代机器思维设计思想的萌芽。

4）英国逻辑学家乔治·布尔（George Boole）致力于使“思维规律”形式化和实现机械化，并创立了布尔代数。他在《思维法则》一书中首次用符号语言描述了思维活动的基本推理法则。

5）图灵在 1936 年提出了一种理想计算机的数学模型，即图灵机，为后来电子数字计算机的问世奠定了理论基础。

6）美国神经生理学家沃伦·麦克洛奇（Warren McCulloch）与沃尔特·皮茨（Walter

Pitts）在 1943 年建成了第一个神经网络模型（M-P 模型），开创了微观人工智能的研究工作，为后续人工神经网络的研究奠定了基础。

7）美国爱荷华州立大学的约翰・文森特・阿塔纳索夫（John Vincent Atanasoff）和他的研究生克利夫・贝瑞（Clifford Berry）在 1937～1941 年开发出世界上第一台电子计算机——“阿塔纳索夫-贝瑞计算机”（Atanasoff-Berry Computer，ABC）。电子计算机的迅速发展，为人工智能的研究奠定了物质基础。

由以上研究成果可以看出，人工智能的产生和发展绝不是偶然的，它是科学技术发展的必然产物。

2. 形成阶段（1956～1969 年）

1956 年夏，一群杰出的学者聚集在美国达特茅斯学院，举行了一场为期两个月的学术研讨会。这次会议由约翰・麦卡锡（John McCarthy）联合他的三位同行[马文・李・明斯基（Marvin Lee Minsky）、纳撒尼尔・罗切斯特（Nathaniel Rochester）、克劳德・艾尔伍德・香农（Claude Elwood Shannon）]共同发起。他们邀请了包括特伦查德・莫尔（Trenchard More）、亚瑟・塞缪尔（Arthur Samuel）、奥利弗・塞尔夫里奇（Oliver Selfridge）、雷・索罗莫夫（Ray Solomon off）、艾伦・纽厄尔（Allen Newell）、赫伯特・西蒙在内的 10 位年轻学者。在这次会议上，麦卡锡提议并正式采用了“人工智能”这一术语，因此他被誉为“人工智能之父”。这次会议具有划时代的意义，它宣告了人工智能作为一门新兴学科的正式诞生。随后，美国涌现出多个重要的人工智能研究组织，如纽厄尔和西蒙领导的卡内基兰德（Carnegie RAND）协作组，明斯基和麦卡锡的麻省理工学院研究组，以及塞缪尔的 IBM 工程研究组等。

这次会议之后的 10 多年间，人工智能的研究在机器学习、定理证明、模式识别、问题求解、专家系统及智能语言等方面都取得了许多令人瞩目的成就。

1）在机器学习方面，1957 年弗兰克・罗森布拉特（Frank Rosenblatt）研制成功了感知机。这是一种将神经元用于识别的系统，它的学习功能引起了科学家们广泛的兴趣，推动了连接机制的研究，但人们很快发现了感知机的局限性。

2）在数学定理证明领域，美籍华裔数学家王浩于 1958 年利用 IBM-704 计算机，仅用时 3～5 分钟便成功证明了《数学原理》中涉及命题演算的所有定理（共计 220 条），同时他还证明了谓词演算中 150 条定理的 85%；1965 年，数学家鲁宾逊（Robinson）提出了归结原理，这一原理为数学定理的机器证明领域做出了划时代的贡献。

3）在模式识别方面，1959 年塞尔夫里奇推出了一个模式识别程序；1965 年罗伯特（Roberts）编制出了可分辨积木构造的程序。

4）在问题求解方面，1960 年纽厄尔等通过心理学试验总结出了人们求解问题的思维规律，编制了通用问题求解（general problem solver，GPS）程序，可以用来求解 11 种不同类型的问题。

5）在专家系统方面，美国斯坦福大学的爱德华・费根鲍姆（Edward Feigenbaum）领导的研究小组自 1965 年开始专家系统 DENDRAL 的研究，于 1968 年完成并投入使用。该专家系统能根据质谱仪的实验，通过分析推理确定化合物的分子结构，其分析能力已接近于甚至超过有关化学专家的水平，在美、英等国得到了实际的应用。该专家系统的研制成功不仅为人们提供了一个实用的专家系统，而且对知识表示、存储、获取、推理及利用等技术是一次非常有益的探索，为以后专家系统的建立树立了榜样，对人工智能发展产生了深刻的影响，其意义远远超过了系统本身在实用性上所创造的价值。

6）在智能语言方面，1960 年麦卡锡研制出了人工智能语言 LISP（list processing，表处理），成为建造智能系统的重要工具。

1969 年成立的国际人工智能联合会议（International Joint Conference on Artificial Intelligence，IJCAI）是人工智能发展史上一个重要的里程碑，它标志着人工智能这门新兴学科已经得到了世界的广泛认可。

3. 发展阶段（1969 年以后）

自 20 世纪 70 年代起，众多国家开展了人工智能领域的研究，取得了众多显著的学术成果。1970 年创刊的国际性杂志《人工智能》（*Artificial Intelligence*）对推动人工智能的发展，促进研究者们的交流起到了重要的作用。1972 年，法国马赛大学的科麦瑞尔（Comerauer）提出并实现了逻辑程序设计语言（programming in logic，PROLOG）。斯坦福大学的爱德华·肖特利夫（Edward Shortliffe）等自 1972 年起着手开发用于诊断和治疗感染性疾病的专家系统 MYCIN。

然而，与众多新兴学科的发展历程相似，人工智能的发展并非一帆风顺。以机器翻译研究为例，其进展远不如人们最初所预想的那样简单。当时人们普遍认为，只需一部双向词典及一些基本的词法知识，便能实现两种语言文字之间的互译。但随后的研究表明，机器翻译远比想象中复杂得多。实际上，机器翻译的结果有时会引发荒谬的错误。例如，将“眼不见，心不烦”的英文“Out of sight，out of mind”翻译成俄语时，结果竟然是“又瞎又疯”；将“心有余而力不足”的英文“The spirit is willing, but the flesh is weak”翻译成俄语后再回译成英文，结果变成了“The wine is good, but the meat is spoiled”，意即“酒是好的但肉变质了”；将“光阴似箭”的英文“Time flies like an arrow”翻译成日语后再回译成英文，结果竟然是“苍蝇喜欢箭”。由于机器翻译领域出现的这些问题，英国和美国中断了对大部分机器翻译项目的资助。在问题求解、神经网络、机器学习等领域，人工智能研究同样遭遇了重重困难，陷入了暂时的停滞。

人工智能研究的先驱者们认真反思、总结前一段研究的经验和教训。1977 年，费根鲍姆在第五届国际人工智能联合会议上提出了“知识工程”的概念，对以知识为基础的智能系统的研究与建造起到了重要的作用。大多数人接受了费根鲍姆的观点。从此，人工智能的研究又迎来了蓬勃发展的以知识为中心的新时期。这个时期也称为知识应用期。

在这个时期，专家系统的研究在多个领域中取得了重大突破，各种不同功能、不同类型的专家系统如雨后春笋般地建立起来，产生了巨大的经济效益和社会效益。例如，1976 年，斯坦福大学的杜达（Duda）等研制的地矿勘探专家系统 PROSPECTOR 拥有 15 种矿藏知识，能根据岩石标本和地质勘探数据对矿藏资源进行估计和预测，能对矿床分布、储藏量、品位及开采价值等进行推断，并制定合理的开采方案。美国应用该系统成功地找到了超亿美元的钼矿。1972～1976年，费根鲍姆等研制的专家系统MYCIN能识别51种病菌，正确地处理23种抗生素，可协助医生诊断、治疗细菌感染性血液病，为患者提供最佳处方。该系统成功地处理了数百病例，并通过了严格的测试，显示出了较高的医疗水平。美国数字设备公司（Digital Equipment Corporation，DEC）的专家系统XCON能根据用户要求确定计算机的配置，由专家做这项工作一般需要3小时，而该系统只需要30秒。DEC还建立了其他一些专家系统，由此产生的净收益每年超过4000万美元。美国运通公司的信用卡认证辅助决策专家系统能够防止不应有的损失，据报道每年可节省2700万美元左右。

专家系统的成功使人们越来越清楚地认识到知识是智能的基础，对人工智能的研究必须以知识为中心来进行。由于对知识的表示、利用及获取等的研究取得了较大的进展，特别是对不确定性知识的表示与推理取得了突破，建立了主观贝叶斯（Bayes）理论、确定性理论、证据理论等，对人工智能中模式识别、自然语言理解等领域的发展提供了支持，解决了许多理论及技术上的问题。

1986年之后也称为人工智能的集成发展时期。计算智能（computational intelligence，CI）弥补了人工智能在数学理论和计算上的不足，更新和丰富了人工智能理论框架，使人工智能进入了一个新的发展时期。

人工智能在博弈中的成功应用举世瞩目。人们对博弈的研究一直抱有极大的兴趣，早在1956年人工智能刚刚作为一门学科问世时，塞缪尔就研制出了跳棋程序。这个程序能从棋谱中学习，也能从下棋实践中提高棋艺，1959年它击败了塞缪尔本人，1962年又击败了一位美国州级冠军。1991年8月在悉尼举行的第12届国际人工智能联合会议上，IBM公司研制的深思（Deep Thought）计算机系统与澳大利亚象棋冠军达瑞尔·约翰森（Darryl Johansen）举行了两场人机对抗赛，结果以1∶1平局告终。1957年，西蒙预测10年内计算机可以击败人类的世界冠军。

1996年2月10～17日，为了纪念世界上第一台电子计算机诞生50周年，美国IBM公司出资邀请国际象棋棋王卡斯帕罗夫与IBM公司的深蓝（Deep Blue）计算机系统进行了六局“人机大战”。这场比赛被人们称为“人脑与电脑的世界决战”。最终，“深蓝”以3.5∶2.5的总比分赢得这场世人瞩目的“人机大战”的胜利。这场比赛展示了计算机在速度和准确性上的优势，以及其处理复杂任务的能力。

我国自1978年开始也把“智能模拟”作为国家科学技术发展规划的主要研究课题之一，并在1981年成立了中国人工智能学会（Chinese Association for Artificial Intelligence，CAAI）。1984年，国防科学技术工业委员会召开了全国智能计算机及其系统学术讨论会，1985年又召开了全国首届第五代计算机学术研讨会。1986年起，智能计算机系统、智能机器人和智能信息处理等重大项目被列入国家高技术研究发展计划（863计划）。1987年7月，《人工智能及其应用》公开出版，成为国内首部具有自主知识产权的人工智能专著。1989年，中国人工智能联合会议（China Joint Conference on Artificial Intelligence，CJCAI）首次召开。1993年起，智能控制和智能自动化等项目被列入国家科技攀登计划。

进入 21 世纪后，更多的人工智能与智能系统研究课题获得国家自然科学基金重点和重大项目、国家高技术研究发展计划和国家重点基础研究发展计划（973 计划）项目、科学技术部科技攻关项目、工业和信息化部重大项目等各种国家基金计划支持，并与中国国民经济和科技发展的重大需求相结合。2006 年 8 月，中国人工智能学会联合其他学会和有关部门，在北京举办了“庆祝人工智能学科诞生 50 周年”大型庆祝活动。2009 年，中国人工智能学会牵头组织，向国务院学位委员会和教育部提出设置“智能科学与技术”学位授权一级学科的建议。2015 年政府工作报告提出：“人工智能技术将为基于互联网和移动互联网等领域的创新应用提供核心基础。未来人工智能技术将进一步推动关联技术和新兴科技、新兴产业的深度融合，推动新一轮的信息技术革命，势必将成为我国经济结构转型升级的新支点。”2016 年，工业和信息化部、国家发展和改革委员会、财政部等 3 部委联合印发了《机器人产业发展规划（2016—2020 年）》，同年，国家发展和改革委员会和科学技术部等 4 部门联合印发《“互联网＋”人工智能三年行动实施方案》，明确未来 3 年智能产业的发展重点与具体扶持项目，进一步体现出人工智能已被提升至国家战略高度。目前，我国在专家系统、模式识别、机器人学及汉语的机器理解等方面都取得了很多研究成果。

现在，人工智能已发展成为国家发展战略，人工智能研究与应用已在中国空前开展，硕果累累，必将为促进其他学科的发展和中国的现代化建设做出新的重大贡献。

9.1.3 人工智能的主要应用场景

1. 智能机器人

机器人是指可模拟人类行为的机器。人工智能的所有技术几乎都可以在它身上得到应用。因此，机器人不仅可作为人工智能理论、方法、技术的实验平台，其研究成果又可极大地推动人工智能研究的发展。

自 20 世纪 60 年代初研制出尤尼梅特（Unimate）和沃莎特兰（Versatran）这两种机器人以来，机器人的研究已经从低级到高级经历了 3 代的发展历程。从程序控制机器人（第一代）发展到自适应机器人（第二代），再到目前正发展的智能机器人（第三代），即具有类似于人的智能机器人。机器人具有感知环境能力，配备有视觉、听觉、触觉、嗅觉等传感器，能从外部环境中获取有关信息；具有思维能力，能对感知到的信息进行处理，以控制自己的行为；具有作用于环境的行为能力，能通过传动机构使自己的“手”“脚”等肢体动起来，正确、灵巧地执行指令。目前研制的机器人大多只具有部分智能，真正的智能机器人还处于研究之中。尽管如此，智能机器人已经迅速发展为新兴的高技术产业，并在多个领域展现出强大的应用潜力。

目前，机器人已经活跃在各种生产线上，涉及自动化、金属加工、食品和塑料等诸多行业。在机器人物流系统中，机器人取代仓库工人，从早到晚不断地抬起重物，分门别类，然后装上卡车。柯马（Comau）公司开发的生产线上分布着 250 个机器人，没有一个工人。每个工位的机器人相互合作，对生产线源头进入的汽车空壳进行焊接、上底板、上螺丝等操作。目前，柯马公司已经实现用机器人生产机器人。

2. 智能控制

智能控制就是把人工智能技术引入控制领域，建立智能控制系统。自从美籍华裔科学家傅京孙在 1965 年首先提出把人工智能的启发式推理规则用于学习控制系统以来，国内外众多的研究者投身于智能控制系统，并取得一些成果。经过 20 年努力，到 20 世纪 80 年代中叶，智能控制学科的形成条件已经逐渐成熟。1985 年 8 月，电气与电子工程师协会（Institute of Electrical and Electronics Engineers，IEEE）在美国纽约召开了新一届智能控制学术讨论会，会上集中讨论了智能控制原理和智能控制系统的结构。1987 年 1 月，IEEE 控制系统学会和计算机学会在美国费城联合召开了智能控制国际学术讨论会。这次会议向人们展示了智能控制的长足进展，也说明了高新技术的发展要求重新考虑自动控制科学及其相关领域。这次会议表明，智能控制已作为一门新学科，出现在国际科学舞台上。

智能控制具有两个显著的特点。

1）智能控制是同时具有知识表示的非数学广义世界模型和传统数学模型混合表示的控制过程，也往往是含有复杂性、不完全性、模糊性或不确定性及不存在已知算法的过程，并以知识进行推理，以启发来引导求解过程。

2）智能控制的核心在于高层控制，即组织级控制，其任务在于对实际环境或过程进行组织，即决策与规划，以实现广义问题求解。

智能控制系统的智能可归纳为以下几方面。

1）先验智能：有关控制对象及干扰的先验知识，可以从一开始就将其考虑到控制系统的设计中。

2）反应性智能：在实时监控、辨识及诊断的基础上，对系统及环境变化的正确反应能力。

3）优化智能：包括对系统性能的先验性优化及反应性优化。

4）组织与协调智能：表现为对并行耦合任务或子系统之间的有效管理与协调。

智能控制的开发，目前认为有以下 4 条途径。

1）基于专家系统的专家智能控制。

2）基于模糊推理和计算的模糊控制。

3）基于人工神经网络的神经网络控制。

4）综合以上 3 种方法的综合型智能控制。

3. 智能计算机辅助教学

智能计算机辅助教学就是把人工智能技术引入计算机辅助教学领域，以期实现对学生因材施教地进行指导。智能计算机辅助教学具备以下几方面的智能特征。

1）自动生成各种问题与练习。

2）根据学生的水平和学习情况自动选择与调整教学内容与进度。

3）在理解教学内容的基础上自动解决问题生成解答。

4）具有自然语言生成和理解能力。

5）对教学内容有理解咨询能力。

6）能诊断学生错误，分析原因并采取纠正措施。

7）能评价学生的学习行为。

8）能不断地在教学中改善教学策略。

为了实现上述智能 CAI，一般把整个系统分成专门知识、教导策略和学生模型 3 个基本模块和 1 个自然语言的智能接口。

智能 CAI 已是人工智能的一个重要应用领域，引起了人工智能界和教育界的极大关注和共同兴趣。特别是 20 世纪 80 年代以来，由于知识工程、专家系统技术的进展，使智能 CAI 与专家系统的关系日益密切。近几届美国与国际人工智能会议都把智能 CAI 的研究列入议程，甚至还召集了专门的智能教学系统会议。

4. 智能多媒体系统

多媒体技术是当前较为热门的计算机研究领域之一。多媒体计算机系统是能综合处理文字、图形、图像和声音等多种媒体信息的计算机系统。智能多媒体系统就是将人工智能技术引入多媒体系统，使其功能和性能得到进一步发展和提高。事实上，多媒体技术与人工智能所研究的机器感知、机器理解等技术也不谋而合。因此，智能多媒体实际上是人工智能与多媒体技术的有机结合。人工智能的计算机视听觉、语音识别与理解、语音翻译、信息智能压缩等技术运用于多媒体系统，将会使现在的多媒体系统产生质的飞跃。目前，基于视频的动画技术、对环境感知的动画生成、虚拟中文打字机等都成为热点研究课题。

5. 人工生命

1987 年，计算机科学家克里斯托弗·兰顿（Christopher Langton）博士在美国洛斯阿拉莫斯国家实验室（Los Alamos National Laboratory，LANL）召开的“生成及模拟生命系统的国际会议”上首先提出人工生命（artificial life，AL）的概念。

人工生命是以计算机为研究工具，模拟自然界的生命现象，生成表现自然生命系统行为特点的仿真系统。人工生命主要研究天体生物学、宇宙生物学、自催化系统、分子自装配系统、分子信息处理等的生命自组织和自复制；研究多细胞发育、基因调节网络、自然和人工的形态形成理论；研究生命系统的复杂性；研究进化的模式和方式、人工仿生学、进化博弈、分子进化、免疫系统进化、学习等；研究具有自治性、智能性、反应性、预动性和社会性的智能主体的形式化模型、通信方式、协作策略；研究生物感悟的机器人、自治和自适应机器人、进化机器人、人工脑。

9.2 人工智能基本技术

9.2.1 主要研究领域

1. 模式识别

模式识别，作为一门研究对象描述与分类方法的学科，专注于分析和识别信号、图像或普通数据中的模式。模式是对物体或其他感兴趣实体进行定量或结构描述的手段，而模式类则是指一组具有共同属性的模式集合。机器模式识别的核心在于研究一种自动化技术，使机器能够自主或在最低程度的人工干预下，将模式归类到相应的模式类中。传统模式识别方法包括统计模式识别和结构模式识别等。近年来，随着模糊数学和人工神经网络技术的快速发展，催生了模糊模式识别、神经网络模式识别等新兴方法，展现了广阔的发展前景。

2. 机器视觉

机器视觉，又称计算机视觉，旨在利用机器模拟人类视觉系统进行测量和判断。机器视觉通常涵盖低层视觉与高层视觉两个范畴。低层视觉主要负责图像的预处理工作，包括边缘检测、运动目标检测、纹理分析、立体建模及曲面色彩等，其核心目的在于使视觉对象更为显著。此阶段尚未达到理解层面。高层视觉则着重于对对象的理解，需要掌握与对象相关的知识体系。机器视觉的前沿研究课题包括实时图像的并行处理、压缩、传输与复原，三维场景的建模与识别，以及动态和时变视觉等。

机器视觉系统通过图像摄取装置将目标转换为图像信号，传递至特定的图像处理系统。该系统依据像素分布、宽度、颜色等信息，将图像信号转换为数字信号，并对这些信号执行各种运算，以提取目标特征。基于运算结果，系统能够做出判断，并据此控制现场设备的运作。

机器视觉的核心研究目标在于赋予计算机通过二维图像认知三维环境信息的能力，使其能够感知并处理三维环境中物体的形状、位置、姿态、运动等几何信息。

机器视觉与模式识别在很大程度上存在交集，但两者的主要差异在于机器视觉更侧重于三维视觉信息的处理，而模式识别则主要关注模式的分类。此外，模式识别的研究范畴还包括听觉等非视觉信息。

3. 自然语言理解

自然语言理解是研究如何让计算机理解人类自然语言，实现人与计算机之间用自然语言进行通信的理论与方法，是人工智能中一个十分重要的研究领域。自然语言理解具体要达到以下 3 个目标。

1）计算机能正确理解人类用自然语言输入的信息，并能正确回答输入信息中的有关问题。

2）对于输入信息，计算机能够产生相应的摘要，能用不同词语复述输入信息的内容。

3）计算机能把用某一种自然语言表示的信息自动地翻译为用另一种自然语言表示的相同信息。

关于自然语言理解的研究可以追溯到20世纪50年代初期。当时由于通用计算机的出现，人们开始考虑用计算机把一种语言翻译成另一种语言的可能性，在此之后的10多年中，机器翻译一直是自然语言理解的主要研究课题。起初，主要是进行“词对词”的翻译，当时人们认为翻译工作只要进行“查词典”和简单的“语法分析”就可以了，即对一篇要翻译的文章，首先通过查词典找出两种语言间的对应词，然后经过简单的语法分析并调整词序就可以实现翻译。出于这一认识，人们把主要精力用于在计算机内构造不同语言对照关系的词典上。但是这种方法并未达到预期的效果，反而导致了一些啼笑皆非的笑话。

进入20世纪70年代后，一批采用语法-语义分析技术的自然语言理解系统脱颖而出，其在语言分析的深度和精度方面都比早期的系统有了长足的进步。其间，有代表性的系统主要有维诺格拉德（Winograd）于1972年研制的SHRDLU，伍德（Woods）于1972年研制的LUNAR，夏克（Schank）于1973年研制的MARGIE等。其中，SHRDLU是一个在“积木世界”中进行英语对话的自然语言理解系统，系统模拟一个能操作桌子上玩具积木的机器人手臂，用户通过与计算机对话使机器人操作积木块，如让它拿起、放下某个积木等。LUNAR是一个用来协助地质学家查找、比较和评价阿波罗11号飞船带回来的月球岩石和土壤标本化学分析数据的系统，是第一个实现了用普通英语与计算机对话的人机接口系统。MARGIE是根据概念依赖理论建成的一个心理学模型，目的是研究自然语言理解的过程。

进入20世纪80年代后，自然语言理解的研究更强调知识的重要作用。1990年8月，在赫尔辛基召开的第13届国际计算机语言学大会，首次提出了处理大规模真实文本的战略目标，并组织了“大型语料库在建造自然语言系统中的作用”“词典知识的获取与表示”等专题讲座，预示着语言信息处理的一个新时期的到来。

近年来，在自然语言理解的研究中，一个值得注意的事件是语料库语言学（corpus linguistics）的崛起，它认为语言学知识来自语料，人们只有从大规模语料库中获取理解语言的知识，才能真正实现对语言的理解。目前，基于语料库的自然语言理解方法还不成熟，正处于研究之中，但它是一个应引起重视的研究方向。

2012年11月，微软公司在天津公开演示了全自动的同声传译系统：讲演者用英文演讲，后台的计算机自动完成语音识别、英中机器翻译，以及中文语音合成，翻译过程非常流畅。

4. 智能信息检索

随着计算机应用的发展，存储的信息量越来越庞大，研究智能信息检索系统具有重要的理论意义和实际应用价值。智能信息检索系统应具有下述几项功能。

1）能理解自然语言，允许用户使用自然语言提出检索要求和询问。

2）具有推理能力，能根据数据存储的事实，推理产生用户要求和询问的答案。

3）系统拥有一定的常识性知识，能根据这些常识性知识和专业知识演绎推理出专业知识中没有包含的答案。例如，某单位的人事档案数据库中有下列事实："张强是采购部工作人员""李明是采购部经理"。如果系统具有"部门经理是该部门工作人员的领导"这一常识性知识，就可以对询问"谁是张强的领导"演绎推理出答案"李明"。

5. 数据挖掘与知识发现

随着计算机网络的飞速发展，计算机处理的信息量越来越大。大量信息无法得到充分的利用，造成信息浪费，甚至变成大量的数据垃圾。因此，人们开始考虑以数据库、数据仓库或其他信息库中的大量数据（大数据）作为新的知识源。数据挖掘与知识发现是 20 世纪 90 年代初期崛起的一个活跃的研究领域，是人工智能的关键问题之一。

数据挖掘的目的是从大数据中找出有意义的模式。这些模式可以是一组规则、聚类、决策树、依赖网络或其他方式表示的知识。一个典型的数据挖掘过程可以分成 4 个阶段，即数据预处理、建模、模型评估及模型应用。数据预处理阶段主要包括数据的理解、属性选择、连续属性离散化、数据中噪声及丢失值处理、实例选择等。建模包括学习算法的选择、算法参数的确定等。模型评估是进行模型训练和测试，对得到的模型进行评价。在得到满意的模型后，就可以运用此模型对新数据进行解释，即模型应用。

知识发现系统利用各种学习方法，自动处理大量的原始数据，提炼出具有必然性且有意义的知识，从而揭示蕴含在这些数据背后的内在联系和本质规律，实现知识的自动获取。知识发现是从大数据中发现知识的全过程，而数据挖掘则是这个全过程的一个特定的、关键的步骤。

9.2.2　群智能算法

1. 蚁群算法

（1）蚁群算法的原型

蚂蚁是一种常见的群居性小型昆虫，单只蚂蚁很难完成复杂的任务，但是蚁群却拥有巨大的能量。蚂蚁能够预报暴雨和洪涝气象，也能够毁坏河堤和水坝，引起水患。这个体形甚微的小生灵，作为群体表现出十分独特的生物特征和生命行为。1992 年，意大利学者马尔科・多里戈（Marco Dorigo）在他的博士论文中提出了蚁群算法。1999 年，马尔科・多里戈和詹妮・迪卡罗（Gianni Di Caro）给出了蚁群算法的一个通用框架，这个框架对蚁群算法的发展具有重要意义。同年，维托里奥・马尼佐（Vittorio Maniezzo）和阿尔贝托・科洛尼（Alberto Colorni）从生物进化和仿生学角度出发，研究蚂蚁寻找路径的自然行为，取得较好结果。

马尔科・多里戈在研究蚂蚁觅食的过程中，发现蚁群整体会表现出一些智能的行为。例如，蚁群可以在不同的环境下，寻找最短到达食物源的路径。

蚂蚁觅食路径图如图 9-1 所示。

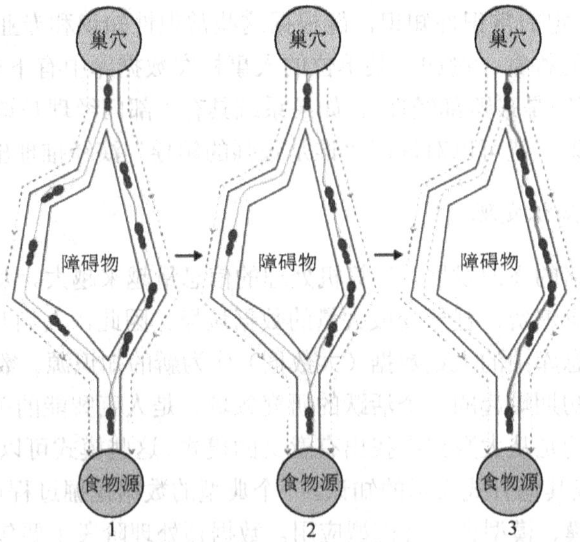

图 9-1 蚂蚁觅食路径图

由上述蚂蚁觅食模式演变而来的算法，即是蚁群算法。这种算法具有分布计算、信息正反馈和启发式搜索的特征，本质上是进化算法中的一种启发式全局优化算法。蚁群算法应用广泛，可用于处理旅行商问题（traveling salesman problem，TSP）、指派问题、车间调度问题（job shop scheduling problem）、车辆路径问题（vehicle routing problem）、图着色问题（graph coloring problem）和网络路由问题（network routing problem）等。蚁群算法在求解复杂优化问题特别是离散优化问题方面具有优势，是一种高效计算智能方法。

（2）蚁群算法的基本原理

为了说明人工蚁群系统的原理，先从蚁群觅食的过程谈起。像蚂蚁、蜜蜂等群居性昆虫，虽然单个昆虫的行为极其简单，但由每个简单的个体所组成的群体却表现出极其复杂的行为。仿生学家经过大量的细致观察和研究后发现，蚂蚁个体之间是通过一种称为外激素（pheromone）的物质进行信息传递的。蚂蚁在运动过程中，能够在所经过的路径上留下外激素，而且蚂蚁在运动过程中能够感知外激素，并以此指导自己的运动方向。因此，由大量蚂蚁组成的蚁群的集体行为表现出一种信息正反馈现象：某一路径上走过的蚂蚁越多，则后来者选择该路径的概率越大。蚂蚁个体之间就是通过这种信息的交流达到搜索食物的目的。

下面用马尔科·多里戈所举的例子进一步说明蚁群系统的原理，在图 9-1 的基础上，加入权值，设置 3 个时间点，如图 9-2 所示。

设 A 是蚂蚁的巢穴，E 是食物源，HC 为一障碍物。由于存在障碍物，蚂蚁只能绕经 H 或 C 由 A 到达 E，或由 E 到达 A。设每个时间单位内有 30 只蚂蚁由 A 到达 B，又有 30 只蚂蚁由 E 到达 D，蚂蚁经过后留下的外激素为 1。为便于讨论，设外激素停留的时间为 1。在初始时刻，由于路径 BH、BC、DH、DC 上均无外激素存在，位于 B 和 E 的蚂蚁可以随机选择路径。从统计学的角度可以认为它们以相同的概率选择 BH、BC、

DH、DC。经过一个时间单位后，路径 BCD 上的外激素是路径 BHD 上的外激素的两倍。在 t=1 时刻，将有 20 只蚂蚁由 B 和 D 到达 C，有 10 只蚂蚁由 B 和 D 到达 H。随着时间的推移，蚂蚁将会以越来越大的概率选择路径 BCD，最终完全选择路径 BCD，从而找到由蚁巢到食物的最短路径，由此证实，蚂蚁个体之间的信息交换是一个正反馈过程。

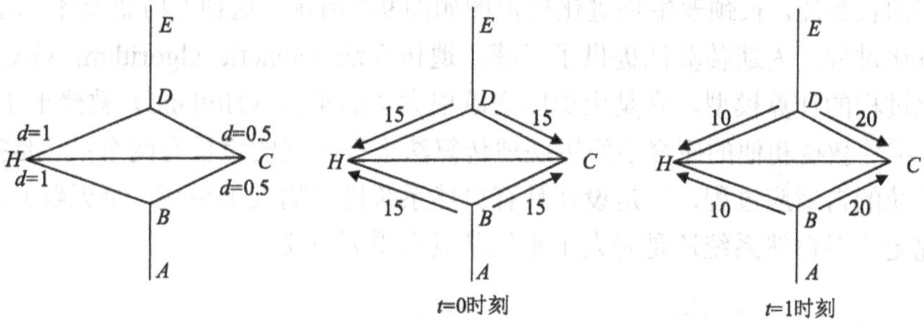

图 9-2 蚁群系统示意图

2. 遗传算法

（1）遗传算法的原型

生命自诞生以来，就开始了漫长的生物进化历程，低级、简单的生物类型逐渐发展为高级、复杂的生物类型。这一过程已经被古生物学、胚胎学和解剖学等方面的研究所证实。生物进化的原因从古至今有着各种不同的解释，其中被人们广泛接受的是达尔文的自然选择学说。

自然选择学说认为，生物要生存下去，就必须进行生存斗争。生物斗争包括种内斗争、种间斗争，以及生物与无机环境之间的斗争。在斗争之中，具有有利变异（mutation）的个体更容易存活，并且有更多的机会将有利变异遗传给后代；具有不利变异的个体容易被淘汰，将变异遗传给后代的机会也更小。因此，凡是在生存斗争中获胜的个体都是对环境适应性比较强的个体。达尔文把这种生存斗争中适者生存、不适者淘汰的过程称为自然选择。达尔文的自然选择学说表明，遗传和变异是决定生物进化的内在因素。遗传是指父代与子代之间在性状上的相似现象。变异是指父代与子代之间及子代之间在性状上的差异现象。

根据现代细胞学和遗传学的研究得知，遗传物质的主要载体是染色体，染色体主要是由脱氧核糖核酸（DNA）和蛋白质组成，其中 DNA 又是最主要的遗传物质。现代分子水平的遗传学研究有进一步证明，基因（gene）是具有遗传效应的 DNA 片段，它储存着遗传信息，可以准确地复制，也能够发生突变，并可通过控制蛋白质的合成而控制生物的性状。生物体自身通过对基因的复制（reproduction）和交叉（crossover，即基因分离、基因自由组合和基因连锁互换）的操作使其性状的遗传得到选择和控制。同时，通过基因重组、基因变异和染色体在结构和数目上的变异产生丰富多彩的变异现象。

（2）遗传算法的发现

大自然中的生物是如何在漫长岁月里不断进化，变得越来越适应环境的呢？以长颈鹿为例，在很久以前，长颈鹿祖先的脖子并没有现在这么长，它们生活在一片草原上，周围的树木长得比较高，只有那些脖子稍微长一点的长颈鹿才能吃到高处的树叶，获得更多食物，在生存竞争中更有优势，也就更容易存活下来并繁衍后代。随着时间推移，一代代长颈鹿经过不断“筛选”，脖子长的基因就被逐渐保留并强化，于是就有了我们现在看到的长颈鹿。长颈鹿生物进化模拟图如图 9-3 所示。这种“物竞天择，适者生存”的自然进化过程，为遗传算法提供了灵感。遗传算法（genetic algorithm，GA）是模拟生物进化过程的计算模型，它是由美国密歇根大学的霍兰（Holland）教授于 1975 年首先提出。霍兰教授和他的研究小组围绕遗传算法进行研究的宗旨有两个：一是抽取和解释自然系统的自适应过程，二是设计具有自然系统机理的人工系统。毫无疑问，霍兰教授的研究无论对自然系统还是对人工系统都具有重要意义。

图 9-3　长颈鹿生物进化模拟图

（3）遗传算法的基本原理

以一个例子来说明，当我们需要求解一个复杂的数学函数的最大值时，如果采用传统算法，可能需要从一个初始点出发，依照既定的规则逐步进行试探和迭代。这就像一个人在迷宫中仅依靠一条固定路径寻找出口，极易陷入死胡同，从而陷入局部最优解，即找到一个看似最佳的结果，但在更广阔的环境中可能还存在更优的答案未被发现。相比之下，遗传算法则采取了不同的策略。它首先如同撒下一张大网，随机生成众多不同的解，形成一个初始种群，每个解都类似于一个具有独特“基因”组合的生物个体。随后，通过计算每个个体的适应度（这相当于生物对环境的适应能力，在数学问题中，适应度函数通常根据目标函数来设定，目标函数值越大，适应度越高），适应度较高的个体更有可能被选中，从而将自己的“优良基因”传递给下一代。通过交叉（类似生物交配时染色体交换基因片段）和变异（类似基因突变）等操作，产生新一代个体。如此循环往复，不断筛选和进化，种群中个体的适应度逐渐提高，最终收敛至最优解，这与生物种群经过长期进化而逐渐适应环境的过程相似。

3. 粒子群优化算法

（1）粒子群优化算法的生物原型

粒子群优化（particle swarm optimization，PSO）算法是美国学者肯尼迪（Kennedy）和埃伯哈特（Eberhart）在模拟鸟群觅食过程中的迁徙和群集行为时提出的一种基于群体智能的优化算法。粒子群算法的思想源于对鸟群觅食行为的研究，鸟群通过集体的信息共享使群体找到最优的目的地。设想这样一个场景：鸟群在森林中随机搜索食物，它们想要找到食物量最多的位置。但是所有的鸟都不知道食物具体在哪个位置，只能感受到食物大概在哪个方向。每只鸟沿着自己判定的方向搜索，并在搜索的过程中记录自己曾经找到过食物且食物量最多的位置，同时所有的鸟都共享自己每一次发现食物的位置及食物量，这样鸟群就知道当前在哪个位置食物量最多。在搜索的过程中每只鸟都会根据自己记忆中食物量最多的位置和当前鸟群记录的食物量最多的位置调整自己接下来搜索的方向。鸟群经过一段时间的搜索后就可以找到森林中哪个位置的食物量最多（全局最优解）。模拟鸟群觅食行为模拟图如图 9-4 所示。

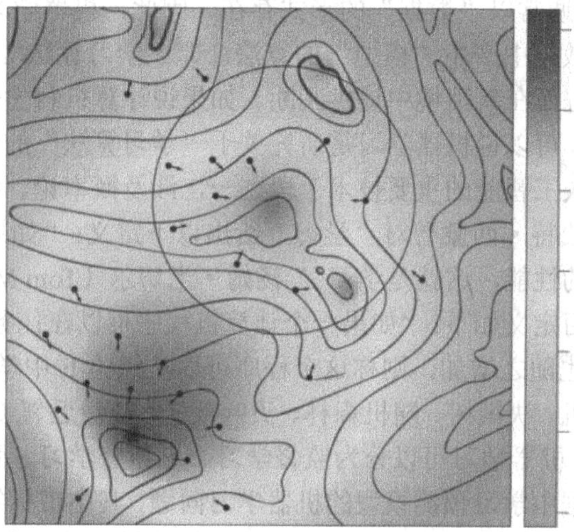

图 9-4　模拟鸟群觅食行为模拟图

（2）粒子群算法的基本原理

当整个群体搜寻某个目标时，对于其中的某个个体，它往往是参照群体中目前处于最优位置的个体和自身曾经到达的最优位置来调整下一步的搜寻。

粒子群算法模拟鸟类的觅食行为，将求解问题的搜索空间比作鸟类的飞行空间，将每只鸟抽象成一个没有质量和体积的粒子，用它来表征问题的一个可能解，将寻找问题最优解的过程看成鸟类寻找食物的过程，进而求解复杂的优化问题。粒子群算法与其他进化算法一样，也是基于“种群”和“进化”的概念，通过个体间的协作与竞争，实现复杂空间最优解的搜索。同时，它又不像其他进化算法那样对个体进行交叉、变异、选择等进化算子操作，而是将群体中的个体看作在 n 维搜索空间中没有质量和体积的粒子，每个粒子以一定的速度在解空间运动，并向自身历史最佳位置和邻域历史最佳位置聚集，实现对候选解的进化。粒子群算法具有很好的生物社会背景而易于理解，由于参数少而易于实现，对于非线性、多峰问题具有较强的全局搜索能力。

9.2.3　机器学习

想象一下，你想教孩子认识苹果，你会怎么做？最好的办法就是：指着一个苹果，告诉孩子:"这是苹果,它是红色的、圆圆的、吃起来甜甜的",重复几次,孩子就慢慢记住了苹果的特征,下次看到类似的东西,就能自己判断是不是苹果了。机器学习,其实就是让计算机像孩子一样"学习",我们给计算机大量的数据(就像给孩子看很多苹果),然后告诉它一些规则和方法(就像告诉孩子苹果的特征)。计算机通过分析这些数据,总结规律,掌握识别苹果的"技能"。以后,就算给它一个没见过的苹果,它也能根据学到的规律,判断出这是一个苹果。

1. 机器学习的定义

机器学习致力于研究如何通过计算的手段,利用经验来改善系统自身的性能。在计算机系统中,"经验"通常以"数据"的形式存在,因此,机器学习所研究的主要内容是关于在计算机上从数据中产生"模型"的算法,即"学习算法"。学习算法能够基于经验数据产生模型,进而在新情境中提供判断。如果说计算机科学是研究关于"算法"的学问,那么类似地,可以说机器学习是研究关于"学习算法"的学问。

机器学习是实现人工智能的重要技术手段之一,涉及概率论、统计学、优化分析、算法等多门学科。赫伯特·西蒙曾对"学习"给出以下定义:"如果一个系统能够通过执行某个过程改进它的性能,这就是学习。"汤姆·米切尔(Tom Mitchell)在《机器学习》一书中对机器学习定义如下:"如果一个计算机程序可以在任务 T 上,随着经验 E 的增加,性能度量 P 也随之增加,则称这个程序可以从经验 E 中学习。"典型的机器学习算法包括支持向量机、决策树、随机森林、贝叶斯法、*K* 最近邻(*K*-nearest neighbors,KNN)、聚类方法等。机器学习可以分为监督学习、无监督学习、强化学习等。监督学习是指从带标签的数据中学习预测模型的机器学习问题,其中带标签的数据描述了模型的输入/输出关系,其本质是学习一个从输入到输出的映射关系。无监督学习是指从不带标签的数据中学习预测模型的机器学习问题,其本质是学习数据中的规律、模式或结构。强化学习属于机器学习中的自监督学习,其与深度学习的融合催生了深度强化学习的出现与发展。人工智能与机器学习各方法之间关系如图 9-5 所示。

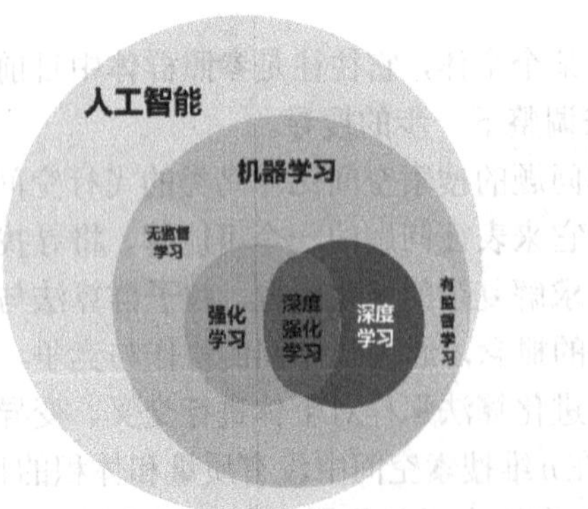

图 9-5 人工智能与机器学习各方法之间关系图

2. 机器学习的主要策略

学习是一项复杂的智能活动,学习过程与推理过程是紧密相连的,按照学习中使用推理的程度,机器学习所采用的策略可分为机械学习、类比学习、示例学习、解释学习及基于神经网络的学习。

(1)机械学习

机械学习又称记忆学习,它是通过记忆和评价外环境所提供的信息来达到学习目的的。在这种学习方法中,学习环节对外部提供的信息不进行任何变换,只进行简单的记忆。虽然机械学习在方法上看似很简单,由于计算机的存储容量相当大,检索速度又相当快，记忆精确、无丝毫误差，因此也能产生人们难以预料的结果。机械学习的典型代表是纽厄尔和西蒙开发的西洋跳棋程序。该程序用极大极小博弈树搜索来选择走法。学习环节记忆了棋局态势和倒推的极大极小值。在下棋过程中，只要碰到过去出现过的棋局，就可以直接采用原来的走棋方案。

（2）类比学习

类比学习系统只能得到完成类似任务的有关知识，因此，学习系统必须能够发现当前任务与已知任务的相似点，由此制定出完成当前任务的方案，它比机械两种学习策略需要更多的推理。

（3）示例学习

示例学习又称实例学习，它是一种从具体示例中导出一般性知识的归纳学习方法，这种学习方法给学习者提供某一概念的一组正例和反例，学习者从这些例子中归纳出一个总的概念描述，并使这个描述适合于所有的正例，排除所有的反例。

（4）解释学习

解释学习是一种分析学习方法。这种方法是在领域知识的指导下，通过对单个问题求解例子的分析，构造出求解过程的因果结构，并获取控制知识，以便于以后将其用于类似问题的求解。解释学习在获取控制性知识、精华知识、软件复用、计算机辅助设计和计算机辅助教育等方面有较多应用。

（5）神经学习

神经学习又称连接学习，是一种基于人工神经网络的学习方法。使用神经网络解决任务通常涉及两个阶段：训练和应用。在训练阶段，核心目标是从训练样本中提炼出潜在的知识和规律，并将它们存储于网络之中，以便在应用阶段能够利用这些知识来解决问题。神经学习特指神经网络的训练过程，其核心在于连接权重的调整。

9.2.4 人工神经网络与深度学习

深度学习，可以看作是机器学习的“升级版”。它的灵感来源于人脑的结构——神经网络。人脑中有很多神经元，它们互相连接，构成复杂的网络。当我们思考问题、学习知识的时候，神经元之间会传递信号，进行复杂的计算。深度学习，就是用计算机模拟这种神经网络，构建深度神经网络。

（1）人工神经网络的概念

人脑是一个可以产生意识、思想和情感的器官，其中包含近 860 亿个神经元，神经元是人脑中的基本单元，它可以接收其他神经元的信息，也可以发送信息给其他神经元，神经元之间没有物理连接，两个“连接”的神经元之间留有约 20nm 的间隙，并靠突触传递信息，形成一个神经网络。受到人脑神经系统的启发，神经科学家构造了一种模仿人脑的数学模型，称为人工神经网络。人工神经网络由具有适应性的简单单元组成，它能够模拟人脑对真实世界所做出的交互反应。

在机器学习领域，神经网络是指由很多人工神经元构成的网络结构模型，这些人工神经元之间的连接权重是可学习的参数。

（2）人工神经元与神经网络

人工神经网络是为模拟人脑而设计的一种计算模型，它从结构、实现机理和功能上模拟人脑神经网络。人工神经网络与人脑类似，由多个人工神经元互相连接而成，可以对数据之间的复杂关系进行建模；不同节点之间的连接被赋予了不同的权重，每个权重代表了一个节点对另一个节点的影响大小；每个节点代表一种特定函数，来自其他节点的信息经过其相应的权重计算，输入激活函数中并得到一个新的活性值（兴奋或抑制）。

在生物神经网络中，最基本的成分是神经元模型，即上述定义中的“简单单元”。神经元是携带和传输信息的细胞，每个神经元与其他神经元相连，神经元的状态取决于从其他神经细胞接收到的输入信号量，以及突触的强度（抑制或加强），当信号总量超过某个阈值时，细胞体就会兴奋，产生电脉冲，电脉冲沿着轴突并通过突触传递到其他神经元，会向相连的神经元发送化学物质，从而改变这些神经元内的电位。图 9-6 所示为典型的生物神经元结构，大致可分为细胞体和细胞突起两部分。

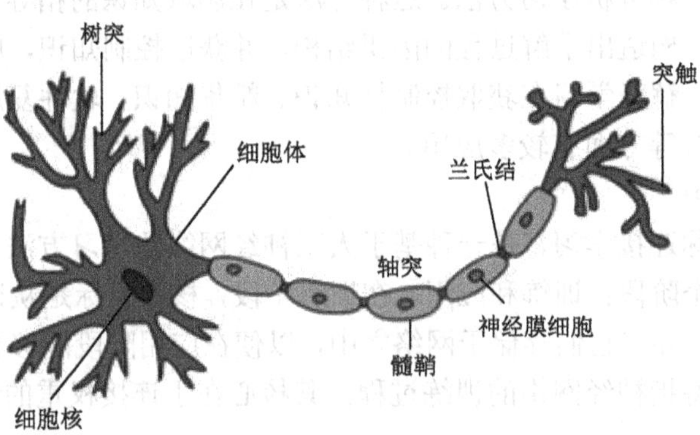

图 9-6 生物神经元结构示意图

1）细胞体中的神经细胞膜上有各种受体和离子通道。细胞膜的受体可与相应的化学物质神经递质结合，使离子通透性及膜内外电位差发生变化，产生相应的生理活动，即兴奋或抑制。

2）细胞突起是由细胞体延伸出来的细长部分，又可分为树突和轴突：① 树突可以接受刺激并将兴奋传入细胞体，每个神经元可以有一个或多个树突；② 轴突可把自身的兴奋状态从细胞体传送到另一个神经元或其他组织，每个神经元只有一个轴突。

（3）人工神经网络的结构

人工神经网络要想模拟人脑的能力，仅靠单一的人工神经元是远远不够的，需要通过很多人工神经元一起协作来完成复杂的功能，这样通过一定的连接方式或信息传递方式进行协作的人工神经元可以看作一个网络，就是人工神经网络。目前常用的人工神经网络结构有 3 种：前馈网络、记忆网络和图神经网络。

1）前馈网络中每个人工神经元按接收信息的先后分为不同的组，每一组可以看作一个人工神经元，每一层中的人工神经元接收前一层神经元的输出，并输出到下一层人工神经元。整个网络中的信息朝一个方向传播，没有反向的信息传播。前馈网络包括全连接前馈网络和卷积神经网络等。

2）记忆网络也称为反馈网络，网络中的人工神经元不仅可以接收其他人工神经元的信息，也可以接收自己的历史信息。和前馈网络相比，记忆网络中的神经元具有记忆功能，在不同的时刻具有不同的状态，记忆神经网络中的信息传播可以是单向或双向传递。记忆网络包括循环神经网络（recurrent neural network，RNN）、霍普菲尔德神经网络（Hopfield neural network）、玻尔兹曼机、受限玻尔兹曼机等。

3）图神经网络是定义在图结构数据上的神经网络，图中每个节点都由一个或一组人工神经元构成，节点之间的连接可以是有向的，也可以是无向的，每个节点可以收到来自相邻节点或自身的信息。图神经网络是前馈网络和记忆网络的泛化，包括图卷积网络、图注意力网络、消息传递神经网络等。3 种不同网络结构示意图如图 9-7 所示。

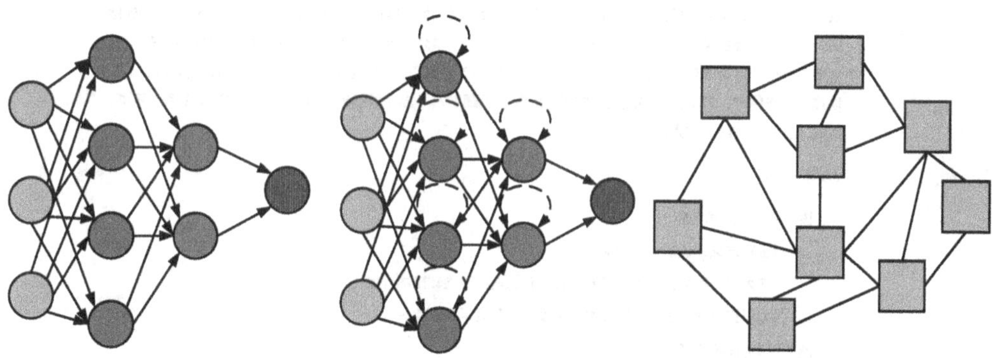

（a）前馈网络　（b）记忆网络　（c）图神经网络

图 9-7　前馈网络、记忆网络及图神经网络结构示意图

9.3　人工智能实践应用

9.3.1　DeepSeek

深度求索（DeepSeek）是源自中国的人工智能科技企业自主研发的大型语言模型及智能助手系统。该系统具备文本生成、人机对话、代码编写、数学运算与逻辑推理等核心功能模块，可灵活集成至各类应用系统，为开发者提供标准化 API 以实现智能化服务部署。下面介绍几个典型应用场景。

1）自然语言处理。DeepSeek 拥有强大的多模态语义解析能力，能够精准实现不同语言间的语义转换，高效完成文本摘要、情感分析及语义标注等任务。它的多语种互译技术可保持原文语义的完整性，文本摘要功能可快速提炼核心信息，情感分析模块可准确识别文本情绪倾向，已广泛应用于智能翻译系统与文档编辑辅助工具，还可以用于语法检查与修正。使用 DeepSeek 进行随机自然语言处理中的翻译和文本摘要效果如图 9-8 所示。

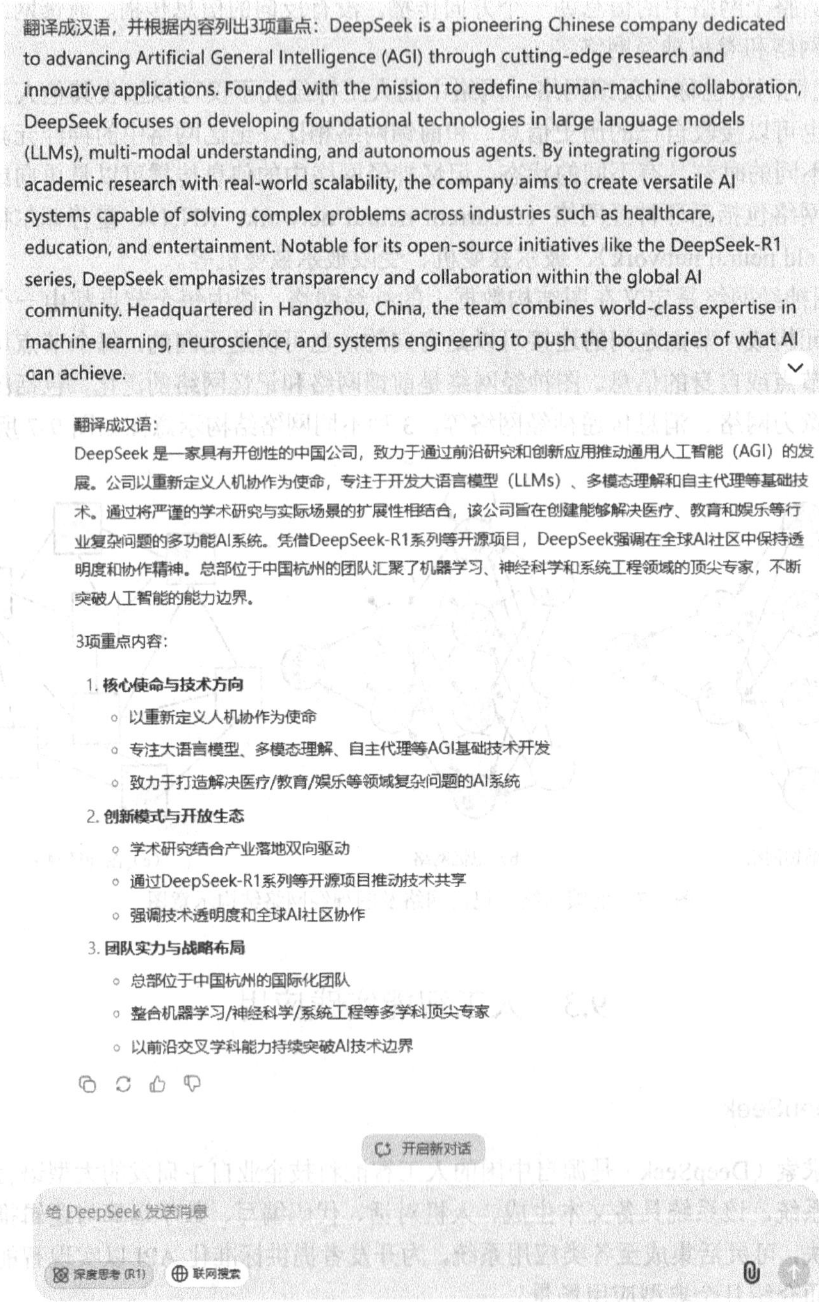

图 9-8　DeepSeek 自然语言翻译、文本摘要效果

2）跨领域知识服务与数据分析。DeepSeek 基于认知图谱构建的知识问答系统覆盖基础科学、行业知识、历史沿革及前沿科技等多元领域。通过整合意图识别与情绪感知技术，DeepSeek 不仅能准确解析用户需求，还能适配不同情境提供专业化解答，在智能客服系统与知识服务平台中表现突出。DeepSeek 可用于商业智能分析，具备结构化

与非结构化数据的深度处理能力，可完成数据清洗、特征提取及可视化呈现全流程。DeepSeek 数据分析解决方案为企业战略决策与市场研究提供可靠依据，助力实现数据驱动的科学决策。使用 DeepSeek 进行 2020～2024 年新能源汽车销量分析及未来趋势分析如图 9-9 所示，能够较为准确地体现 DeepSeek 商业智能分析效果，但是也要预防 AI 幻觉现象。

> 请扮演一位新能源汽车行业分析师，请你分析统计2020～2024年国内20个新能源汽车品牌的销量，并列出未来5年发展趋势，包含技术突破，并预测2025年市场走势。所有数据必须真实可靠。

国内新能源汽车品牌2020～2024年销量分析

一、主要品牌销量统计（单位：万辆） [4][8][11]

以下为2024年销量数据（部分品牌包含历史增速参考）：

1. **比亚迪**：2024年销量427.21万（同比增长41.3%），连续四年全球销冠，插混车型占比58%（248.5万辆）。
2. **特斯拉中国**：65.7万（同比+8.9%），Model Y/3贡献主力，但全球销量首次下滑。
3. **理想汽车**：50.05万（同比+33.1%），凭借增程式技术稳居高端市场。
4. **赛力斯（问界）**：42.69万（同比+182.8%），华为赋能下智能化车型爆发。
5. **奇瑞新能源**：58.36万（同比+232.7%），出口占比近20%，海外市场表现亮眼。
6. **吉利（含极氪）**：88.82万（同比+82.4%），极氪品牌增速达87%，主打高端纯电SUV。
7. **上汽通用五菱**：80万（同比+63%），微型车市场持续领跑。
8. **小鹏汽车**：19.01万（同比+34.2%），智能化技术推动复苏。
9. **蔚来汽车**：22.20万（同比+38.7%），换电模式与高端车型支撑增长。
10. **零跑汽车**：29.37万（同比+103.8%），性价比策略打开下沉市场。
11. **广汽埃安**：37.49万（同比-21.9%），面临产品线调整压力。
12. **长城新能源**：32.17万（同比+22.8%），聚焦混动与SUV市场。
13. **小米汽车**：13.5万（首年交付），跨界入场初显潜力。

其他品牌：北汽新能源（11.39万）、岚图（8.57万）、阿维塔（7.36万）、智己（6.55万）等仍处追赶阶段。

未来五年发展趋势预测

二、技术突破方向

1. **动力电池革新**
   - **固态电池**：2025年半固态电池量产（宁德时代、比亚迪），能量密度提升20%，续航突破800公里；全固态电池预计2027～2028年小规模上车 [2][5][10]。
   - **钠离子电池**：2025年A0级车型普及（如五菱换代款），成本较锂电池降低30% [5]。
   - **快充技术**：800V高压平台普及，10分钟充电30%～80%成标配，超充桩覆盖主要城市 [5][9]。
2. **智能化升级**
   - **自动驾驶**：2025年L2+渗透率达65%，城市NOA覆盖50%以上车型；L3级在高端车型量产 [2][7][10]。
   - **AI融合**：AI大模型贯穿研发、生产、服务全流程，智能座舱与车路协同（V2X）试点城市超30个 [7][10]。
3. **多能源路线并行**
   - 插混/增程式占比50%，成为过渡期主力；氢燃料电池商用车渗透率突破20%，乘用车仍低于5% [2][7][10]。

图 9-9　DeepSeek 商业智能分析效果

三、市场走势与竞争格局

1. 2025年销量预测
   - 新能源汽车销量预计达1600万～1650万辆，渗透率55%～60%，首次超越燃油车[7, 9, 10]。
   - 出口量增至140万～160万辆，重点拓展拉美、东盟及欧洲市场[2, 7]。
2. 竞争态势
   - **头部集中化**：比亚迪、特斯拉、华为系（问界）占据50%份额，新势力中理想、零跑、小米或突围[8, 11]。
   - **外资本土化**：特斯拉上海产能提至200万辆/年，大众、宝马推出中国专属车型应对竞争[5, 7]。
   - **淘汰加速**：5-10家弱势品牌退出，盈利压力加剧（仅比亚迪、理想等少数企业持续盈利）[5, 11]。
3. 政策与基础设施
   - 双积分政策趋严，燃油车禁售试点或启动；充电桩突破1000万台，车桩比接近1:1[5, 7]。
   - 换电站超5000座（蔚来、吉利主导），商用车换电标准统一[5, 9]。

结论：2025年关键节点与长期展望

2025年将是中国新能源汽车“量质齐升”的转折点：技术迭代（固态电池、AI）、市场渗透（超50%）、全球化布局（出口+本地化生产）三大驱动力并存。长期看，行业将向“绿色能源+智能生态”演进，主导全球产业规则制定，但需应对供应链安全（锂资源依存度60%）与国际贸易壁垒（如欧盟碳关税）等挑战[5, 7, 10]。

图 9-9（续）

3）智能编程支持。DeepSeek 支持主流编程语言架构与开发范式，采用语法树解析与模式匹配技术实现代码自动补全及错误检测。DeepSeek 跨语言编码能力在权威技术测评中处于领先地位，显著提升软件开发效率，已广泛应用于代码教学平台与工程开发环境。图 9-10 所示为使用 DeepSeek 运用 Python 程序编写的贪吃蛇游戏代码，展现了 DeepSeek 智能编程能力，同时还支持代码纠错、优化代码等功能。

python 复制

```python
import pygame
import random
import time

pygame.init()

BLACK = (0, 0, 0)
WHITE = (255, 255, 255)
RED = (255, 0, 0)
GREEN = (0, 255, 0)
BLUE = (0, 0, 255)

WIDTH = 800
HEIGHT = 600
CELL_SIZE = 20

screen = pygame.display.set_mode((WIDTH, HEIGHT))
pygame.display.set_caption("贪吃蛇")

clock = pygame.time.Clock()

UP = 0
DOWN = 1
LEFT = 2
RIGHT = 3
```

图 9-10 DeepSeek 智能编程效果（部分）

4）DeepSeek 开放平台提供高效且灵活的大模型服务，支持通过 API 实现快速集成或本地私有化部署。开发者可以通过 API 调用其多样化模型（如通用对话、代码生成、数学推理等），只需注册并获取密钥即可轻松接入，按 Token 计费，非常适合构建智能客服等轻量级应用；若需要数据隐私保护或深度定制服务，可申请授权后将模型部署在本地服务器上，利用 GPU 硬件独立运行，以满足金融、医疗等对高安全要求的场景需求。这两种方案既兼顾了便捷性又保障了安全性，用户可以根据成本、维护和数据需求灵活选择。DeepSeek API 调用与本地部署对比如表 9-1 所示。

表 9-1　DeepSeek API 调用与本地部署对比

维度	API 调用	本地部署
成本	按需付费，适合低频场景	前期硬件投入高，适合长期高频使用
数据安全	数据通过外部服务器	数据完全本地处理
灵活性	受限，依赖官方模型更新	可自定义微调、优化
维护难度	无须维护，开箱即用	需要自行处理硬件、软件问题

9.3.2　豆包

豆包（Doubao）是字节跳动公司基于云雀大模型研发的智能服务平台，整合对话交互、创作辅助及语言学习等功能模块。它的核心算法基于 Transformer 架构构建，通过上下文预测机制实现高质量文本生成。下面介绍豆包的典型应用场景。

1）智能交互服务。豆包能够提供自然流畅的对话体验，既可进行日常社交话题的轻松交流，也能深入探讨专业领域的复杂议题。豆包通过语境理解与自适应反馈机制，确保对话内容兼具相关性与启发性。图 9-11 所示为使用豆包 App 进行心情树洞、模拟面试和英语陪练的样例，用户可以通过语音对话的方式，在 App 中分享心情、进行面试模拟练习、开展英语对话训练。

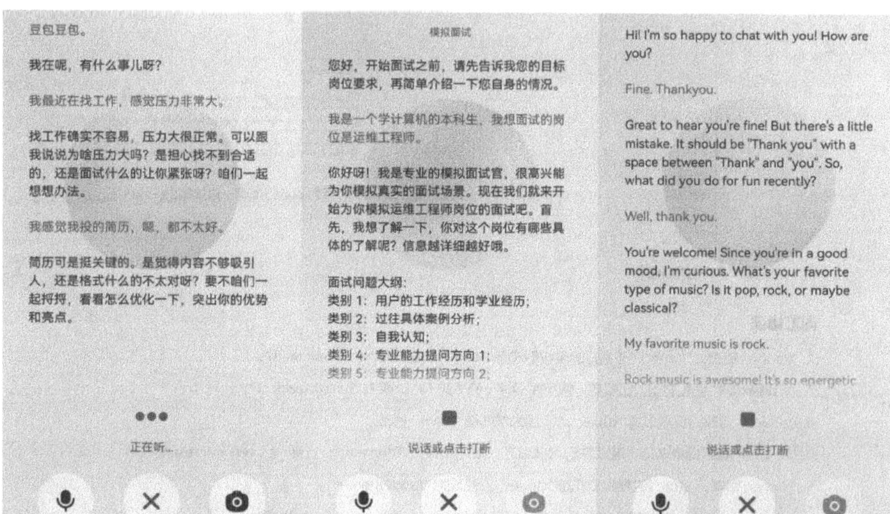

图 9-11　豆包智能语言交互功能

2）智能创作支持。豆包为文字工作者提供全流程创作辅助，涵盖文学创作、学术论文及商业文案等多元场景。豆包可根据用户设定的主题风格生成结构完整的内容框架，并提供创意启发与逻辑优化建议，有效解决创作瓶颈问题。图 9-12 所示为使用豆包撰写商业文案，通过输入个人定位、使用平台、字数、产品核心卖点、目标受众等信息，快速获得契合推广需求的文案内容，提升创作效率。

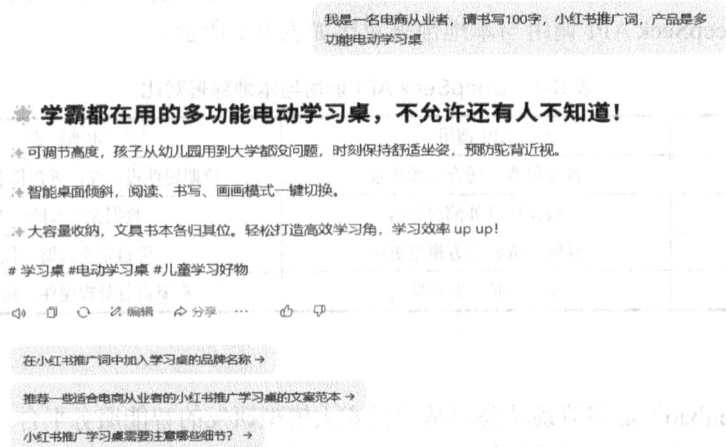

图 9-12 豆包撰写商业文案效果

3）语言学习系统。豆包构建模块化的英语学习解决方案，包含语法解析、词汇拓展、语音评测等核心功能。豆包通过自适应学习路径规划与情景模拟训练，帮助用户提升语言应用能力，在发音矫正与口语表达方面具有显著优势。图 9-13 所示为使用豆包语言学习系统，批改英文作文，找出其中的语法、拼写错误，并给出正确样例，让用户能清晰了解自己写作中的不足，有针对性地进行改进。

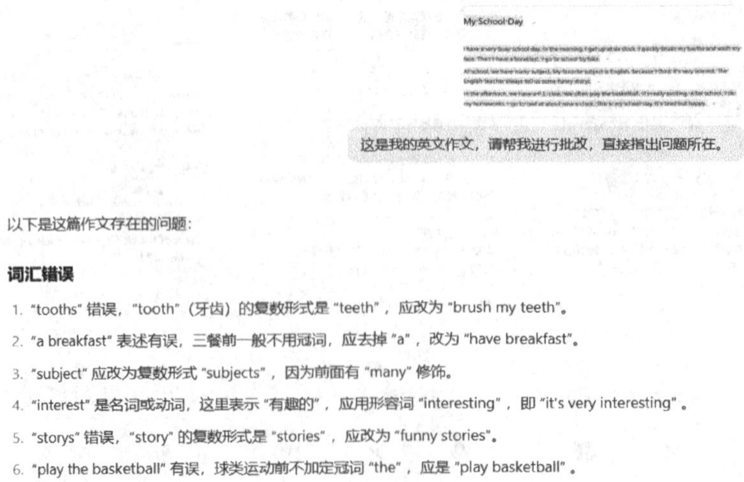

图 9-13 豆包语言学习系统效果（部分）

4）创意视觉生成。豆包通过云雀模型，集成先进的文生图技术，支持用户通过自然语言描述生成高质量图像。豆包可精准解析文本中的场景要素与风格特征，输出符合商业设计标准的视觉作品，广泛应用于数字艺术创作与营销物料设计等个人学习、参考等非商业场景。图 9-14 是豆包生成的相关图片，可运用在制作演示文稿、设计宣传海报等场景中。豆包能快速获取符合需求的图片，提高工作效率。

帮我生成图片：图片风格为「人像摄影」，比例「4:3」我希望要一张图片，内容是一个中国年轻男性大学生，穿着运动服，充满阳光活力，正在打篮球，画面是充满开心、愉悦的氛围。

图 9-14　豆包创意视觉生成效果

9.3.3　提示词的高效正确使用

生成式人工智能的高效使用与风险防控本质上是一场精准表达的博弈，其核心在于通过结构化提示词构建“人机协作契约”。AI 幻觉包括虚构事实、逻辑谬误或技术误导，这并非技术缺陷的终点，而是促使使用者提升认知精度的契机。为了有效降低 AI 幻觉的发生，建议提示词设计应遵循“知识域锁定＋逻辑框架约束＋动态校验”三位一体原则。例如，限定数据来源至权威期刊、强制推理路径并分步骤论证，同时植入验证机制，如交叉比对至少两个独立信源。清华大学 2024 年的研究数据表明，使用上述方法后，AI 幻觉的发生率可以从 58%显著降低至 9%。在医疗领域，采用“三甲医师角色＋中华医学会指南绑定”的提示模板，结合 AI 医生技术，使诊断建议的准确率显著提升，达到 91%以上。在金融领域，通过“双通道验证＋三级风险评估”策略，显著降低决策误导风险。这进一步表明，提示词已超越了简单的操作技巧范畴，进化为确保 AI 可信度的核心安全协议。其本质在于，人类通过结构化思维为机器智能设定了创造力的安全边界，从而在释放技术潜能的同时，坚守了事实的真实底线。

（1）清晰度原则：锚定需求防偏差

结构化公式：“任务类型＋目标＋限制条件”。

示例：撰写一篇面向新手程序员的Python入门指南（任务类型），需要突出实战案例教学（目标），语言口语化、避免专业术语，字数控制在1200字内（限制条件）。

注意事项：避免使用模糊动词（如“分析”“讨论”），改用行为动词（“对比”“排序”“设计”）；要量化指标：如生成字数约800字，含5个具体应用场景。

（2）结构化框架构建

采用角色—任务—约束3层架构，如下所示：

角色设定：资深营养师（专业背书）；

任务指令：制定糖尿病患者的七日食谱；

约束条件：食材选择符合《中国居民膳食指南（2022）》；营养指标为每日碳水化合物<130g；格式要求为表格呈现，附采购清单。

（3）思维链引导（分步验证法）

请按以下流程分析新能源汽车补贴政策的影响：

识别核心政策条款（不超过3条）；

建立汽车企业决策模型（成本/销量/研发投入）；

预测2025年市场格局变化；

植入验证指令：所有趋势事件陈述需要标注《关于2016—2020年新能源汽车推广应用财政支持政策的通知》对应页码。

（4）场景化模板：领域特化提效能

如学术论文采用如下提示方法，文献综述效率提升50%。

方法创新：对比传统方法的3项改进；

数据创新：引入××数据库最新子集；

结论创新：发现××现象的U型曲线关系；

学术规范：所有引用必须含DOI编号，排除影响因子<5的期刊。

参 考 文 献

苟燕，刘志国，王莉，2021．Office 办公软件高级修炼[M]．北京：科学出版社．

海特兰德，2014．Python 基础教程[M]．司维，曾军崴，谭颖华，译．2 版（修订本）．北京：人民邮电出版社．

黄静，2016．物联网综述[J]．北京财贸职业学院学报，32（6）：21-26．

姜楠，高巍，张丽秋，2022．大学计算机基础[M]．北京：科学出版社．

姜楠，张颜，王淮中，2022．大学计算机基础实验教程[M]．北京：科学出版社．

教育部高等学校大学计算机课程教学指导委员，2023．新时代大学计算机基础课程教学基本要求[M]．北京：高等教育出版社．

教育部高等学校计算机科学与技术教学指导委员会，2008．高等学校计算机科学与技术专业公共核心知识体系与课程[M]．北京：清华大学出版社．

教育部高等学校文科计算机基础教学指导委员会，2008．大学计算机教学基本要求（高等学校文科类专业）（2008 年版）[M]．北京：高等教育出版社．

刘志国，苟燕，马跃春，2022．大学计算机基础（Windows 10+Office 2016）[M]．北京：科学出版社．

柳林，戚桂美，于海清，2022．人工智能基础[M]．北京：科学出版社．

秦颖，2016．Python 实用教程 [M]．北京：清华大学出版社．

王雄，2019．云计算的历史和优势[J]．计算机与网络，45（2）：44．

许子明，田杨锋，2018．云计算的发展历史及其应用[J]．信息记录材料，19（8）：66-67．

杨振山，龚沛曾，2006．大学计算机基础简明教程[M]．北京：高等教育出版社．

姚期智，2022．人工智能[M]．北京：清华大学出版社．

姚志鸿，郑宏亮，张也非，2021．大学计算机基础：Windows 10+Office 2016[M]．北京：科学出版社．

赵希武，苟燕，2019．大学计算机基础[M]．北京：科学出版社．